生态养鸭实用新技术

王　松　黄昆鹏　魏刚才　主编

河南科学技术出版社

·郑州·

图书在版编目（CIP）数据

生态养鸭实用新技术/王松，黄昆鹏，魏刚才主编．—郑州：河南科学技术出版社，2017．12

ISBN 978-7-5349-8828-8

Ⅰ．①生…　Ⅱ．①王…　②黄…　③魏…　Ⅲ．①鸭-生态养殖　Ⅳ．①S834

中国版本图书馆 CIP 数据核字（2017）第 153499 号

出版发行：河南科学技术出版社

地址：郑州市经五路 66 号　　邮编：450002

电话：（0371）65737028　65788613

网址：www.hnstp.cn

策划编辑：李义坤

责任编辑：张　鹏

责任校对：李振方

封面设计：张　伟

版式设计：栾亚平

责任印制：张艳芳

印　　刷：河南环发印务有限公司

经　　销：全国新华书店

幅面尺寸：140 mm×202 mm　　印张：10.875　　字数：300 千字

版　　次：2017 年 12 月第 1 版　　2017 年 12 月第 1 次印刷

定　　价：36.00 元

如发现印、装质量问题，影响阅读，请与出版社联系并调换。

《生态养鸭实用新技术》编写人员名单

主　　编　王　松　黄昆鹏　魏刚才

副 主 编　牛宪翔　王常亮　姜晓辉　韩红霞

编写人员　（按姓氏笔画排序）

王　松（河南科技学院）

王常亮（鹤壁市淇滨区动物卫生监督所）

牛宪翔（滑县动物卫生监督所）

李晓利（南乐县农业畜牧局）

李瑞强（南乐县农业畜牧局）

谷志强（鹤壁市淇滨区动物卫生监督所）

范在义（濮阳市畜产品质量安全监测检验中心）

姜晓辉（伊川县动物卫生监督所）

黄昆鹏（济源市动物卫生监督所）

韩红霞（滑县动物疫病预防控制中心）

魏刚才（河南科技学院）

前　言

近年来，我国畜牧业有了巨大发展，畜禽数量已跃居世界前列，但也存在畜禽产品质量良莠不齐和环境污染等问题，这直接影响着我国畜牧业的稳定发展和经济效益的提高。所以，生产安全、绿色、优质的畜禽产品，避免养殖过程中对周边环境的污染，维持生态平衡，已成为人们关注和必须解决的问题。生态养鸭是将养鸭业自身的发展和生态农业、生态经济有机地结合起来，运用生态系统的原理、生态学的技术和方法，实现资源的高效转化、持续利用，保证鸭的健康，保护好养殖场及周围环境，从而解决养殖生产过程中的资源利用率低、环境污染、鸭产品质量不高等问题。为此，我们组织多年来从事畜禽养殖的教学、科研、生产的有关专家，编写了《生态养鸭实用新技术》一书，以期对读者有所帮助。

本书包括生态养鸭概述、生态养鸭中鸭的品种选择及繁育、生态鸭场的建设和环境控制、生态养鸭的饲料及日粮配制、生态养鸭中鸭的饲养管理、生态养鸭中鸭病防治、生态养鸭中鸭场的经营管理等。本书注重科学性、实用性、先进性和通俗性，适用于养鸭场（户）、养殖技术员、兽医工作者及相关大专院校师生学习使用。

由于编者水平有限，书中不妥之处，恳请广大读者指正。

编　者

2017 年 1 月

目　录

第一章　生态养鸭概述

第一节　生态养殖的概念及内涵

一、生态养殖的概念

生态养殖是指根据不同养殖生物间的共生互补原理，利用自然界物质循环系统，在一定的养殖空间和区域内，通过相应的技术和管理措施，使不同生物在同一环境中共同生长，实现保持生态平衡、提高养殖效益的一种养殖方式。具体来说，就是从维持农业生态系统平衡的角度出发，关注饲草、饲料资源的充分利用和安全卫生，保护生态环境，保证畜禽健康和产品安全优质的养殖过程。

二、生态养殖的内涵

(1) 生态养殖要遵循生态系统循环、再生的原则，使农、林、牧等有机结合。生态养鸭要充分体现生态系统中资源的合理、循环利用，提高资源的利用效率，并本着资源节约的目的组织生产，科学地利用能量和物质。利用生物的共生优势，使资源循环利用、合理安排，将养殖业和农、林、渔业有机地结合起来，形成有效的链接，形成新的价值产业链，实现生产的良性循环。

（2）生态养殖要因地制宜，合理组织。生态养殖有多种模式，要因地制宜，根据当地自然资源和社会条件，合理利用各种自然资源，合理安排养殖生产的过程、饲养方式，形成符合本地条件的生态养殖模式。

（3）生态养殖要保护好生态环境。保护生态环境是生态养殖的重要内容。根据鸭的生物学特性选择适宜的养殖模式，合理利用养殖空间和饲料资源，做到养殖生产过程不污染周围环境，不破坏生态环境，维持生态平衡。

（4）生态养殖要生产出优质产品。生态养鸭的最终目的是生产安全、优质、绿色的鸭产品，并取得较好的经济效益。生产中必须创造适宜的环境条件，采用先进技术，科学规范地选择饲料、饲料添加剂和各种药物，注重隔离、卫生和消毒工作，提高鸭体的抵抗力，以生产更多的优质鸭产品。

第二节　生态养鸭的意义

一、生态养鸭可以充分利用自然环境条件

生态养鸭是利用自然环境条件中的场地、水源、青草，让鸭群能够自由自在地活动、采食、饮水、洗浴，能够为鸭群提供一个大的活动及觅食场所，能够满足鸭的许多生物学习性，更大程度地符合“动物福利”的相关要求。由于活动场所宽阔，单位面积内鸭的数量少，对环境的污染和破坏程度很低，甚至显示不出污染或破坏效应。

二、生态养鸭可以充分利用鸭生产过程中的粪水

生态养鸭，需要放养场地内自然的植被能够为鸭群提供比较充足的天然饲料资源，鸭群生活过程中产生的粪便和污水能够作

为自然植被的有机肥被充分利用，并进而促进植被的生长，形成“植被—鸭的天然饲料粪水有机肥—促进植被生长”的良性循环。由于在生态养鸭模式中，鸭群的活动空间大，单位面积地面上粪便排泄量少，容易被消纳和利用，解决了集约化养殖粪便、污水产生量大、易造成污染的问题。生态养鸭过程中，鸭可以吃掉大量杂草和昆虫，能够减少农药、除虫剂等用量，提高农作物品质。

三、生态养鸭可以充分利用自然资源获得优质、绿色的产品

鸭可以充分利用各种野生饲料资源（青草、草籽、树叶、青菜等植物性饲料和昆虫、虫卵等动物性饲料），减少饲料、设备、药物等资源的投入，降低生产成本。生态养鸭可让鸭充分利用自然的光照、清新的空气及广阔的空间，有利于鸭群健壮，加之选择优良的品种，使鸭的抗病力增强、传染病减少，生产中药物使用很少，避免了鸭肉和鸭蛋中的微生物污染和药物的残留。

第三节　生态养鸭的生产特点

一、生态养鸭是养鸭与农、林、渔业的有机结合

生态养鸭可以更好地利用果园、林地、稻田、草场、荒山荒坡、河堤、滩涂、农田等丰富的自然资源，可以使养鸭业与农、林、渔业有机地结合。生态养鸭可以啄食农田、果园、林地中的害虫和杂草，起到消灭或减少害虫，节约农药、人工费等支出，免除环境污染的作用，同时还可以提高土地肥力，改善土壤结构。

利用鱼鸭混养，水面养鸭，水下养鱼。在池塘附近搭建鸭棚，利用鸭的废弃物——粪、尿和残剩的饲料，作为鱼的肥料和饵料，采用养鱼、养鸭同时进行的生态养鸭模式，提高了各种资源的利用效果，实现良性循环。

二、生态养鸭可以减少环境污染

生态养鸭采取合适的措施，可以减少对环境的污染。例如，鸭鱼混养的立体养殖方式，鸭粪下鱼塘作为鱼的饵料，可以节约养鱼的开支，提高鱼的产量，增加经济效益；也可将鸭粪进行发酵处理生产有机肥，利用周边农田进行消纳；也可利用沼气生产能源，将沼渣、沼液作为肥料施于农田，农田生产的饲草、饲料用于养鸭；在林下、果园、荒山荒坡、贫瘠土地等养鸭，鸭粪可以提高土地肥力，改善土壤结构，增加作物产量。

三、生态养鸭能够充分利用多种饲料资源

生态养鸭时，可以因地制宜、充分利用当地饲料资源。如在林地、果园、荒山荒坡养鸭，可以充分利用青草、草籽、昆虫等天然饲料资源，使鸭可以从土壤中获取矿物质，从青绿饲料中获得维生素，而这些物质只在晚上补充饲喂，从而减少饲料的消耗。还可以通过养殖蚯蚓、蝇蛆等人工育虫方法为鸭提供动物性饲料。通过稻田养鸭，鸭可以利用稻田中的饲料资源，同时可以除虫、使土壤疏松，肥力提高，减少农药使用，提高稻田产量和水稻质量。

四、生态养鸭能向市场提供生态产品

生态养鸭，可以充分利用大量的草地、草滩、荒坡、滩涂或人工种植的草地等放牧饲养。鸭可以采食大量的野生饲料，既有充足的活动空间，又享受到明媚阳光，体质健壮且不易发生疾

病，避免和减少了药物的使用，产品中没有药物残留，有利于向市场提供优质、绿色产品。

第四节　生态养鸭的模式

一、生态放养模式

鸭的生态放养，可利用林地、果园、荒山荒坡、农田、河堤、滩涂等丰富的自然生态资源，根据不同地区自然环境的特点和特性，充分利用林地昆虫、小动物及杂草等自然的动植物饲料资源，通过围网放养结合圈养或棚养的方式，进行鸭生态饲养的模式。在饲养过程中实行舍养和放养相结合，使鸭可以自由采食林地中生长的野生饲料如昆虫、青草、草籽、嫩叶和矿物质等，严格限制饲料添加剂、化学药品及抗生素的使用，以提高鸭蛋、鸭肉风味和品质，生产出更加优质、安全的无公害的肉、蛋产品。鸭的生态放养有利于农业增产、农民增收，是当前新农村建设的一个新的经济增长点。

鸭的生态放养，合理利用了林地、果园等自然资源，使鸭充分享受了“动物福利”，这种因地制宜地利用林地发展生态养鸭的模式，林牧结合，以林养牧，以牧促林，已经是不少地区发展生态农业的重要方式。

二、鱼鸭混养的生态养殖模式

鱼鸭混养、鸭粪喂鱼是利用食物链进行生态养殖的模式。这种模式可以减少饲料的浪费，鸭粪可以为鱼类提供有机饵料，促进池塘生态系统的循环。同时，鸭的活动可以为池塘增加氧气。

鱼鸭混养要选择优良品种和合理控制养殖密度。投放鱼种为大规格花鲍、白鲍和银鲫，花鲍、白鲍利用肥水自然饵料，银鲫吃食鸭粪和鸭吃剩的饲料。鸭品种选择高产蛋鸭——绍兴麻鸭、高邮鸭高产配套系。每亩放养白鲍400尾，花鲍150尾，银鲫1 000尾，每亩塘面饲养新型蛋鸭300只。

鱼鸭混养要搞好基础设施建设。具体要求：一是河沟改造。通过清淤，使池塘水深达2米，四周平整。每年干塘后再进行平整，改善养殖环境。二是鸭舍建设。鸭舍选择在地势较高、透水性较好、平坦朝阳的塘埂上建筑，鸭舍面积按每平方米养10只鸭计算，鸭舍檐高1.6米，四周墙壁留门和大面积可开关的窗户，使鸭舍达到冬天保温暖和、夏季透风凉爽、雨天不漏、饲养员操作方便的要求。三是建好运动场。运动场建在鸭舍前面，面积是鸭舍的1.2倍，用红砖铺好，运动场与池塘连接处设计缓坡并用砖头铺牢，伸到水下，这样既利于鸭的行动又保护了塘埂。

鱼鸭混养要全程饲喂全价配合饲料，最初自购原料自配，后来购买饲料厂生产的蛋鸭专用颗粒料。育成期采用限量饲喂，产蛋期自由采食。产蛋期间采用了补光技术，产蛋前4周开始补光，每周增加1小时，达每昼夜17小时。光照强度按每平方米4瓦计算，10平方米用一盏40瓦灯泡，灯泡高度离地面60厘米，鸭舍保持清洁卫生，垫料上添加一层干草。鱼饲料以肥水天然饵料和鸭粪为主，在鱼类生长旺季适当补喂鱼用颗粒饲料，并实行轮捕，捕大留小，降低密度。

鱼鸭混养的疾病控制：一是做好消毒工作。鱼塘每年干塘后进行一次彻底消毒，生产过程中定期对池塘消毒一次，这样既有利于鱼类防病，也有利于鸭防病。鸭舍及运动场在老鸭淘汰后和进鸭前进行两次彻底消毒，平时每月进行两次消毒。二是做好免疫工作。1日龄进行雏鸭消炎防疫，14日龄进行禽流感免疫，20日龄后进行第二次免疫，产蛋初期进行第三次免疫。产蛋前注射鸭瘟疫苗，并进行驱虫。三是预防性用药。在气候骤变时投放药物，预防疫病发生。

三、稻田围栏养鸭的生态养殖模式

鸭稻共育即稻田养鸭，即将鸭放养在稻田，利用鸭在稻田内捕食害虫、采食杂草及一些水生小动物，同时鸭粪还可直接肥田的饲养方法，实现既能节省养鸭饲料成本、提高鸭产品品质，又能减轻害虫及杂草对水稻的危害，减少稻田农药施用量，是一种种养结合的生态养殖模式。

稻鸭共育的鸭品种选择要考虑三个因素：一是鸭的个体较小，适宜在稻田中穿行，且行动敏捷，鸭能除虫、除草，使水稻生长良好；二是鸭产品上市的经济性要好，即饲养日龄、上市体重符合市场需求；三是鸭的适应性、耐水性要强，能够长时间在稻田中活动，且抗病能力较强。综上因素，选用体形较小的当地麻鸭较为合适。

稻田放养鸭，对水稻栽培要求：种植时最好是宽行窄距，行距 26.4 厘米，株距 19.8 厘米，每公顷栽 19 万株，以便于鸭子在田间活动。大田一般不施或只施 1 次除草剂。减少氮肥施用量，氮肥施用量以碳铵不超过 35 千克/亩为宜。

水稻播种 7～10 天后，15 日龄的小鸭可以在田间进行放养，一般每亩稻田放养 15～30 只。放养的前半个月，由于小鸭觅食能力较差，需在固定场所添饲一些精饲料，随着小鸭觅食能力的增强，可逐渐减少饲料量。放养后期可根据鸭饱食程度，适当添补饲料。

在稻田一角落搭建简易鸭棚，供鸭躲避暴风雨和烈日照射，同时还要在田边一角挖 50 平方米左右的池塘（有自然水塘或水渠的不必挖塘），蓄满水供鸭嬉戏和水稻晒田时栖息。除晒田时必须排干水，其他时间田间灌水深度应在 6～10 厘米。

稻田放养鸭要注意：一是田间鸭舍建造时应考虑防止鼠类侵害。二是尽可能不使用农药，如果要进行水稻病虫害防治，要施用低毒、高效、低残留的农药。稻田施药期间，应及时收鸭起田，待安全间隔期后再放鸭下田。稻田施药安全间隔期内，鸭饮用水与稻田水要分开，防止鸭中毒和污染鸭产品。三是发生过鸭传染病的地方，以及被污染的水面、稻田不能放养鸭。四是水稻抽穗、灌浆、稻穗下垂时，应将鸭群从稻田赶出。

四、湿地养鸭模式

在拥有广阔湿地生态环境地区，可以有效地利用湿地养鸭以降低成本，增加收益。湿地养殖区要求远离村庄、工矿区，自然环境优良，无污染，蓄水方便，水草资源、小虾及螺、蚬等底栖生物丰富，淤泥层薄（厚度小于10厘米），无凶猛动物类等，其中路渠等设施配套。可用网圈出适宜的养殖区域，对鸭进行放养。如芦苇生态养殖，既可给鸭提供新鲜的青绿饲料，又可增加当地植被覆盖率。养殖过程中不用药物，基本不换水，水质恶化或者暴雨天要及时调水或加水，换水量视情况而定。在生产中严格按照无公害控制技术操作，不使用农药和激素类物质。

五、发酵床养鸭模式

将鸭饲养在铺设垫料的发酵床上，鸭生活在垫料上，其粪尿等排泄物将作为有益微生物繁殖的主要营养来源，通过对垫料的水分、通透性等的日常维护，在发酵垫料中有益微生物大量繁殖的同时，粪尿等排泄物也被不断消化分解，从而达到处理粪污的目的，解决了养殖场粪便环境污染的问题。鸭还可以啄食垫料中的一些营养物质，有益于鸭的健康及其产品质量的提高。采用农作物秸秆、锯屑等作为垫料吸收畜禽粪尿，养殖过程中无须冲洗用水。发酵床养鸭不仅使畜禽场免受养殖污水处理压力，而且将尿液转化成固体形态，便于后期有机肥生产，是一种生态型养殖方法。

（一）技术流程

发酵床养鸭的技术流程如图 1-1 所示。

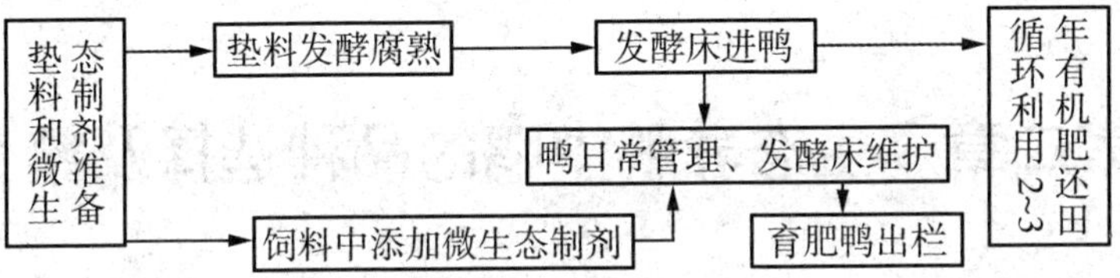

图 1-1　发酵床养鸭的技术流程

（二）发酵床制作

发酵床的垫料主要是玉米面、糠麸、稻草等，按照一定比例加入微生物发酵制剂后制成发酵床。厚度 20 厘米、面积 3~5 平方米的发酵床的制作方法：玉米面 5 千克、糠麸 50 千克、稻草或稻壳 100 千克、有益微生物菌群 10 克。先将稻草铺在地面上，作为疏松透气的底层，将其他材料均匀撒上，一层层叠加并搅拌均匀，再在垫料中加水，搅拌至含水量 60%左右、24 小时后垫料开始升温，48 小时温度达到最高，中心温度可达 50~60 ℃，5 天后温度降至 40 ℃左右，垫料即制作完成。将垫料均匀填入地面，厚度为 20 厘米（地上式饲养）或地下 20 厘米（地下式饲养）作为鸭舍的发酵床。

（三）发酵床养鸭的管理要点

根据发酵床的情况和季节，确定适宜的饲养密度，饲养密度一般以 7~8 只/米^2 为宜。发酵床的温湿度管理：发酵床中心温度 35~40 ℃，表面温度 8~15 ℃，发酵床表面湿度保持 25%~30%。

每周翻料 2~3 次，翻料前先将鸭赶出鸭舍，深翻 20 厘米。蛋鸭产蛋期每 10 天翻料一次，鸭出栏后垫料可继续使用，一般可使用 1.5 年，但应重新将垫料翻堆，彻底发酵，监测卫生指标达标后再继续使用。

第二章　生态养鸭中鸭的品种选择及繁育

第一节　鸭的品种及特点

一、肉用型鸭品种

（一）北京鸭

北京鸭原产地为北京市郊区，是世界最优良的肉鸭标准品种之一。现在国际上许多著名的肉鸭品种都含有北京鸭的基因，如樱桃谷肉鸭、丽佳鸭、枫叶鸭、奥白星鸭等，均是以北京鸭为主要素材选育而成的。目前中国农业科学院畜牧研究所下设北京鸭原种场。

北京鸭体形硕大丰满，挺拔健壮，羽毛丰满，羽毛色纯白而带有奶油色光泽。头较大，颈粗，中等长度，体躯长方形；前躯昂起，背宽平，前胸突出，胸骨长而直；背宽平；两翅较小，紧附于体躯两侧；尾短而上翘。母鸭腹部丰满，腿粗短，蹼宽厚。喙、胫、蹼橘黄色或橘红色。眼的虹彩呈蓝灰色。

经选育的鸭群年产蛋量可达200~240枚，核心群产蛋量可达296枚；强制换羽后，第二个产蛋期可产蛋100枚以上。平均蛋重90~95克，蛋壳白色。北京鸭母鸭开产日龄为150~180天。公、母配种比例为1∶5，种蛋受精率在90%以上，受精蛋孵化率为80%~90%。一般生产场一只母鸭可年产80只左右的肉鸭或填鸭。

北京鸭初生雏鸭体重58~62克，3周龄体重1.75~2.0千克；肉用仔鸭49日龄体重3.6千克，料肉比为3∶1；56日龄体重4.0千克，料肉比为2.75∶1。成年公鸭全净膛率为77%~78%，母鸭为76%~77%。公鸭填鸭全净膛率为73.8%，母鸭为74.1%；胸腿肌占胴体的比例，公鸭为18%，母鸭为18.5%。此外，北京鸭及其与番鸭杂交产生的半番鸭均具有生长快、肉质好、饲料利用率高且肥肝性能良好的特点，填饲2~3周每只可产肥肝300~400克。

（二）樱桃谷肉鸭

樱桃谷肉鸭是由英国樱桃谷公司以北京鸭和埃里斯伯里鸭为亲本，经杂交选育而成的配套系肉鸭，先后有L2型、SM型、SM_{2i}型、SM_3型等几个品系推向市场。樱桃谷肉鸭具有适应性和抗病力强，增重快，饲料转化率高，屠宰率高，瘦肉率高等特点。在河南华英祖代种鸭有限公司、四川绵英种鸭有限公司和南京宁英祖代种鸭有限公司现有樱桃谷SM_3肉鸭。

樱桃谷肉鸭的外形与北京鸭大致相同。雏鸭绒毛淡黄色，成鸭羽毛洁白；头大、额宽、鼻背较高，喙橙黄色，少数呈肉红色；颈平而粗短。体躯呈长方形，体躯倾斜度小，几乎与地面平行，体形硕大，属大型肉鸭；翅膀强健，紧贴躯干；背宽而长，从肩到尾部稍倾斜，胸部较宽深；肌肉发达，脚粗短，胫、蹼橘红色。

樱桃谷肉鸭父母代种鸭SM_{2i}24周龄开产，每只母鸭饲养42周产蛋235枚，蛋重约75克。近年来，英国樱桃谷公司培育出CV-Super-M（SM系超级肉鸭），其父母代每只母鸭66周龄产蛋220枚，每羽母鸭年提供初生雏155只。父母代SM2i种鸭每只母鸭年提供初生雏184只；父母代SM_3种鸭每只母鸭年提供初生雏241只。

父母代成年公鸭体重4.0~4.5千克，母鸭3.5~4.0千克，开产体重为3.1千克。L2型商品代49日龄活重3.09千克，全净膛率为72.55%，半净膛率为85.55%，瘦肉率为26%~30%，皮脂率为28%，料肉比为2.81∶1；CVSuper-M商品代肉鸭53日龄活重3.3千克，料肉比为（2.6~2.8）∶1；SM_{2i}肉鸭42天和

53 天的活重分别为 3.1 千克和 3.6 千克，饲料转化率分别为 2.06∶1 和 2.66∶1，胸肉率分别为 19.8%和 23.3%；SM_3 肉鸭 42 天和 53 天的活重分别为 3.2 千克和 3.72 千克，饲料转化率分别为 2.00∶1 和 2.60∶1。

（三）狄高鸭

狄高鸭由澳大利亚狄高公司以北京鸭为素材，采用品系配套方法选育而成的大型优良肉用型鸭种。该鸭具有生长快、早熟易肥、体形硕大、屠宰率高等特点。尤其是该品种喜干爽，抗寒耐热能力较强，能在陆地上交配，适于旱地圈养或网养。

狄高鸭外形近似北京鸭，雏鸭绒羽黄色，脱换羽后，羽毛乳白色；喙、胫、蹼橘红色；体躯稍长，前昂，头大而扁长，颈粗，胸宽挺，胸肌丰满，背长阔，腿粗而短，尾梢翘起。

狄高鸭父母代种鸭 26 周龄开产，33 周龄进入产蛋高峰，产蛋率达 90%。年产蛋 200~230 枚，平均蛋重 88 克。公、母配种比例为 1∶5，种蛋受精率在 90%以上，受精蛋孵化率在 85%以上，父母代种鸭每只母鸭年提供商品代鸭苗 160 只左右。

狄高鸭初生雏鸭重 55 克，30 日龄体重 1.114 千克，60 日龄体重 3.0 千克，料肉比（2.9~3.0）∶1。半净膛率 92.86%~94.04%，全净膛率 79.76%~82.34%；胸肌重 273 克，腿肌重 352 克，腹脂重 45 克。

（四）丽佳鸭

丽佳鸭是由丹麦丽佳公司育种中心育成的新型肉用配套系，为著名肉用型鸭。目前有 3 个配套系，其中 L1、L2 配套系种鸭为新型优良肉用配套系，丽佳（泉州）良畜有限公司已建丽佳鸭父母代鸭场。LB 系为瘦肉型鸭配套系。丽佳鸭耐热、抗寒、适应性强，适于舍饲与半放牧。

丽佳鸭体形外貌近似北京鸭，体形大小因品系而异。雏鸭绒羽嫩黄色。成年鸭体长而宽，体羽白色，带有奶油色光泽。头大颈粗，背宽翅小，胸部丰满而突出，胸骨长而直。母鸭腹部丰满，腿短粗，蹼宽厚。喙、胫、蹼橘黄或橘红色。

丽佳鸭 L1、L2、LB 系入舍母鸭产蛋量（40 周龄）分别为 200 枚、220 枚、220 枚，每只入舍母鸭可以提供雏鸭分别为 142 只、170 只、186 只，开产时体重分别为 2. 9 千克、2. 7 千克和 2. 15 千克，公鸭和母鸭交配时体重分别为 3. 8 千克、3. 2 千克和 3. 2 千克，产蛋期每月死亡率为 1%。

商品代 7 周龄和 8 周龄，LB 系体重分别为 2. 9 千克和 3. 1 千克，料肉比分别为 2. 4 : 1 和 2. 85 : 1，全净膛重分别为 2. 04 千克和 2. 35 千克；L1 系体重分别为 3. 7 千克和 3. 8 千克，料肉比分别为 2. 75 : 1 和 2. 85 : 1，全净膛重分别为 2. 63 千克和 2. 7 千克；L2 系体重分别为 3. 3 千克和 3. 4 千克，料肉比分别为 2. 6 : 1 和 2. 75 : 1，全净膛重分别为 2. 35 千克和 2. 4 千克。

（五）芙蓉鸭

芙蓉鸭是由上海市农业科学院畜牧兽医研究所培育而成的，是我国新型瘦肉型鸭配套系，因制种过程中引入了野鸭血统，所以肉质鲜嫩，带有野鸭风味，颇受消费者青睐，现有 SR1、SR2、SR7 三系。

芙蓉鸭体形较大，体羽白色。头颈粗短，胸宽厚；肌肉丰满。

芙蓉鸭父母代 SR1、SR2、SR7 三系 26~65 周龄入舍母鸭产蛋数分别为 188. 1 枚、209. 7 枚和 193. 8 枚，受精率分别为 90. 3%、88. 5%和 92. 2%，孵化率分别为 73. 3%、70. 5%和 74. 1%。

芙蓉鸭商品代早期生长快，肌肉含脂率低，是目前国内肉鸭品种中含脂率最低的品种。商品代生产性能：SR_{102}、SR_{712} 8 周龄活重分别为 2. 97 千克和 2. 83 千克，料肉比分别为 2. 85 : 1 和 2. 89 : 1，胴体胸肌率分别为 15. 33%和 15. 45%。

（六）奥白星肉鸭

奥白星肉鸭是由法国克里莫公司培育的。1996 年成都克里莫雄峰育种有限公司首次从法国引进四系配套的奥白星 63 型祖代种鸭。因此，奥白星肉鸭在我国又称为雄峰肉鸭。奥白星肉鸭体形大，早期增重快，饲料转化率高，屠宰率高。

奥白星 63 型肉鸭雏鸭绒羽金黄色，4 周龄前后逐渐变成白色羽毛，成年鸭全身羽毛白色，喙橙黄色。奥白星 63 型肉鸭体形硕大，挺拔健壮，体躯长方形，倾斜度小，几乎与地面平行；前胸突出，肌肉丰满，背宽平；双翅较小，尾羽短而翘；公鸭尾部有 2~4根向背部卷曲的性指羽；母鸭腹部丰满，腿短粗，蹼宽厚。

父母代种鸭性成熟期为 24 周龄，开产体重为 3 千克，饲养 42~44 周，产蛋期内产蛋量 220~240 枚。公、母配种比例为 1∶(5~6)，种蛋受精率为 92%~95%。

商品代 45~49 日龄，体重 3 300~3 700 克，料肉比为（2.4~2.6）∶1，胴体屠宰率（去头、颈、爪及内脏）为 67.8%，胸肉率（带皮）为 13.57%。

（七）枫叶鸭

枫叶鸭由美国美宝公司培育，又名美宝鸭。目前已有广东省佛山市三水区畜牧科学研究所、珠海市广海种鸭场、湛江市畜牧局种鸭场等单位引进饲养。枫叶鸭具有早期生长快、瘦肉率高、繁殖力强、抗热性能好、毛密而洁白等特点。

枫叶鸭雏鸭绒羽淡黄色，成年鸭全身羽毛白色。枫叶鸭体形较大，体躯前宽后窄，呈倒三角形，体躯倾斜度小，几乎与地面平行。背部宽平，公鸭头大颈粗，脚粗长，母鸭颈细长，脚细短；喙大部分为橙黄色，小部分为肉色，胫和蹼为橘红色。

种鸭 25~26 周龄开产，平均每年母鸭产蛋 210 枚，平均蛋重 88 克，蛋壳白色。公、母配种比例为 1∶6，种蛋受精率为 93%，受精蛋孵化率为 90%。每只母鸭年提供商品代鸭苗 160 只以上。

商品代肉鸭 7 周龄活重 3.25 千克，料肉比为 2.8∶1，半净膛屠宰率为 84%，全净膛屠宰率为 5.9%，腿肌率为 15.1%，胸肌率为 9.1%，腹脂率为 1.95%。

（八）天府肉鸭

天府肉鸭是由四川农业大学培育成功的二系配套大型肉鸭新品系，通过建昌鸭与四川麻鸭杂交配套选育而成。天府肉鸭具有生长速度快，饲料报酬高，胸、腿肉比率较高，饲养周期短，适于集约化饲养，经济效益高等优点。父母代的繁殖性能和商品代的肉用性能分别达到或超过樱桃谷肉鸭和狄高肉鸭的生产水平。天府肉鸭是制作烤鸭、板鸭的上等原料。

天府肉鸭体形大，体质坚实紧凑，羽毛紧密，头秀颈长，胸部发达、突出。公鸭体形狭长，性指羽 2~4 根，向背弯曲。母鸭腹部丰满，羽色较杂，以褐麻雀色居多，在颈下部 2/3 处有一白色颈圈，胫、蹼呈橘红色。父母代种鸭 26 周龄开产，年产合格种蛋 230~250 枚，平均蛋重 85~90 克，受精率达 90%以上。

天府肉鸭生长整齐度好。35 日龄和 49 日龄体重分别达到 2.31 千克和 2.84 千克，料肉比分别为 2.31∶1 与 2.84∶1。在 35~49 日龄体重与料肉比呈显著正相关。随着体重的增长，维持需要能量增加，料肉比也随之增大。从屠体品质的角度推荐，以水盆鸭出售，可在 4 周龄左右上市；以烤鸭和板鸭为目的，大约在 6 周龄上市为宜；用于生产分割肉，则应以 7~8 周龄较为理想。

（九）仙湖 3 号

仙湖 3 号是由佛山科学技术学院以仙湖 2 号鸭、樱桃谷肉鸭及狄高鸭商品肉鸭为素材，采用家系选系选育与个体选择相结合的育种方法培育而成的二系配套瘦肉型鸭新品系。该鸭具有生长快、饲料报酬高、繁殖率高、适应性广、抗病力强等优点，适合水边圈养、陆地旱养及舍内网上饲养等。

仙湖 3 号肉鸭体形大，外形与北京鸭、樱桃谷肉鸭相似。雏鸭绒羽浅黄色，成鸭全身羽毛白色，少数鸭间有黑色杂羽；鸭喙橙黄色，少数呈肉色。胫、蹼均为橘红色。体躯长方形，体躯倾斜度较小，几乎与地面平行；颈短而粗，胸部宽阔，肌肉丰满，背长阔，腿短粗。

父母代母鸭 175~182 日龄开产。种鸭 40 周龄的产蛋量为 210~220 枚，公、母配种比例为 1：(5~7)，种蛋受精率在 90%以上，受精蛋孵化率为 93%。每只母鸭年平均可提供商品鸭苗 170 只左右。

配套杂交生产的商品肉鸭 49 日龄活重为 3.3 千克，料肉比为 2.57：1，49 日龄胸腿肌率为 28.3%。

（十）克里莫瘤头鸭

克里莫瘤头鸭由法国克里莫公司培育而成。该鸭体质健壮，适应性强，容易饲养，而且肉质好，瘦肉多，脂肪少，肉味鲜而香，在法国境内占养鸭总数的 80%。目前，四川省成都市克里莫有限公司下设全番鸭、100%全白羽骡鸭父母代种鸭场。

克里莫瘤头鸭有白色（R51）、灰色（R31）和黑色（R41）三种羽色，均为杂交种。

克里莫瘤头鸭年平均产蛋量为 160 枚；种母鸭 196 日龄开产，种蛋受精率为 90%以上，受精蛋孵化率为 72%以上。

成年公鸭体重为 4.9~5.3 千克，母鸭为 2.7~3.1 千克；仔母鸭 70 日龄体重为 2.2~2.3 千克，仔公鸭为 4.0~4.2 千克，料肉比为 2.7：1；半净膛率为 82%，全净膛率为 64%；肉用仔鸭成活率为 95%以上。13 周龄时强制填饲玉米，经 3 周左右平均肥肝重可达 400~500 克。

（十一）瘤头鸭（番鸭）

瘤头鸭，我国俗称番鸭或洋鸭、火鸭，国外称火鸡鸭、蛮鸭或巴西鸭，学名麝香鸭、疣鼻栖鸭。原产于南美洲和中美洲热带地区，分布于气候温暖多雨的南美洲和中美洲亚热带地区，属鸭科栖鸭属，是驯养鸭中唯一保留就巢性的鸭种。瘤头鸭胴体瘦肉多，肉质细嫩，味道鲜美，蛋白质含量高达 34%，被群众视为滋补的佳品。目前，福建农林大学下设番鸭种鸭场。

瘤头鸭体形前后窄，中间宽，呈纺锤状，站立时体躯与地面呈水平状态。自眼至喙的周围无羽毛，喙基部和头部两侧有红色或黑色皮瘤，不生羽毛，雄鸭的皮瘤肥厚延展较宽，比雌鸭发达，故称瘤头鸭。头大，颈粗且稍短，头顶部有一排纵向长羽，受刺激时竖起呈刷状。胸宽而平，腿短而粗壮（脚爪硬而尖），步态平稳，胸腿肌肉很发达。翅膀发达，长达尾部，能做短距离飞行。腹部不如家鸭发达，尾狭长。

我国瘤头鸭的羽色主要有黑、白两种。此外，有少量黑白夹杂的花羽。黑羽瘤头鸭的羽毛带有墨绿色光泽，喙肉红色有黑斑，皮瘤黑红色，胫、蹼多为黑色，眼的虹彩浅黄色。白羽瘤头鸭的喙呈粉红色，皮瘤鲜红色，胫、蹼橘黄色，眼的虹彩浅灰色。黑白花的瘤头鸭喙为肉红色带有黑斑，皮瘤红色，胫、蹼黑色。

瘤头鸭公鸭叫声低哑，呈“滋滋”声，母鸭在抱孵时常发出“唧唧”声，公鸭在繁殖季节可散发出麝香气味，因而被称为“麝香鸭”。

瘤头鸭的母鸭开产日龄为180~210天，一般年产蛋量为80~120枚，高产时可达150~160枚，平均蛋重70~80克。蛋壳玉白色，蛋形指数1.38~1.42。公、母配种比例为1：（6~7），种蛋受精率为85%~94%，孵化期35天，受精蛋孵化率为80%~85%。母鸭有就巢性，种公鸭利用年限为1~1.5年。

瘤头鸭初生雏重40~42克，早期生长速度较快，3~10周龄时增重最快，10周龄后增重开始减慢。公、母鸭增重差异较大，8周龄时公、母鸭体重分别为1.31千克和1.05千克，10周龄时公、母鸭体重分别为2.78千克和1.84千克。成年公鸭体重3.5~4.0千克，母鸭2.0~2.5千克。公鸭全净膛率为76.3%，半净膛率为81.4%，母鸭全净膛率为75%，半净膛率为84.9%。肌肉蛋白质含量达33%~34%，肉质细嫩，味道鲜美。10~12周龄的瘤头鸭经填饲2~3周，平均肝重可达300~350克，公鸭肝重高于母鸭，料肝比为（30~32）：1。瘤头鸭较其他鸭耐填，肝大质好，等级高，在产肝的同时，体重比填饲前增加50%~70%。瘤头鸭行动迟钝，可水养，也可旱养，能飞翔，胆大不怕人，一般家庭零星饲养，并可用作杂交亲本。

（十二）野鸭品种

野鸭是多种野生鸭的通俗名称，泛指鸭科鸭亚科的多种鸟类，其中有产业价值的重要狩猎禽种类有绿舞野鸭（对鸭）、针尾鸭（中鸭）、绿翅鸭（八鸭）、花脸鸭（元鸭）、罗纹鸭（三鸭）、斑嘴鸭、赤膊鸭、赤颈鸭、白眉鸭、琵嘴鸭及赤嘴潜鸭、白眼潜鸭、青头潜鸭、凤头潜鸭等。

二、蛋用鸭品种

我国优良蛋鸭品种甚多，以麻鸭类为蛋鸭的主体，主要优良品种有以下几种。

（一）绍兴麻鸭

绍兴麻鸭又称绍兴麻鸭、山种鸭、浙江麻鸭，是我国优良的高产蛋用型麻鸭品种，产于浙江省绍兴、萧山、诸暨、上虞等地，属小型麻鸭，体形似琵琶，蛇头暴眼，喙长颈细，臀部丰满，腹略下垂，站立时前躯高抬，躯干与地面呈45°，体躯狭长，结构紧凑，具有理想的蛋用鸭体形。根据外貌特征，可以分为WH系和RE系两种品系（表2-1）。

成年母鸭体重1.35~1.5千克，公、母鸭无明显差别。绍兴麻鸭成熟较早，一般在3个月以后即开始产蛋。至150天时产蛋率可达50%，至170天左右即可达到产蛋高峰期，产蛋率达95%以上，并能保持持续高产。

绍兴麻鸭的公、母配种比例，早春为1：20，夏、秋为1：30。种蛋受精率在90%以上，受精蛋孵化率在80%以上，雏鸭成活率（0~4 周龄）可达 98%，产蛋期（150~500 日龄）为 96%~98%。公鸭的性成熟较母鸭迟 20~30 天，需达 6 月龄以上方可利用。种母鸭一般利用年限为 2 年，种公鸭利用年限为 1 年。绍兴麻鸭初生重为 37~40 克，1 月龄体重 450 克，1~2 月龄生长最快，70 日龄以后生长减慢。90 日龄时体重可达成年体重的 90%左右。一般公鸭养到 60 日龄左右就可以作为菜鸭向市场供应。

由于绍兴麻鸭具有产蛋多、成熟早、体形小、适应性强、耗料省等优良性状，且既能在稻田、江河、湖泊放牧，又适于进行集约化圈养，因而近年来绍兴麻鸭已被浙江、上海、江苏、山东等省市引种。

表 2-1　WH 系和 RE 系的外貌特征及生产性能

品系	外貌特征	产蛋量	蛋质量	蛋料比
WH 系（又称带圈白翼梢）	母鸭的全身羽毛以浅棕黄色麻雀羽毛为主，杂有粗细不等的黑色斑点，颈中部有 4 厘米宽的白色颈圈，主翼羽白色，腹部为白色，称为“三白”。喙灰黄色，胫、蹼均为橘黄色，虹彩灰蓝色，喙豆黑色，爪白色，皮肤淡橘黄色。性情躁动，可放牧，也可圈养	入舍母鸭 500 日龄产蛋量为 309 枚，平均蛋重 63 克；第二年的平均蛋重 71 克	蛋壳厚度 0.33 毫米；蛋形指数 1.41；哈氏单位 83.21	500 日龄产蛋总重 18~19 千克；产蛋期蛋料比为 1：（2.8 ~ 3.0）
RE 系（又称红毛绿翼梢）	母鸭全身以棕红色麻雀羽毛为主，杂有黑斑，没有“三白”特征。主翼羽和副翼羽内侧均呈墨绿色，具有光泽，喙灰黄色，腹部浅褐色，胫、蹼橘黄色，爪黑色，虹彩石色，皮肤淡棕黄色。性情温顺，适宜于圈养。公鸭头、颈、尾部及性羽均为墨绿色，并具有光泽	500 日龄入舍母鸭的产蛋量为 311.5 枚，平均蛋重 59 克；第二年平均蛋重 63 克	蛋壳厚度 0.33 毫米；蛋形指数 1.44；哈氏单位 82.87	

（二）金定鸭

金定鸭是我国培育的优良蛋鸭品种，原产地在福建省龙海市紫泥乡金定村，属麻鸭的一种，又称绿头鸭、华南鸭。金定鸭的性情聪颖，体格强健，行动敏捷，觅食力强，尾脂腺较发达，羽毛防湿性强，适宜海滩、河流、池塘、稻田及平原放牧，也可舍内饲养。金定鸭具有产蛋多、蛋大、蛋壳青色、觅食力强、饲料转化率高和耐热抗寒等特点。与其他品种鸭进行生产性杂交所获得的商品鸭，不仅生命力强，成活率高，而且饲料报酬较高。

金定鸭公鸭体躯较长，胸宽背阔，头部和颈上部羽毛具有墨绿色光泽，无明显的白色颈圈；前胸红褐色，背部灰褐色，有镜羽，具黑褐色性羽；喙黄绿色，虹彩褐色，胫、蹼橘红色，爪黑色。母鸭身体细小，头较小秀长，胸稍窄而深，结构紧凑匀称，站立时和行走时躯干与地面成45°以上。喙古铜色，虹彩褐色，胫、蹼橘红色，通体为麻褐色。背面体羽的羽色呈褐黄色，羽片中央具有长椭圆形褐斑，羽斑由体前向后逐渐增大，颜色加深；腹羽则变浅；颈部羽毛纤细，无羽斑；翼羽黄褐色，有镜羽。

金定鸭初生体重，公雏47.6克，母雏47.4克；1月龄体重，公鸭560克，母鸭550克；3月龄体重，公鸭1 465克，母鸭1 466克；成年体重，公鸭1.76千克，母鸭1.78千克。开产日龄100~120天，产蛋期长，高产鸭在换羽期和冬季也持续产蛋。产蛋量平均每年260~300枚，蛋重平均72.26克。95%以上为青壳蛋，蛋形指数1.45。公鸭性成熟日龄100天左右。公、母配种比例为1∶25，种蛋受精率为89%~93%，孵化率为85.3%~92.3%，60日龄成活率为96.4%，利用年限一般公鸭为1年，母鸭为3年。

我国北方蛋鸭产蛋能力一般较低，可引入金定鸭进行杂交或扩大纯种繁殖，金定鸭母鸭与瘤头鸭公鸭杂交生产的半番鸭产肉性能较佳，90天体重可达3千克。

（三）卡基·康贝尔鸭

卡基·康贝尔鸭是著名的蛋用型鸭种，由英国的康贝尔氏先用当地鸭与印度跑鸭杂交，其杂交种再与鲁昂鸭及野鸭杂交，于1901年在英国育成。1979年由上海市禽蛋公司从荷兰琼生鸭场引进。绍兴麻鸭配套系中含有该鸭的血统。

卡基·康贝尔鸭体形较大，体躯宽而深，背平直而宽，颈略粗，眼较小，胸腹部饱满，近于兼用种体形。但产蛋性能好，且性情温顺，不易应激，适于圈养，是国际上优秀的蛋鸭品种。其肉质鲜美，有野鸭肉的香味。雏鸭绒毛呈深褐色，喙、脚黑色，长大后羽色逐渐变浅。成年公鸭羽毛以深褐为基色，头部、颈部、翼部、肩部和尾部均为青铜色（带黑色），喙绿蓝色，胫、蹼橘红色。成年母鸭全身羽毛褐色，没有明显的黑色斑点，头部和颈部羽色较深，主翼羽也是褐色，无镜羽，喙灰黑色或黄褐色，胫、蹼灰黑色或黄褐色。

成年鸭体重，母鸭为2.0～2.25千克，公鸭为2.25～2.5千克。开产日龄为110～130天。据观察，母鸭113天开产，140日龄的产蛋率为59.8%，150日龄的产蛋率为88.7%。500日龄产蛋量为260～300枚，平均蛋重70克以上，总产蛋重为18～20千克，300日龄蛋重为71～73克，蛋壳白色。公、母配种比例为1∶（15～20），种蛋受精率在85%左右。利用年限，公鸭1年，母鸭第一年产蛋较好，第二年的生产性能明显下降。卡基·康贝尔鸭60日龄的体重可达1.7千克，骨细，瘦肉多，脂肪少，肉质细嫩多汁，并具有野鸭肉香味，很受消费者欢迎。

（四）攸县麻鸭

攸县麻鸭属小型蛋鸭品种，主产于湖南省攸县境内的攸水和沙河流域一带。攸县麻鸭是湖南著名的蛋鸭型地方品种。攸县麻鸭具有体形小、生长快、成熟早、产蛋多的优点，是一个适应于稻田放牧饲养的蛋鸭品种。

攸县麻鸭体形狭长，呈船形，羽毛紧密，喙豆黑色。公鸭的头部和颈上部羽毛墨绿色，有光泽，颈中部有宽1厘米左右的白色羽圈，颈下部和胸部的羽毛红褐色，腹部灰褐色，尾羽墨绿色；喙青绿色，虹彩黄褐色，胫、蹼橘黄色，爪黑色。母鸭全身羽毛为褐色带黑斑的麻雀羽，鸭群中深麻羽色者占70%，浅麻羽色者占30%。喙黄褐色，胫、蹼橘黄色，爪黑色。

攸县麻鸭初生重39克，2月龄公鸭体重850克，母鸭体重852克。成年体重1.2～1.3千克，公母相似。90日龄公鸭半净膛率为84.85%，全净膛率为70.66%；85日龄母鸭半净膛率为82.8%，全净膛率为71.6%。在大群放牧饲养的条件下，年产蛋为200枚左右，平均蛋重为62克，年产蛋重为10～12千克；在较好的饲养条件下，年产蛋量可达230～250枚，总蛋重为14～15千克。每年3～5月为产蛋盛期，占全年产蛋量的51.5%；秋季为产蛋次盛期，占全年产蛋量的22%。在放牧和适当补料的饲养条件下，60日龄每千克增重耗料约2千克；每千克蛋耗料2.3千克，每只产蛋鸭全年需补料25千克左右。

性成熟较早，母鸭开产日龄为100～110天，公鸭性成熟为100天左右。公、母配种比例为1∶25。种蛋受精率为94.8%，受精蛋的孵化率为82.66%。30日龄的育雏成活率在95%以上。

（五）荆江麻鸭

荆江麻鸭是我国长江中游地区广泛分布的蛋用鸭种，因盛产于荆江两岸而得名。荆江麻鸭头较小，眼大而突，颈细长而灵活，肩褊狭，背平，体躯稍长并向上抬起。喙石青色，胫、蹼橙黄色。全身羽毛紧密，眼上方长有眉状白毛。母鸭头颈部为泥黄色，背腰部羽毛以泥黄为基色，杂育黑色条斑或浅褐色底色上缀黑色条斑，群体中以浅麻雀色居多。公鸭头、颈部羽毛具翠绿色光泽，前胸、背腰部羽毛褐色，尾部浅灰色。

荆江鸭成年体重，公鸭1.4～1.6千克，母鸭稍轻。初生重

39.33 克，1 月龄体重 167.8 克；3 月龄公鸭体重 1 123 克，母鸭体重 1 041 克；6 月龄公鸭体重 1 679 克，母鸭体重 1 504 克。开产日龄 100 天左右。2~3 年达产蛋高峰，可持续 5 年。平均年产蛋量 214.4 枚，年平均产蛋率为 58%，春、秋季产蛋率在 90%左右，冬季则较低。蛋以白壳者居多，占 76%，平均蛋重 63.5 克；青壳蛋约 24%，平均蛋重为 62 克。蛋壳厚 0.33 毫米，蛋形指数 1.40，公、母配种比为 1：(20~25)，种蛋受精率为 93.10%，入孵蛋孵化率 98.24%。公、母鸭半净膛率分别为 72.22% 和 79.93%，全净膛屠宰率分别为 72.22%和 72.25%。

（六）江南Ⅰ号和江南Ⅱ号

江南Ⅰ号和江南Ⅱ号由浙江省农业科学院培育成功的高产蛋鸭配套系，是在绍兴麻鸭的基础上，采用正反反复选择法，经 3 个世代和两轮重复杂交试验后选育而成。这两种蛋鸭都具有产蛋率高、持续期长、饲料利用率高、成熟较早、生命力强等特点，在相似条件下饲养，比绍兴麻鸭高产（两个品系平均每年每只可比绍兴麻鸭增产 2~3 千克蛋，而比一般蛋鸭增产 5 千克蛋）。公鸭的肉用性能提高，如 60~70 日龄的体重比绍兴麻鸭提高了 16%~22%。饲料报酬和肉的品质都有明显的改进。两系的外貌特征和生产性能见表 2-2。

表 2-2　江南Ⅰ号和江南Ⅱ号的外貌特征和生产性能

名称	体形外貌	生产性能
江南Ⅰ号	母鸭体羽呈浅褐色，杂有不明显的黑斑	母鸭成熟时体重平均为 1.67 千克，开产日龄平均为 118 天。500 日龄产蛋量平均为 310.2 枚，蛋总重平均为 21.18 千克。300 日龄平均蛋重 71.85 克，产蛋期料蛋比为 2.85：1，产蛋期存活率为 97.05%

续表

名称	体形外貌	生产性能
江南Ⅱ号	母鸭羽色深褐，黑斑大而明显	母鸭成熟时平均体重为1.66千克，开产日龄平均为117天，500日龄产蛋量平均为324.3枚，蛋总重平均为21.75千克；300日龄产蛋平均蛋重为70.17克，产蛋期料蛋比为2.76∶1，产蛋期存活率为98.94%

（七）连城白鸭

连城白鸭是中国麻鸭中独具特色的小型白色变种，主产于福建省连城县。体躯狭长，头小、颈细长，前胸浅，腹部下垂，觅食力强且行动灵活，易神经质。体羽洁白，喙黑色，胫、蹼灰黑色，雄鸭具性羽2~4根。

初生体重40~44克，1月龄体重250~300克，3月龄体重1 300~1 500克，公鸭成年体重1.4~1.54千克，母鸭成年体重1.3~1.4千克。开产日龄为120~130天，第一个产蛋年产蛋量为220~230枚，第二个产蛋年产蛋量为250~280枚，第三个产蛋年产蛋量为230枚左右，蛋重平均为58克。蛋壳以白色居多，也有少数青壳蛋，蛋形指数1.46。公鸭180天配种，公、母配种比例为1∶(20~25)，种蛋受精率在90%以上。公鸭利用年限为1年，母鸭3年。

（八）莆田黑鸭

莆田黑鸭是中国麻鸭的黑色变种，主要分布于福建省的晋江和莆田两个地区的沿海各县及福州市的浪岐、亭江、连江县的浦口等地。体形小巧、紧凑，骨骼坚实，行走迅速。全身羽毛浅黑色，着生紧密，喙墨绿色，胫、蹼、爪黑色。公鸭具性羽，头、颈部羽毛具有光泽，雄性特征明显。

公鸭成年体重1 340克，母鸭成年体重1 680克。开产日龄在120天左右，年产蛋量为270~290枚，蛋重约70克，料蛋比

1∶3.84，白壳蛋占多数。公、母配种比例为1∶25，种蛋受精率为95%。

另外，蛋用鸭品种还有中山麻鸭、三穗鸭、龙岩山麻鸭（山麻鸭）、利川麻鸭（恩施麻鸭）等。

三、肉蛋兼用型鸭品种

（一）高邮鸭

高邮鸭是我国较大型的麻鸭品种，为蛋肉兼用型，以产双黄蛋著称。原产于江苏省高邮、宝应、兴化等县市。高邮鸭肉质好，觅食能力强，耐粗杂食，善潜水，生长快，产蛋大且产较多的双黄蛋，饲料报酬高，适于放牧饲养。

高邮鸭体躯呈长方形，胸深背阔肩宽，发育匀称。喙豆黑色，虹彩深褐色，爪黑色。公鸭体形较大，头、颈上部的羽毛深绿色，有光泽，背、腰、胸部均为褐色芦花羽，腹羽黑色，喙青绿色，胫、蹼橘红色，有“乌头白裆青嘴雄”之称。母鸭颈细长，羽毛紧密，后躯发达，体羽褐色，杂有黑色细斑，呈麻雀色，胫、蹼灰褐色。雏鸭羽色为黑斗星，青喙，喙豆、线背、尾巴、胫、蹼、爪黑色。

高邮鸭年平均产蛋量为140~160枚，高产群可达180枚。平均蛋重为75.9克，其中70克以下者占15.3%，78克以上者占4%，双黄蛋约占0.3%。蛋壳白色者居多，约占82.9%，青壳蛋占17.1%左右，蛋形指数为1.43。

高邮鸭成年鸭体重，公鸭2.3~2.4千克，母鸭2.6~2.7千克。生长速度较快，一般在放牧条件下，70日龄体重可达1.5千克，在较好的饲养条件下可达1.8~2千克，以40~70日龄期生长最快。采用配合饲料饲喂，50日龄平均体重可达1.78千克。半净膛率为80%左右，全净膛率为70%左右，料肉比为3.5∶1。

繁殖力较强，公鸭70日龄后即有性行为，母鸭开产日龄为

110~140天。公、母配种比例为1：(25~33)，种蛋受精率为92%~94%，受精蛋孵化率在85%以上。

(二) 建昌鸭

建昌鸭是以生产“大肥肝”而著称的肉蛋兼用型麻鸭，素有“大肝鸭”的美称。原产于四川省的西昌（古称建昌)、德昌、冕宁、米易和会理等县，体形中等大小，体躯宽阔，头大颈粗。公鸭头、颈上部羽毛墨绿色，具光泽，颈下部1/3处有一白色颈圈，喙墨绿色，前胸及鞍羽红褐色，腹羽银灰色，故有“绿头、红胸、银肚、青嘴公”之称，尾羽、性羽黑色。母鸭羽毛褐色，有深浅之分，以浅褐色麻雀羽居多，喙橘黄色。建昌鸭中还有约15%的白胸黑鸭，前胸白色，体羽乌黑，喙、胫、蹼黑色。

建昌鸭年均产蛋量150枚左右，平均蛋重为72.98克，以青壳者居多，占60%~70%，壳厚0.35厘米，蛋形指数为1.37。

建昌鸭成年公鸭体重2.2~2.5千克，母鸭体重2~2.3千克。生长较快，初生体重37.4克，1月龄体重302.5克，2月龄体重达962.5克，3月龄体重1.656千克，4月龄公鸭重1.844千克，4月龄母鸭重1.695千克。其相对增重高峰期出现在8周龄前，13周龄后则增重急剧下降，28周龄时接近成年体重。肉用仔鸭8周龄活重1.3~1.6千克。6月龄，半净膛率公鸭为78.9%，母鸭为81.84%；全净膛率公鸭为72.3%，母鸭为74.08%。6月龄胸腿肌总重，公鸭为327.38克，母鸭为318.60克。胸腿肌占屠体重的比例，公鸭为25.84%，母鸭为24.27%。56日龄肉料比为3.07：1，7月龄填肥21天的料肉比为11.07：1。7月龄建昌鸭填肥14天平均肝重229.24克，最大者可达455克，肝料比为1：23.81，填肥21天平均肝重324.36克，最重达545克。

公鸭性成熟日龄在120天左右，母鸭开产日龄在150~180天，公、母配种比例为1：28，种蛋受精率在90%左右，受精蛋孵化率在85%左右。

（三）巢湖鸭

巢湖鸭主产区在安徽省中部的巢湖附近。巢湖鸭体质健壮，行动敏捷，抗逆性强，采食性能好，是制作无为熏鸭和南京板鸭的良好材料。

巢湖鸭体形中等大小，呈长方形，结构紧凑。公鸭的头、颈上部羽毛呈墨绿色，有光泽，前胸和背、腰部羽毛褐色，镶有黑色条斑，腹部白色，尾羽黑色，喙黄绿色；虹彩褐色，胫、蹼橘红色，爪黑色。母鸭体羽浅褐色，缀黑色细条纹，呈浅麻细花形，翼部有蓝绿色镜羽，眼上方有白色或浅黄色眉纹。

巢湖鸭母鸭开产日龄在 140～160 天，母鸭年产蛋量为 160～180 枚，平均蛋重为 70 克。蛋壳以白色居多，占 87%，青壳蛋占 13%。

巢湖鸭成年公鸭体重 2.1～2.7 千克，母鸭 1.9～2.4 千克。肉用仔鸭 70 日龄活重为 1.5 千克，90 日龄活重为 2 千克。全净膛屠率为 72.6%～73.4%，半净膛率为 83%～84.5%。

巢湖鸭公、母配种比例早春时为 1∶25，清明后为 1∶33，种蛋受精率在 90%以上，受精蛋孵化率为 89%～94%。公鸭利用年限为 1 年，母鸭为 3～4 年。

（四）大余鸭

大余鸭主产区在江西省南部的大余县。其特色是皮薄肉嫩，骨脆可嚼，腊味香浓。

大余鸭体形中等大小，不具白色颈圈。翼部有墨绿色镜羽，喙青色，胫、蹼青黄色。公鸭头、颈、背部羽毛红褐色，少数个体头部有墨绿色羽。母鸭体羽褐色，杂有较大的黑色雀斑，故有“大粒麻”之称。

大余鸭年产蛋量为 180～220 枚，平均蛋重 70 克左右，蛋壳白色。大余鸭成年体重 2～2.2 千克。在放牧条件下，90 日龄仔鸭活重 1.4～1.5 千克，再经 1 个月的育肥饲养，体重达 1.9～2

千克即可屠宰加工板鸭。半净膛率公鸭为 84.1%，母鸭为 84.5%；全净膛率公鸭为 74.9%，母鸭为 75.3%。母鸭开产日龄在 180~200 天，公、母配种比例为 1∶10，种蛋受精率为 81%~91%，受精蛋孵化率为 90%以上。

（五）临武鸭

临武鸭产于湖南省临武县。临武鸭食性广，易肥育，加工成板鸭味道鲜美。体形中等偏小，体躯较长，结构匀称，胸部发达，后躯触地。头大眼突，喙扁而宽，呈黄褐或黄红色，上宽于下，尖端微向下钩，中段微微上拱（被称为拱嘴鸭、钩嘴鸭、挖嘴鸭），采食有力。颈较细长，翅膀收缩有力，翅尖交叉，尾羽呈三角形，尾尖上翘。母鸭毛色以黄褐色为主，杂有白、绿色斑，具白色颈圈；公鸭头、颈上部羽毛绿色发亮，颈圈明显，腹部多棕黄色或灰白色。

成年公鸭体重 1.770 千克，母鸭 1.813 千克。开产日龄在 140~160 天，年产蛋 160~180 枚，平均蛋重 67.4 克。

（六）昆山鸭（昆山大麻鸭）

昆山鸭是江苏省苏州市培育的品种，采用北京鸭与当地娄门鸭杂交，经 14 年的选育和推广，于 1978 年通过鉴定。昆山鸭体形大，似父本北京鸭，头大，颈粗，体躯呈长方形，宽而且深。羽毛似母本娄门鸭。公鸭头、颈上部羽毛墨绿，有光泽，体背部和尾羽墨褐色。体侧灰褐色、有芦花纹，腹部白色，翼部镜羽墨绿色。母鸭全身羽毛深褐色，缀黑色麻雀斑纹，眼上方有白眉，翼部有墨绿色镜羽。昆山鸭的喙呈青绿色，胫、蹼橘红色。

昆山鸭成年公鸭体重 3.5 千克，母鸭 3 千克。开产日龄在 180 天左右，年产蛋 140~160 枚，平均蛋重 80 克左右。蛋壳浅褐色，少数青色。60 日龄仔鸭体重 2.4 千克左右。

（七）沔阳鸭

沔阳鸭系湖北省仙桃市畜禽良种场经 20 年选育而成的肉蛋

兼用型鸭种，先以高邮鸭作父本、荆江鸭作母本进行杂交，杂种鸭自群繁殖3年后，再次用高邮鸭杂交，最终培育而成。

沔阳鸭体形中等大小，体躯长方形，背宽胸深。胫、蹼橘黄色。公鸭头、颈上部的羽毛绿色，有光泽，体背部羽毛深褐色。臀部羽毛黑色，胸、腹和副主翼羽白色。喙黄绿色，虹彩浅褐色。母鸭羽毛以褐色为主，分浅麻色和深麻色两种，主翼羽均为黑色。喙青灰。眼上左右各有一道白眉。

沔阳鸭成年体重2.2~2.3千克，开产日龄140~150天，年产蛋量160~180枚，第一年平均蛋重74.5克；第二年79.6克。蛋壳以白色居多，占93%，青壳蛋仅7%。公、母配种比例为1∶(20~25)，种蛋受精率在90%以上，受精蛋孵化率在85%以上。公鸭利用年限1年，母鸭为4~5年。

另外，还有桂西鸭、四川麻鸭、云南鸭、松香黄鸭、白沙鸭等蛋肉兼用型鸭。

第二节 鸭的品种选择和引进

一、品种选择

（一）根据市场需求进行选择

不同地区对鸭产品的需求不一样，只有选择适销对路的产品，才能取得较好的经济效益。如当地有消费烤鸭的习惯，且需求量较大，则应选择饲养大型肉鸭，如北京鸭、天府肉鸭等；在一些鸭肉出口基地，则应饲养配套品系杂交鸭，才能达到出口屠体品质的要求，如樱桃谷鸭、奥白星肉鸭、天府肉鸭等；制作传统的卤鸭、板鸭、熏鸭，则宜选择中型杂交肉鸭及本地麻鸭。而在一些有鸭蛋消费习惯且鸭蛋加工方式多样的地区，则宜选择饲养蛋鸭，如绍兴麻鸭、金定鸭、江南Ⅰ号、江南Ⅱ号等。

（二）根据生产性能进行选择

优良的生产性能是取得良好经济效益的基础。因此，在同一类型的品种中，要选择生产性能好的品种。肉鸭要看其生长速度、料肉比；蛋鸭要看其产蛋量、蛋重、料蛋比，其次，要看鸭的适应性和生活力，看哪个鸭种抗病强，发病少。

（三）根据当地的自然环境和经济条件进行选择

大型肉鸭具有饲养周期短、生长速度快、饲料报酬率高、宜规模饲养的特点，但饲养大型肉鸭需要一定的技术设备和相应的资金。因而，大中城市近郊的农户可选择饲养大型肉鸭，而在边远丘陵山区则宜选择饲养中型杂交肉鸭和蛋鸭。

二、品种引进

（一）不要盲目引种

引种应根据生产的需要，确定品种类型，同时要考察所引品种的经济价值。尽量引进国内已扩大繁殖的优良品种，可避免从国外引种的某些弊端。引种前必须先了解引入品种的技术资料，对引入品种的生产性能、饲料营养要有足够的了解，如是纯种，应有外貌特征、育成历史、遗传稳定性以及饲养管理特点和抗病力等资料，以便引种后参考。

（二）注意引进品种的适应性

选定的引进品种要能适应当地的气候及环境条件。每个品种都是在特定的环境条件下形成的，对原产地有特殊的适应能力。当被引进到新的地区后，如果新地区的环境条件与原产地差异过大时，引种就不易成功。因此，引种时首先要考虑当地条件与原产地条件的差异状况，其次要考虑本地养殖场能否为引入品种提供适宜的环境条件。

（三）引种渠道要正规

要到适度规模、信誉度高、有种畜禽生产经营许可证和足够供种能力且技术服务好的种鸭场引种；种鸭的系谱要清楚；种鸭要健康，必要时在购种前进行采血化验。

（四）严格检疫

绝不能从发病区域引种，以防止引种时带进疾病。直接引进成鸭时，进场前应严格隔离饲养，经观察确认无病后才能入场。

（五）做好引种准备

引种前做好准备工作，如准备好圈舍、饲养设备、饲料及用具等，做好饲养人员的技术培训。

（六）加强引种管理

引种时，首次引入品种数量不宜过多，引入后要先进行1~2个生产周期的性能观察，确认引种效果良好时，再适当增加引种数量，扩大繁殖规模；引种时应引进体质健康、发育正常、无遗传疾病、未成年的幼禽，因为这样的个体可塑性强，容易适应环境；引种最好选择在两地气候差别不大的季节进行，以便使引入个体逐渐适应气候的变化。从寒冷地带向热带地区引种，以秋季引种为好，而从热带地区向寒冷地区引种则以春末夏初引种最为适宜；做好运输组织工作安排，避开疫区，尽量缩短运输时间。如运输时间过长，就要做好途中饮水、喂食的准备，以减少途中损失。

第三节　鸭的繁育

一、鸭的繁育方法

鸭的繁育方法，按照公、母鸭的血缘关系，可简单分为纯种繁育和杂交繁育。

（一）纯种繁育

纯种繁育是指同一品种的公、母鸭进行交配，这样可以保持该品种的优良特性。纯种繁育容易导致近亲繁殖，虽然近亲繁殖弊病在鸭业生产上表现不明显，但一般也需进行血液更新，即将无亲缘关系的同一品种公鸭引入作种用。

当前我国许多地方品种鸭具有较强的环境适应能力、耐粗饲、早熟、繁殖力强等特性，但体形、外貌、生产性能尚不够一致，也应进行纯种繁育，提纯复壮。外来优良鸭种，也应通过本品种选育，迅速增加数量，解决环境不适应等问题。

（二）杂交繁育

杂交繁育是由两个或两个以上的不同品种公母鸭交配。杂交能改变公母鸭双方的某些遗传性，扩大后代遗传变异的范围，杂交可能将不同品种的不同性状结合在同一个体上，丰富后代的遗传性。在新的环境条件下加以培育，能改良老品种和创造新品种，提高生产性能从而获得大量优质肉鸭产品。杂交繁育方法有下列几种。

1. 生产性杂交　生产性杂交是利用杂交的优势，目的是获得具有高度生产力的杂种鸭群。这些杂种后代供商品生产用，而不继续繁殖。一般可分为经济杂交和轮回杂交两种。

(1) 经济杂交。这是生产性杂交中最简单和最广泛应用的一种杂交方法。所获得的杂种一代，无论公母都作商品生产用，而不作种用。目的是利用杂种一代的杂种优势，获得一些生产性能高、生命力强的杂种鸭群。杂交模式如图 2-1。

甲品种♂×乙品种♀

↓

杂交一代（F_1）

图 2-1　杂交模式

(2) 轮回杂交。用甲品种母鸭与乙品种公鸭杂交，产生杂种一代（F_1），又从 F_1 中选留优秀母鸭与甲品种公鸭杂交，产生杂种二代（F_2）母鸭，再与乙品种公鸭杂交。依此逐代轮流杂交，从而不断保留子代杂种优势。采用这种杂交方式可在杂种中综合两个品种的有利性状，并增加杂合性。杂交模式如图 2-2。

甲品种♀ × 乙品种♂
↓
杂种母鸭（F_1）♀ × 甲品种♂
↓
杂种鸭（F_2）× 乙品种♂
⋮

图 2-2　两品种轮回杂交模式

2. 改良性杂交　它是通过杂交来改良某一品种的缺陷。

（1）引入杂交。在保持原有品种优良性状的基础上，引入与原品种类型、生产力基本相似的另一优良品种进行一代的杂交，以纠正原品种的某些缺点。然后在杂种后代中选优良母鸭与原品种公鸭回交。一般至杂交二代（含引入血液 1/4）或杂交第三代（含引入品种血液 1/8）时就自交。

（2）级进杂交。级进杂交又称改进杂交、吸收杂交。这种杂交是要吸收改良品种的某些优良特性，以改良原有品种中不能满足当前生产要求的一些性能，同时又保留其优点（如对当地的自然条件适应性强、耐劳、耐粗饲等）。级进的代数不宜过多，级进代数越多，含改良品种血液越多，越接近纯种改良品种，但往往失去原品种的优点。

3. 育种性杂交　育种性杂交又称育成杂交，是用两个以上的品种进行杂交，创造和培育新品种。首先通过杂交方法扩大和丰富遗传基础，然后对杂种后代进行严格的选种和选配。同时着手建立 5~9 个品系，以便更好地巩固遗传性，避免以后长期亲缘交配。其次增加鸭群数量和扩大品种的分布区，继续进行选育。

育成一个优良的新品种，应具备稳定的高产性能和比较一致的体形外貌，能将优良性状遗传给后代，并适应当地的自然环境。

4. 远缘杂交 它是禽类不同种、属、科间的杂交。由于有较远的亲缘关系，其体形外貌、生活习性、机能、遗传方面有较大的差异，所以不像品种内那样容易杂交。但远缘杂交在生产实践中具有重要的经济意义。在肉鸭业生产中常见的公番鸭和母麻鸭杂交，得出的泥鸭就具有很好的经济性状。泥鸭毛色以黑麻色为主，头、颈、背、胸、尾有蓝色羽，有光泽，喙如麻鸭，体形远比麻鸭大，超过番鸭，成年体重达 3.5~4 千克。行动迟缓，耐粗饲，常在屋前屋后的水域内啄食。生长迅速，4~5 个月性成熟。一般不会产蛋，偶有个别养到 1 年后开始产少量蛋。公泥鸭与母麻鸭交配虽能受精，但孵化率极低，胚胎多中途死亡，孵出者也极难成活。

二、鸭的选种

（一）选种标准

1. 蛋用型鸭的选种标准 蛋用型鸭在选种时要考虑开产日龄、开产体重、产蛋量、产蛋率、产蛋期料蛋比、产蛋期存活率、产蛋总重和平均蛋重、生活力、蛋的品质等性状（表2-3）。

表 2-3 蛋用型鸭的选种时间和标准

选种时间	选种标准
初生雏鸭	应选体躯硕大、绒毛柔软、头大颈粗、眼大有神、反应灵敏、鸣声洪亮、食欲旺盛、胸深背阔、腹圆脐平、尾钝翅贴、脚粗而高、蹼油润、健康结实、活泼好动者。选择的重要指标是初生体重大和毛色一致
后备鸭	雏鸭 60 日龄时进行选留。一是健康状况良好。羽毛、绒毛生长整齐洁净；眼亮有神，眼睛、肛门附近没有分泌物污染，颈项伸缩自如，腿脚干净；行动灵活，步态稳健。二是外貌体态符合品种特征。公、母配种比例为 1：(6~8)

续表

选种时间	选种标准
种公鸭	应选头大颈粗，眼大、明亮而有神，喙宽而齐，身长体宽，羽毛紧密而有光泽，性羽分明，两翅紧贴，脚粗而高、健康结实，体不过肥，活泼好动的公鸭。这种公鸭性欲旺盛，配种力强。在交配季节，公鸭眼圈缩小，而且有分泌物，羽毛蓬松杂乱，这是优秀种公鸭表现的疲惫症状，配种季节过后这种症状会全部消失
种母鸭	应选留颈细长、眼亮有神、羽毛致密、喙长而直、身长背阔、胸深腹圆、后躯宽大、耻骨扩张、两翅紧贴、脚稍粗短、蹼大而厚、健壮结实、体不过肥、活泼好动的母鸭。颈长而细是高产蛋鸭的固有特征，选种时要充分注意。具有以上体形外貌的种母鸭，卵巢发育良好，输卵管发达，腹部容积大，而耻骨之间的距离在3指以上，即“三指裆”。不同季节、不同年龄的蛋用种母鸭，其外貌表现也不同。“春鸭一枝花，秋鸭丑喇叭”，因为春季鸭群开产不久，产蛋性能高的母鸭代谢旺盛，性腺功能活跃，羽毛细致有光泽，像鲜花一样。如果这时的鸭子羽毛零乱，没有光泽，大多是健康状况不佳、产量不多的个体。到了秋季，高产的鸭子由于连续产蛋，营养消耗量大，色素消退，羽毛零乱没有光泽，腹部也因下蹲的时间和次数多，羽毛沾污，甚至部分脱落，走起路来摇摇摆摆，像个“丑八怪”。而产蛋少的鸭子，由于较早停产换羽，此时新羽已长齐，看起来光洁整齐，且颈粗、体胖、腰身好，外观好看，实际上这些鸭子都是产蛋量较差的个体，应从种群中将其淘汰

2. 肉用型鸭的选种标准　肉用型鸭在选种时要考虑早期（3~7周龄）体重，成年体重，仔鸭料肉比，羽毛生长速度，屠宰率（半净膛率、全净膛率），胸肌率，腿肌率，脂肪率，开产日龄，产蛋量，种蛋受精率、孵化率，7周龄仔鸭成活率，种鸭产蛋期存活率等性状。肉用种鸭必须具备生长发育快，肥育性能好，脂肪分布均匀，肉质优良，繁殖力和适应性强等特点（表2-4）。

表 2-4 肉用型鸭的选种时间和标准

选种时间	选种标准
初生雏鸭	应选体躯硕大、绒毛柔软、头大颈粗、眼大有神、反应灵敏、鸣声洪亮、食欲旺盛、胸深背阔、腹圆脐平、尾钝翅贴、脚粗而高、蹼油润、健康结实、活泼好动者。选择的重要指标是初生体重大和毛色一致
后备鸭	一般在 50~60 日龄时选择，以便将淘汰的中雏鸭转为育肥鸭群。羽毛、绒毛生长整齐洁净；眼亮有神，眼睛、肛门附近没有分泌物污染，颈项伸缩自如，腿脚干净；行动灵活，步态稳健。后备种公鸭要求头颈粗短，身躯呈长方形，腰背平而宽，胸部宽厚，脚掌有力，体重在 2.5 千克左右；后备种母鸭躯体比公鸭稍短而宽，头颈稍小，体重在 2.2 千克左右
种公鸭	体躯呈长方形，头大、颈粗、背平直而宽，胸腹宽而略偏平，腿略高而粗，蹼大而厚，两翅不翻，羽毛光洁整齐，走路昂头挺胸，步态雄健有力，生长快，体重大，配种能力强。种公鸭的选择要比种母鸭的选择更加重要，俗话说“公鸭好，好一坡；母鸭好，好一窝”，并且公鸭的选择比母鸭难度大。母鸭可根据体形外貌进行选择，但公鸭仅根据体形外貌来选择，生殖能力却不一定理想，如有的公鸭体形虽然很大，外貌也好，但生殖器却存在着发育不良、畸形或者精液品质不好等问题，饲养这种公鸭，既白白消耗饲料，又干扰其他公鸭的正常配种行为。因此，选择种公鸭时必须进行生殖器官的检查。检查时要两个人协同进行，具体的做法是：助手将公鸭固定在一张高约 70 厘米的凳子上，使鸭头向后、鸭尾向前。检查人一只手掌放在公鸭的背腰上，拇指和其余 4 指分别按住鸭腰两边，然后向鸭的后方轻轻地按摩；同时另一只手的 5 个手指向相同的方向伸出，略呈圆筒样子，用指尖反复触动公鸭的肛门周围。经 8~10 秒的反复按摩后，阴茎便充血胀大，在肛门处突出成团。这时用按在鸭两边的手指适当用力，捏住公鸭肛门上部 1/3 处，手指头一齐用力压拢，使阴茎充分勃起向外伸出。正常的阴茎呈螺旋状，颜色肉红，长达 10~12 厘米。阴茎发育不良的、畸形的及发炎的公鸭均应淘汰
种母鸭	体形呈梯形，背略短而宽，体长，腿稍短而粗，两翅下翻，羽毛光洁，头颈较细，腹部丰满下垂但不擦地，耻骨间距 3 指以上，繁殖力强，受精率和孵化率高

（二）选种方法

良种鸭的选择，通常根据体形外貌、生理特性、系谱及生产记录，采用以下两种选种方法。

1. 根据体形外貌进行选择　这种方法适合缺乏记录资料的养鸭场应用。外貌选择必须符合该品种的特征要求。

（1）种公鸭的选择。根据种公鸭的选种标准进行选择。如蛋用型要求体形大、身体长、头大颈粗，雄性要求性欲旺盛、行动矫健灵活等。肉用型要求背直而宽，胸骨正直，体躯长方形，雄壮稳健等。

（2）种母鸭的选择。根据种母鸭的选种标准进行选择。如蛋用型要根据“一紧、二硬、三长”的特征进行选择。肉用型则要求头大而宽圆，胸部丰满向前突出，两脚间距宽等。

（3）种蛋的选择。种鸭选好后，应根据该品种固有的要求选择种蛋。如蛋壳颜色、蛋重、蛋形。此外，还要将蛋壳上有沙点的沙壳蛋、薄壳蛋，以及蛋壳特别坚硬、敲击时声音发脆的“钢皮蛋”剔除。

（4）雏鸭的选择。选好的种蛋孵出小鸭后要再次进行选择。选择雏鸭，一看绒毛颜色，二看喙的颜色，三看蹼、趾的颜色，把不符合本品种特殊要求的变种淘汰。此外，还要将硬脐（脐带收缩不好，腹部有硬块）的弱雏淘汰。

（5）青年鸭的选择。可分两个阶段进行，第一阶段在育雏结束时，第二阶段在10周龄时（肉鸭可以稍晚几周）。此时骨架已经长成，除主翼羽外，全身羽毛基本长好。这两个阶段的选择标准，主要根据生长发育水平，将生长慢、体重轻的不符合本品种要求的鸭淘汰。其次是看体形外貌，将羽毛颜色和喙、蹼、趾颜色不符合本品种要求的个体淘汰。

（6）开产前期的选择。此项选择，蛋鸭在100日龄左右、肉鸭在150日龄左右入舍时进行。将已经培育好的青年鸭，除根据本品种对体形外貌和体重的要求选择外，还要注意观察以下五个方面：一是羽毛着生紧密，毛片细致，有光泽；二是胸骨硬而突出，肋骨硬而圆，肌肉结实；三是喙长、颈长、体躯长；四是眼睛突出有神，虹彩符合本品种标准；五是腹部发育良好，宽大柔软，耻骨之间、耻骨与龙骨之间的距离要大。将符合要求的个体选进种鸭舍饲养。

2. 根据记录成绩和系谱进行选择 有些性状的选择如产蛋性能单凭体形外貌选择不易达到预期的目的。产量相差不大的个体，有时还会发生错误的判断。只有依靠科学测定的记录资料，进行统计分析，才能做出比较正确的选择。一个正规的育种场必须对各项生产性能做好记录。通常在鸭的育种过程中，必须记录的项目有产蛋量、蛋重、蛋形指数、开产日龄、饲料消耗量、种蛋受精率、孵化率、雏鸭成活率、育成鸭成活率、初生体重、育雏结束时体重、育成期末体重、开产期体重、500 日龄体重等。取得上述记录资料后，就可以从系谱资料、本身成绩、同胞姐妹的成绩和后裔的成绩四个方面进行选择。

三、鸭的选配

优秀种鸭选出后，通过公母的合理选配，使优良的性状遗传给后一代。所以说，选配是选择的继续。

（一）同质选配

将生产性能相似或特点相同的个体组成一群，这种方法可以使后代同胞之间增加相似性，也可使后代相似于亲代。如根据系谱资料判断，使具有相同基因型的个体交配，叫作基因型同质选配。如果不了解系谱资料，仅根据表现型相似的选配，叫作表现型同质选配。

（二）异质选配

将生产性能不同或特点各异的个体组成一群。这种方法可增加后代的杂合性，降低亲代和后代的相似性。与亲代相比，后代将出现介于双亲之间的性状，也可能获得具有双亲不同优点的后代，如不同品种或品系之间的杂交就属于这一类。

（三）随机交配

随机交配是指随机组群，自由交配。这种方法是为了保持群体遗传结构不变，适于在保存品种资源方面应用。

四、鸭的配种方法

鸭的配种方法分自然配种和人工配种。

（一）自然交配

自然交配是指公、母鸭在适宜的环境中自行交配的配种方法。鸭的交配要在有水的环境中进行。自然交配一般从初春开始，到夏至结束。在配种前半个月，将选好的公、母鸭按适当比例合群饲养，配种结束后，将公、母鸭分开。自然配种又有单雄配种、大群配种及同雌异雄轮配。下面简要介绍一下单雄配种和大群配种。

1. 单雄配种　它是将一只公鸭按适当比例配一小群母鸭的配种方法，将每一小群养在单独小型鸭舍和运动场内，并用自封产蛋箱，登记每天的产蛋数。这种方法是小间配种，所获得的种蛋，双亲系谱清楚，可以建立系谱。此法工作烦琐，要求高，只适于育种场使用。但要注意，选用的公鸭要先进行生殖器官和精液品质检查，或先进行配种预测，检查种蛋的受精率，将生殖器官有器质性缺陷、受精率低的公鸭淘汰。

2. 大群配种　它是指在大群母鸭中放进多只公鸭进行配种的方法。单只母鸭被多只公鸭配种后，使卵子在受精过程中有更多的选择，精、卵子的生物学特征也更丰富。因此，大群配种受精率、孵化率高，生长发育快，产蛋率也高。但是必须严格选择公鸭和母鸭。大群配种在大规模商品养鸭场、良种繁殖场及育种场（在不作品系繁育和后裔测定时）普遍采用。

（二）人工授精

人工授精的应用，能合理利用优秀种公鸭，减少公鸭饲养量，提高鸭的受精率和鸭场经济效益。

1. 采精和输精用具 采精和输精常用的工具主要有鸭用假阴道、水禽集精杯、水禽输精器等。

采精前，应准备好集精杯和检查精液品质的显微镜、保温箱、载玻片、红细胞计数板、计算器、精液稀释液、剪刀、1毫升大的无菌注射器等器具，以及75%乙醇溶液和脱脂棉。鸭的集精杯长15~18厘米，集精杯口直径2.5~4厘米。若无正式集精杯，可用20毫升的三角量筒代替。这些用具用前必须洗净消毒。

在配种的季节里，最好把公鸭肛门附近的羽毛剪去，便于采精和减少精液的污染。

2. 采精方法 主要有如下几种。

（1）假阴道法。用台鸭对公鸭诱情，当公鸭爬跨台鸭伸出阴茎时，迅速将阴茎导入假阴道内而取得精液，不需要在鸭的假阴道内外管道之间充热水和涂润滑油。

（2）台鸭诱鸭法。将母鸭固定于诱情台上（离地10~15厘米），将试情公鸭放出，凡经过调教的公鸭会立即爬跨台鸭，当公鸭阴茎勃起伸出交尾时，采精人员即可迅速将阴茎导入集精杯而取得精液。有的公鸭爬跨台鸭而阴茎不伸出时，可迅速按摩公鸭泄殖腔周围，使阴茎勃起伸出而射精。

（3）按摩法。将鸭放于膝上，公鸭头伸向左臂下，助手位于采精员右侧保定公鸭双脚。采精员左手掌心向下紧贴公鸭背腰部，并向尾部方向按摩，同时用右手手指握住泄殖腔环按摩揉捏，一般8~10秒。当阴茎即将勃起的瞬间，正进行按摩着的左手拇指和食指稍向泄殖腔背部移动，在泄殖腔上部轻轻挤压，阴茎即会勃起伸出，射精沟闭锁完全，精液会沿着射精沟从阴茎顶端快速射出。助手使用集精管（杯）收集精液。熟练的采精员操作过程约需 30 秒，并可单人进行操作。

按摩法采精要特别注意公鸭的选择和调教。要选择那些性反应强烈的公鸭，并采用合理的调教日程，使公鸭迅速建立起性反射。调教良好的公鸭只需背部按摩即可顺利取得精液，同时可减少由于对腹部的刺激而引起粪尿污染精液。

上述几种采精方法中以按摩法最为简便可行，因此它也成为最常采用的一种方法。

采精时注意：一是采精时防止粪便污染精液，故采精前 4 小时应停水停料，集精杯勿太靠近泄殖腔，采精宜在上午 6~9 时进行；二是采集的精液不能暴露于强光之下，15 分钟内使用效果最好；三是采精前公鸭不能放水活动，防止相互爬跨而射精；四是采精处要保持安静，抓鸭的动作不能粗暴；五是集精杯每次使用后都要清洗消毒。寒冷季节采精时，集精杯夹层内应加 40~42℃暖水保温。

3. 输精 母鸭的泄殖腔较深，阴道部容易外翻进行输精。所以，常规输精以泄殖腔输精法最为简便易行。泄殖腔输精法是助手将母鸭仰卧保定，输精员用左手挤压泄殖腔下缘，迫使泄殖腔张开，再用右手将吸有精液的输精器从泄殖腔的左方徐徐插入，当感到推进无阻挡时，即输精器已准确进入阴道部，一般深入至 3~5 厘米时左手放松，右手即可将精液注入。实践证明效果良好。熟练的输精员可以单人操作。

输精时注意：一是母鸭以 5~6 天输精一次为宜，而用瘤头鸭公鸭与家鸭输精则以 3~4 天一次为宜；二是鸭的每一次输精量可用新鲜精液 0.05 毫升，每次输精量中鸭至少应有 4 000 万~6 000 万个精子，每一次的输精量加大一倍可获良好效果；三是鸭在上午 9~11 时输精为好；四是初产 1 个月内的母鸭不宜进行人工授精；五是母鸭群在换毛期应停止人工授精。

五、雏鸭的孵化

(一) 胚胎发育特征

鸭的胚胎发育分为两个阶段，第一阶段在母体内进行，精子移动到喇叭口与卵子结合，在鸭体内较高的温度条件下开始发育，当受精蛋产出体外后，胚胎就处于相对静止的状态；第二阶段在母体外进行。若将受精蛋置于适宜的环境里孵化，胚胎就继续发育，经过 28 天（鸭的孵化期为 28 天），发育出壳成为雏鸭。孵化期内，胚胎每天都在变化，并且有一定的规律性。采取照蛋的办法可以检验胚胎的发育情况，见表 2-5。

表 2-5　鸭胚胎发育和照蛋特征

胚龄	胚蛋发育特征	照蛋特征
1 天	胚胎以渗透方式进行原始代谢，原线、脊索突和血管区等器官原基出现。胚盘暗区显著扩大。原线发生时，胚盘的直径达 2.4~2.6 毫米，明区是 1.2~1.6 毫米，暗区环宽 0.5~0.61 毫米	可见胚盘呈微明亮的圆点状，俗称“白光珠”
2 天	胚盘增大，脊索突扩展，形成 5 个脑泡，脑神经出现，脑部和脊索开始形成神经管。眼泡向外突出，心脏形成并开始搏动，卵黄血液循环开始，鸭的胚胎直径达 2.5~2.7 毫米，血管区长度为 4.5~7 毫米	可见圆点较前一天为大，俗称“鱼眼珠”
3 天	血管区变为圆形，头部明显向左侧方向弯曲，与身体垂直，羊膜发展到卵黄动脉的位置，具有眼杯泡状水晶体，有 3 对鳃裂出现，尾芽形成，胚胎直径为 5.0~6.0 毫米，血管区的横径为 20~22 毫米	可见鸭胚血管区似樱桃状，俗称“樱桃珠”

续表

胚龄	胚蛋发育特征	照蛋特征
4 天	前脑泡向侧面突出，开始形成大脑半球。胚体呈更大弯曲，喙、四肢、内脏和尿囊原基出现。卵黄由于蛋白水分的渗入，明显扩大，羊膜腔形成。胚胎直径为 5.0~6.5 毫米，血管区的横径为 22~28 毫米	可见胚胎和卵黄囊血管分叉似蚊子，俗称“蚊虫珠”
5 天	胚胎头部明显增大，并与卵黄分离，前脑开始分成两个半球，第 5 对三叉神经发达。口开始形成，额突生长，眼有明显的色素沉着。卵黄囊血管贴靠蛋壳，容易通过，蛋壳的气孔进行代谢，从而有热能产生。尿囊迅速增大形成一个有柄的囊状。胚胎直径达 5.5~6 毫米，血管区的横径为 30~38 毫米	将蛋转动，卵黄不易跟着转，俗称“钉壳”，卵黄囊血管形似一只小蜘蛛，又称“小蜘蛛”
6 天	胚胎极度弯曲，中脑迅速发育，出现脑沟、视叶，眼睛明显沉着色素，眼皮原基形成，口腔部分形成，额突增大，四肢开始发育，性腺原基出现，各器官都已初具特征，羊水继续增长，胚胎自由地位于羊膜囊内。尿囊迅速生长，覆盖胚体后部，尿囊血液循环开始。胚胎长 6~6.5 毫米，血管区直径为 35~45 毫米，尿囊直径达 6.5~8 毫米	可见黑色的眼点，俗称“起珠”“单珠”
7 天	胚胎鳃裂愈合，喙原基增大，肢芽分成各部。胚胎开始活动。尿囊体积增大，直径达 12~17 毫米，并且完全覆盖胚胎，由喙的前端到尾端胚胎长度为 27~34 毫米	可见到头部和弯曲增大的躯干部分，俗称“双珠”
8 天	喙原基已具一定形状，外听道和口部已完全形成，颈伸长，翅和脚明显分成几部，趾原基出现。雌雄性腺已可区分，卵黄增大至最高水平，蛋白重量下降，尿囊体积急剧增大，直径 22~25 毫米。胚胎由喙的前端至尾端长度为 30~40 毫米	可见半个蛋面布满血管，胚胎沉在羊水中不易看清楚，俗称“八沉”

续表

胚龄	胚蛋发育特征	照蛋特征
9天	舌原基形成，腺胃有明显的组织学变化，肝具有叶状特征，肺已有发育好的支气管系统。尾部有一列，背部有几列原基绒出现。后肢出现蹼。尿囊继续增大，胚胎重0.69~1.28克	正面较易看到的羊水中浮游的胚胎俗称“九浮”；背面，将蛋转动时两边的卵黄不易晃动，俗称“边口发硬”
10天	除头、额、翼部外，全部覆盖绒羽原基。腹腔愈合，软骨开始骨化。眼睑已全部覆盖巩膜乳头。尿囊迅速向小端伸展，胚胎重1.0~1.7克	背面两边卵黄容易晃动，俗称“晃得动”
11天	眼裂呈椭圆形，眼睑变小，达到巩膜。绒羽原基扩展到头部（脸侧无）、颈部及翅部。脚趾出现爪。胚胎长45~54毫米，重1.4~2.2克	背面可见到尿囊血管迅速伸展出卵黄，俗称“发边”
12天	喙具有鸭喙的形状，开始角质化，眼睑已达到瞳孔，但在狭窄的眼裂部尚未闭合，胚胎背部开始覆盖绒羽。胚胎仍自由浮动于水中，尿囊达到最大程度，并开始在蛋的小头结合，蛋白明显浓缩，数量减少。胚胎重1.9~3.3克	在背面可见到尿囊血管接近合拢，但还没有完全接合
13天	胚胎头部偏向气室，胚体长轴由垂直蛋的横轴变成倾斜。尿囊完全闭合，包围胚体全部。眼裂缩小，爪角质化，脚上出现鳞片原基。胚胎重2.7~3.8克	尿囊血管在小端合拢，整个蛋气室外都有血管，俗称“合拢”
14天	眼裂进一步缩小，下眼睑把瞳孔的下半部遮住。肢的鳞原基继续发育，布满胫部、趾部。身体腹侧绒羽开始发育，全身除颈部以外皆覆以绒羽。胚胎重3.5~5.5克	血管开始加粗，血管颜色开始加深

续表

胚龄	胚蛋发育特征	照蛋特征
15 天	胚胎完成 90°的转动，身体长轴和蛋的长轴相一致。眼睑继续发育生长，眼裂缩小，下眼睑向上举达到瞳孔中部。绒羽已经达到胚体全部，并继续增长。胚胎重 5~8 克	背面可见尿囊血管加粗，颜色加深
16 天	胚胎头部弯曲达到两足之间，眼裂的边缘缩小变窄，仅瞳孔的上部未覆盖，肢的鳞片明显。蛋白的尖端由一管道输入羊膜囊内。胚胎重 6.6~12 克	可见尿囊血管继续加粗，血管颜色继续加深，左右两边卵黄小头连接
17 天	头部向下弯曲，位于两足之间，两足也急剧弯曲，眼裂继续减少，发育鳞片在足部增长。开始大量吞食蛋白，蛋白急剧减少，胚胎生长迅速骨化作用加强。胚胎重 10~14 克	17~19 胚龄，在背面可见到大头黑影部分逐渐增大，小头透亮部分相应缩小；20 胚龄，背面大头黑影部分接近小头，小头透亮区差不多消失
18 天	胚胎头部移于右翼之下，足部鳞片继续发育，胫及趾部被鳞片覆盖，蛋内水分大量蒸发，气室逐渐增大。胚胎重 15.4~18 克	
19 天	胚胎头位于右翼之下，足急剧弯曲，眼睛全部合上。未利用的蛋白量继续减少，变得浓稠。胚重 19.1~22.2 克	
20 天	胚胎已接近利用完蛋白，开始利用卵黄营养物质。胚胎重 22.7~25.4 克	
21 天	蛋白利用完全结束。羊膜和尿囊中液体减少。尿囊与蛋壳易于剥离。胚胎重 25.4~28.7 克	背面全被黑影遮盖，看不到透亮的部分，俗称“关门”
22 天	胚胎转身，气室显著增大，喙开始朝向气室一端。全身已无蛋白粘连，绒毛清晰，少量卵黄进入腹中。胚胎重 28.4~32 克	可见气室向一方倾斜，俗称“斜口”“转身”
23 天	胚胎继续“转身”，喙朝向气室端，卵黄利用显著增加	可见到气室倾斜增大

续表

胚龄	胚蛋发育特征	照蛋特征
24 天	胚胎强烈地利用卵黄，卵黄囊开始被拉入体内，内容物浓缩。胚胎眼睛开启，翅和脚致密。胚胎重约 35.9 克	可在气室附近看到黑影闪动，俗称“闪毛”
25 天	胚胎大转身，喙、颈和翅部穿破内壳膜突入气室。卵黄囊大部分被吸入腹内，胚胎体积明显增大，胚胎重 35.9 克	可见气室内黑影明显闪动，俗称“大闪毛”
26 天	卵黄囊全部拉入腹内，胚胎体积急剧增大，尿囊血管枯萎，胚膜完全退化，胚胎的喙穿破外壳膜，开始啄壳，肺呼吸开始，容易听到叫声。胚胎重 37 克	可见蛋壳上被啄开裂口，俗称“见嘴”
27 天	发育快的雏鸭破壳而出，胚胎重 37.9～39 克。绝大多数胚胎“见双嘴”，俗称“双嘴”“齐嘴”	
28 天	出壳高峰日。出壳体重为一般蛋重的 65%左右。胚胎腹中存有少量卵黄	

（二）种蛋的管理

1. 种蛋的来源　种蛋必须来源于饲养环境良好、饲养管理严格、有种蛋种禽经营许可证的种鸭场；种鸭日粮的营养物质全面，鸭群生产性能优良且健康无病。

2. 种蛋的管理

（1）种蛋选择。种蛋的大小和形状要符合不同品种各自的要求，蛋重一般在平均数±15%范围内，蛋形以椭圆形为宜（鸭蛋的蛋形指数在 1.35～1.4 范围内）。过大或过小、过长或过圆的蛋，应予剔除；壳质致密均匀，厚薄适当，表面平整，没有一丝裂纹，敲击时响声正常。有的蛋壳特别细密厚实，敲击时发出似金属的响声，俗称“钢皮蛋”，必须剔除，因为这种蛋孵化时受热缓慢，气体不易交换，水分蒸发也慢，雏鸭啄壳困难，孵化率极低；“沙壳蛋”的蛋壳表面钙沉积不均匀，壳薄而粗糙，水分蒸发快，容易破碎，这种蛋绝不可作种蛋。蛋壳应清洁无污染；不清洁的蛋，壳面常被粪便污染，妨碍气体交换，微生物极易侵入蛋内，引起种蛋腐败变质，污染孵化器，使死胎增加，孵化率降低。已经污染的种蛋，必须经过清洗和消毒，才能入孵；不同品种的种蛋，都有固定的色泽，挑选时要符合该品种的标准要求。

对种蛋质量不了解，可使用照蛋器或验蛋台，通过光线观察蛋壳、气室、蛋黄等情况，看有无散黄、血丝、裂纹、霉点及气室不正、过大等；如有，应予剔除。

2）种蛋的清毒。种蛋的消毒方法见表 2-6。

表 2-6　种蛋的消毒方法

方法		操作
熏蒸法	福尔马林（40%甲醛溶液）熏蒸	将蛋置于可以密封的容器内，按每立方米体积用福尔马林 30 毫升、高锰酸钾 15 克的药量，熏蒸 20～30 分钟，然后取出种蛋送储蛋室储存。蛋的表面沾有粪便或泥土时，必须先清洗
	过氧乙酸熏蒸	将蛋置于可以密封的容器内，按每立方米体积用含 16%的过氧乙酸溶液 40～60 毫升，加高锰酸钾 4~6 克，熏蒸 15 分钟。使用时应注意过氧乙酸遇热不稳定，如 40%以上浓度加热至 50℃易引起爆炸，应在低温下保存。过氧乙酸无色透明，腐蚀性强，不能接触皮肤和衣服，消毒时应使用陶瓷或瓦制的容器，现用现配
溶液法（种蛋保存前不能使用）	溶液浸泡法	将种蛋在 0.1%的新洁尔灭溶液中浸泡 5 分钟，然后取出晾干，送入孵化器中进行孵化。浸泡溶液的温度应略高于蛋温，这一点在夏季尤其重要。如果消毒液的温度低于蛋温，当种蛋浸入时由于受冷而使内容物收缩，形成负压，会使黏附于表面的微生物通过气孔进入蛋内，影响孵化效果
	溶液喷洒法	孵化前，使用喷雾器直接将稀释的化学消毒剂喷洒在种蛋表面。选择高效、无毒、广谱的消毒剂，如氯制剂、表面活性剂和碘附消毒剂等

（3）种蛋的保存。保存种蛋最适宜的温度为10～15℃，如保存时间短（5天左右），可用15℃；保存时间长（超过5天），可略降低些，以10～11℃为宜。保存种蛋的相对湿度以70%～75%为好，这种湿度与鸭蛋的含水率比较接近，蛋内水分不会大量蒸发；为防止胚盘与蛋壳粘连，影响重蛋孵化率，保存期间注意翻蛋。保存时间1周内可以不翻蛋，超过1周应每天翻蛋一次（使蛋位转动90°以上）。种蛋保存时位置在上方的孵化率较高。种蛋保存期越长，孵化率越低。春季保存时间不超过7天，夏季不超过5天，冬季不超过10天。

（4）种蛋的装运。

1）种蛋的包装。引进种蛋时常常需要长途运输，如果保护不当，往往引起种蛋破损和系带松弛、气室破裂等，致使孵化率降低。包装种蛋的用具最好是专用的种蛋箱（长60厘米×宽30厘米×高40厘米，250枚）或塑料蛋托盘。种蛋箱或蛋托盘必须结实，能经受一定的压力，并且要留有通气孔。装箱时必须装满，必须使用一些填充物来防震。如果没有专用种蛋箱，也可用木箱或竹筐装运，此时可用废纸将蛋逐个包好，装入箱（筐）内，各层之间填充锯木面或刨花、稻草等垫料，以防撞击和震动，尽量避免蛋与蛋的直接接触。不论使用什么工具装，尽量使大头向上或平放，排列整齐，以减少蛋的破损。

2）种蛋的运输。在种蛋的运输过程中，不管使用什么交通工具，都应注意避免日晒雨淋，以免影响种蛋的质量。因此，在夏季运输种蛋时，要有遮阳和防雨设备。冬季运输时注意保暖以防受冻，运输工具要求快速平稳；减少震动，装卸时轻装轻放，严禁强烈震动，防止卵黄膜破裂、系带断裂等现象，运输种蛋的最好工具是飞机、火车、汽车等。种蛋运到后，应立即开箱检查，剔除破损蛋消毒后尽快入孵。

（三）孵化条件

1. 温度　温度是种蛋孵化的首要条件。在胚胎发育的整个过程中，各种物质代谢都是在一定的温度条件下进行的。鸭胚胎适宜的温度范围为37~38℃。温度过高或过低都会影响胚胎的正常发育，严重时会造成胚胎的死亡。相反，温度偏低时，胚胎发育迟缓，孵化期延长，雏鸭质量较差。孵化参考温度见表2-7。

表2-7　孵化温度

品种	孵化室温度/℃	孵化机内温度/℃				
		胚龄/天				
		1~5	6~11	12~16	17~23	24~28
绍兴麻鸭	23.9~29.5	38.3	38.1	37.8	37.5	37.2
	29.5~32.2	38.1	37.8	37.5	37.2	36.9
咔叽、康贝尔	23.9~29.5	38.6	38.3	38.1	37.8	37.5
高邮鸭	29.5~32.2	38.3	38.1	37.8	37.5	37.2
北京鸭（樱桃谷鸭等）	23.9~29.5	38.1	37.8	37.5	37.2	36.9
	29.5~32.2	37.8	37.5	37.2	36.9	37.2

2. 湿度　湿度与蛋内水分蒸发和胚胎物质代谢有密切关系，对胚胎的发育也有较大影响。湿度偏高，蛋内水分不易蒸发，影响胚胎发育；湿度偏低，蛋内水分蒸发快，容易造成绒毛与蛋壳膜粘连现象。孵化前期，胚胎要形成大量羊水和尿囊液，孵化机内温度又较高，所以相对湿度需要大一些。一般前1周的相对湿度控制在75%~80%；孵化中期，为了排除羊水和尿囊液，相对湿度可降至60%；出雏前1周或出雏时，为了使水分和空气中的二氧化碳产生碳酸，使蛋壳中的主要成分碳酸钙变为碳酸氢钙而变脆，有利于雏鸭破壳，并防止蛋壳膜和蛋白膜过分干燥粘连以及雏鸭绒毛粘壳，相对湿度要提高到75%~80%。

3. 空气（通风换气）　胚胎在发育的过程中，不断吸入氧气，排出二氧化碳，进行气体交换。胚胎发育需要的空气环境应为氧气含量不低于20%，二氧化碳的含量在0.3%~0.6%，最高允许量为1.5%，如果孵化机内二氧化碳含量超过1.5%时，胚胎发育迟缓，死亡率增高，会出现胎位不正和畸形等现象，降低孵化率和雏鸭质量。

孵化初期，胚胎的物质代谢能力较低，需要氧气较少，随着胚龄增大，尿囊发育，呼吸量也逐渐增加，孵至最后两天，胚胎开始用肺呼吸，吸入的氧气和呼出的二氧化碳比孵化初期增加100多倍。为保护胚胎的正常发育，孵化机必须有良好的通风条件，保证提供足够的新鲜空气。孵化后期，通风量应逐渐增大，尤其是出雏期间。如果通风换气不足，会导致出雏前死胚增多。现在设计的孵化器，都十分注意通风装置，开设了进气孔和出气孔，根据胚龄和孵化器内的温度开启进出气孔的大小。

4. 翻蛋　翻蛋的作用是使胚胎各部受热均匀，避免与蛋壳粘连，使蛋的不同部位受热均匀，并促进气体代谢，有利于营养吸收，提高孵化率。机器孵化有自动或半自动翻蛋系统，可根据需要定时翻蛋。一般每昼夜可翻蛋8~12次。在整个孵化期中，前期和后期的翻蛋次数不同，前期翻蛋次数要多些，开始第1周特别重要，应适当增加翻蛋次数，而孵至最后3~4天，可停止翻蛋。翻蛋的角度以90°效果最好。

5. 凉蛋　凉蛋的目的是帮助胚胎散发热量，促进气体代谢，改善血液循环，增强胚胎调节体温的能力，从而提高孵化率和雏鸭的品质。凉蛋就是在短时间内使蛋温降低。机器孵化时，照蛋、喷水也属于凉蛋工作，但经常性地凉蛋要每天进行。孵化前期，凉蛋的时间短一些；孵至第15天后，要逐渐增加凉蛋的时间，每天打开机门两次，关闭热源，只开动风扇，并把蛋盘从蛋盘架上抽出1/3，再将温水喷洒在蛋上；随着胚龄增加，延长凉蛋时间，每天凉蛋喷水2~3次。每天凉蛋的程度，以眼皮接触蛋壳感觉比较温和即可。凉蛋结束，将蛋盘推回机内，关闭机门，接通热源。凉蛋的时间因季节、室温、胚龄而异，通常为20~30分钟。摊床孵化时，凉蛋与翻蛋结合进行。

另外，孵化室较理想的条件是：室温21~24℃，相对湿度50%~60%，室内空气新鲜，要避免阳光直射或冷风直吹孵机，墙壁、地面和用具要清洁卫生，摆放整齐，并定期进行消毒。

6. 孵化卫生

（1）孵化场的工艺流程如图2-3所示。

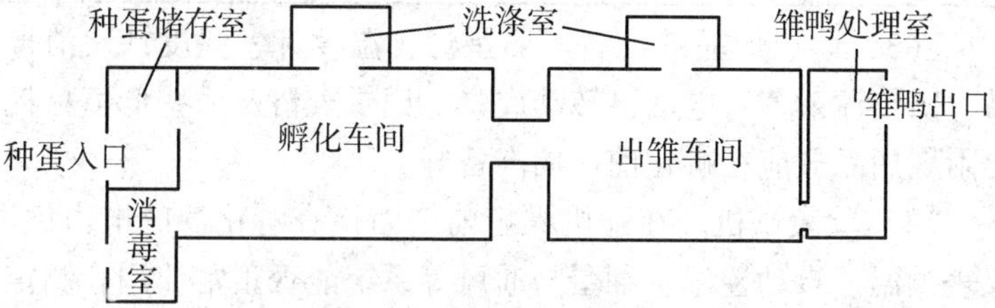

图2-3　孵化场的工艺流程

（2）工作人员的卫生。要求孵化场工作人员进场前，必须经过淋浴换衣，并定期消毒。

（3）两批出雏间隔时间的消毒。在每批孵化结束之后，立刻对设备、用具和房间进行冲洗消毒。注意：消毒不能代替冲洗，只有彻底冲洗后，消毒才有效。用高压水冲刷孵化室地面，用抹布擦抹孵化器的内壁，然后用熏蒸法消毒。

（4）废弃物的处理。孵化场的绒毛、蛋壳、死雏、雏鸭粪便等废弃物装入塑料袋内封闭，送到远离孵化场的地方进行处理。污水经消毒处理符合排放要求后再排放。

（四）孵化操作

1. 孵化前的准备工作

（1）孵化室及孵化用具的检修和清洁消毒。孵化前要检查孵化室和孵化用具，保证能够正常运行；对孵化室和孵化用具进行彻底的清洁消毒，其步骤是：清扫—清洗—喷洒消毒药—密封熏蒸。

（2）制订孵化计划。根据销售合同或本场需要的雏鸭数量、时间和种蛋供应情况制订孵化计划，合理安排入孵时间和入孵数量。孵化计划见表 2-8。

表 2-8　孵化计划

品种	批次	入孵	入孵种蛋数	照蛋	出雏消毒	移盘	出雏	雏鸭鉴别	接种疫苗	接雏

（3）附属用品的准备。照蛋灯、温度计、湿度计、消毒用品、防疫注射器、电动机转动皮带、记录表格及一些低值易耗品等附属用品，应在孵化前一周准备好。

（4）验表试机。在开机入孵前全面检查孵化器的电力供温、仪表测温、自动控温、翻蛋与通风等系统能否正常使用，测定孵化器内温度是否均匀，熟悉和掌握孵化机的性能和状态。试机运转 1~2 天正常后再开始入蛋孵化。为了防止临时停电事故的发生，应有专用的发电设备或备用电源，电压不稳定的地方应安装稳压器。

（5）孵化机消毒。当机内温度升高到 27℃、相对湿度达到 65%时，进行入孵消毒。方法为甲醛熏蒸法，孵化器每立方米空间用福尔马林 30 毫升、高锰酸钾 15 克，熏蒸时间 20 分钟。然后打开排风扇，排出甲醛气体。

2. 上蛋操作　入孵前先码盘，即把鸭蛋大头朝上码在孵化盘上。码盘后放入蛋架车的层架上，推进熏蒸间进行消毒或暂时存放。

鸭蛋有分批入孵和整批入孵两种方式。分批入孵一般每隔 3 天、5 天或 7 天入孵一批种蛋，出一批雏鸭；整批入孵是一次把孵化机装满，大型孵化厂多采用整批入孵。机器孵化多为 7 天入蛋一批，机内温度应保持恒温 37.8℃（室温在 29~29.4℃），排气孔和进气孔全部打开。每 2~4 小时转蛋 1 次。冬季或早春时节，入孵前应将种蛋在孵化室停放数小时进行种蛋预温，使蛋逐渐达到室温后再入孵，这样可防止因种蛋直接从储蛋室（15℃左右）直接进入孵化机中（37.8℃左右）而造成结露现象，影响孵化效果。另外，分批入孵时，各批次的蛋盘应交错放置，这样有利于各批蛋受热均匀。入孵的时间以下午 4 时以后为好，可使大批出雏的时间集中在白天，有利于工作的进行。

3. 温度、湿度调节　入孵前要根据不同的季节、前几次的孵化经验设定合理的孵化温度、湿度，设定好以后，不能随意扭动。刚入孵时，开门上蛋会引起热量散失，同时种蛋和孵化盘也要吸收热量，这样会造成孵化器温度暂时降低，经 3~6 小时即可恢复正常。孵化开始后，每隔半小时观察温度 1 次，每隔 2 小时记录 1 次，以便及时发现问题，并尽快处理。孵化过程中要根据胚胎发育情况适当地调整温度，即“看胚施温”。

湿度可在孵化机内挂相对湿度计或干湿表测定，用增减水盘面积，或通过孵化室地面洒水或直接在蛋面喷洒温水来调节。

4. 通风换气　在不影响温度、湿度的情况下，通风换气越畅通越好。在恒温孵化时，孵化机的通气孔要打开一半以上，落盘后全部打开。变温孵化时，随胚胎日龄的增加，需要的氧气量逐渐增多，所以要逐渐开大排气孔，尤其是孵化 14~15 天以后，更要注意换气、散热。

5. 转蛋　每 2~3 小时转蛋一次，手动转蛋要稳、轻、慢。自动转蛋应先按转动开关的按钮，待转到一侧 45°自动停止后，再将转动开关扳至“自动”位置，以后每小时自动转蛋一次。遇到断电时，要重复上述操作，自动转蛋方能起作用。

6. 照蛋　在孵化过程中应对入孵种蛋进行 3 次照检，入孵后的第 7 天进行第一次照检，剔出无精蛋和死胚蛋，如发现种蛋受精率低，应及时调整公鸭和改善种鸭的饲养管理。入孵后的第13天进行第二次照检，将死胚蛋和漏检的无精蛋剔出，如果此时尿囊膜已在蛋的小头“合拢”，则表明胚胎发育是正常的，孵化条件的控制亦合适。第三次照检可结合落盘时进行。规模化孵化一般在孵化第13天进行一次照蛋。

7. 移盘孵化　到第25～26天，把发育正常的蛋转入出雏器继续孵化，称之为“落盘”。落盘时，如发现胚胎发育延缓，应推迟落盘时间。落盘后应停止翻蛋，增加水盘提高出雏机内的湿度，并增大通风量。

8. 拣雏和人工助产出雏孵化　到第27天时，开始出雏。这时要保持机内温度、湿度相对稳定，关闭出雏器内的照明灯，并要及时拣雏。有30%的雏鸭出壳后可进行第一次拣雏，70%的雏鸭出壳后进行第二次拣雏，剩余的在最后一次拣雏。每次拣雏一定要将蛋壳拣出，第二次拣雏后要将剩余的胚蛋集中放在温度稍高的地方，出雏期间保持出雏箱内黑暗。第二次和第三次拣雏时要注意帮助那些自行出壳困难的胚蛋（人工助产）。注意观察，若胚蛋已经啄破，壳下膜变成橘黄色时，说明尿囊膜血管已萎缩，出壳困难，可以人工助产。若壳下膜仍为白色，则尿囊血管未萎缩，这时人工破壳会造成出血死亡。人工破壳是从啄壳孔处剥离蛋壳1厘米左右，把雏鸭的头颈拉出并放回出雏箱中继续孵化至出雏。

9. 清理和消毒　雏鸭大批出壳以后，留下的胚蛋可进行一次照蛋，取出死胚，把剩下的活胚蛋合并盘子，尽可能地保温，并适当提高机内温度、湿度，以利弱胚出雏。如不便照蛋，可用温水检验法，取一盆40℃左右的温水，把没有出壳的蛋浸入水中，稍停片刻，看到在水中活动的为活胚，浮着不动的为死胚。为保持孵化器的清洁卫生，必须在每次出雏结束后，对孵化器进行彻底清扫和消毒。在消毒前，先将孵化用具用水浸润，用刷子除掉污物，再用消毒液消毒，最后用清水洗干净，沥干后备用。

孵化器的消毒，可用3%来苏儿溶液喷洒或用福尔马林溶液熏蒸法（同种蛋）消毒。

10. 停电时的应急措施　规模较大的孵化场，应自备发电机。没有发电机的单位，在孵化前应先与供电单位联系，以便预先知道停电时间，早做准备。

停电后，应先把电闸提起切断电源，将炉火生旺，提高室内温度，尽可能保持在25℃以上。如机内只有一批蛋，而且胚龄较小的话，可将进出气口全部关闭，如机温下降较快，可在机内放几大瓶热水，以提高机温。

停电后，由于鼓风机不动，机内上部温度高，下部温度低，应每隔15~30分钟翻蛋1次，如有可能，定时转动风扇。如有孵化后期的胚蛋，停电后每隔15~20分钟应翻蛋一次，每隔1小时打开半扇门拨风扇2~3分钟，驱除机内积热。要勤于检查，如用眼皮验温，感觉发烫，应将这些蛋放到下层；机内如有接近落盘的后期胚蛋，可提早落盘。

11. 孵化工作记录

（1）孵化室日程安排（表2-9）制定孵化室日程表的目的是合理安排孵化室的工作日程。各批次之间，尽量把入孵、照蛋、移盘、出雏工作错开，一般每周入孵2批，这样工作效率较高。

表2-9　孵化室日程安排

项目 批次	机号	入孵		头照		二照		移盘		出雏	
		月	日	月	日	月	日	月	日	月	日

（2）孵化条件记录表。在孵化的过程中，值班人员每小时通过孵化器观察窗观察温度、湿度1次，每2小时记录1次。对孵化室的温度、湿度也要做记录（表2-10）。

表 2-10 孵化条件记录

项目 时间	孵化室		孵化器				值班人员	备注
	温度	相对湿度	温度	相对湿度	翻蛋	凉蛋		
0 点								
2 点								
4 点								
6 点								
8 点								
10 点								
12 点								

（3）孵化成绩统计表。每批孵化结束后，要对本批孵化情况进行统计和分析。

（五）鸭的雌雄鉴别

1. 外形鉴别法 一般情况下，雄雏体格较大，身子较长，头大颈长，眼较圆，翼梢无绒毛，腹稍平，站立较直；母雏体格较小，身子短圆，头小颈短，眼椭圆形，翼梢有绒毛，腹下垂，站立时身体倾斜。雄雏受惊动叫声高、尖、清晰，雌雏叫声低、粗、沉浊。

2. 肛门鉴别法 肛门鉴别法在几种方法中使用最普遍，准确率也较高，依操作手法不同，又可分为以下三种方法。

（1）翻肛鉴别法。翻肛鉴别法是最为常用的鉴别方法，操作时，左手的中指和无名指夹住颈口，使其腹部向上，右手的大拇指和食指放在泄殖腔两侧，轻轻翻开泄殖腔，如在泄殖腔下方见到 0.2~0.4 毫米的细小突起为公雏，如是呈“八”字状的皱襞，则为母雏。

（2）捏肛鉴别法。这也是经常采用的一种方法，操作时左手抓握雏鸭，左手拇指紧贴雏鸭背部，其余四指拖住腹部，使其背向上、腹向下，肛门朝向鉴别者，然后，右手的拇指和食指在泄殖腔外部的两侧轻捏，如手指感觉有一细小突起，即为公雏鸭，若没有，则为母雏。捏肛法熟练后比翻肛法速度快，要求操作者手指有较高的敏感性。

（3）顶肛鉴别法。与前两者相比，此法最难掌握，但熟练掌握后速度最快。抓握手法与捏肛相似，左手抓握雏鸭，右手中指在泄殖腔外部轻轻向上一顶。感觉有细小的突起者为公鸭雏；否则，为母雏鸭。

3. 鸣管鉴别法 鸣管又称下喉，在气管分叉的顶部，是鸭的发声器官，公母雏鸭的鸣管在形态结构上有较大的差异。公雏鸭的鸣管膨大呈球形，直径 3~4 毫米，在胸前就可摸到，而母雏鸭仅在气管的交叉处稍微粗大些。

（六）雏鸭的分级

雏鸭的分级见表 2-11。

表 2-11 健雏与弱雏的区别

项目	健雏	弱雏
出壳时间	正常时间	过早或推迟
绒毛	绒毛有光泽、长短适中	蓬乱污秽，缺乏光泽，有时绒毛短缺
精神	活泼，反应快，腿干结实	痴呆，闭目，反应迟钝，站立不稳
体重	体态匀称，大小均匀	大小不一，过重或过轻
感触	饱满，挣扎有力	瘦弱、松软，无力挣扎
脐部	愈合良好，干燥，上覆盖绒毛	愈合不好，脐孔不大，触摸有硬块，有黏液或血块或卵黄囊外露，脐部裸露
腹部	大小适中，柔软	特别膨大，手压有水样感

第三章　生态鸭场的建设和环境控制

第一节　生态鸭场的场址选择

生态鸭场的场址是鸭生活和生产的场所，其日常生产和管理对鸭的健康状况、生产性能的发挥及养殖效益都有重要影响。场址选择必须考虑建场地点的自然条件和社会条件，并考虑以后发展的可能性。

一、场址选择的要求

（一）位置

鸭场既是污染源，也容易受到污染。鸭场生产产品的同时，也需要大量的饲料。因此，选择的鸭场场地要兼顾交通和隔离防疫，既要便于交通又要便于隔离防疫。鸭场要濒临水源、靠近放牧地。中小型鸭场要与村庄或居民点保持 200～500 米的距离，要远离屠宰场、畜产品加工场、兽医院、医院、造纸厂、化工厂等污染源，远离噪声大的工矿企业，远离其他养殖企业；鸭场要有充足稳定的电源，周边环境要安全。

（二）地形地势

1. 地形　地形指场地形状、大小和地物（场地上的房屋、树木、河流、沟坎）情况。作为鸭场场地，要求地形整齐开阔，有足够的面积。地形整齐便于合理布置鸭场建筑和各种设施，并能提高场地面积利用率。地形狭长往往影响建筑物合理布局，拉长了生产作业线，并给场内运输和管理造成不便；地形不规则或边角太多，会使建筑物布局零乱，增加场地周围隔离防疫墙或沟的投资。场地要特别避开西北方向的山口或长形谷地；否则，冬季风速过大，会严重影响场区和鸭舍温热环境的维持。场地面积要大小适宜，符合生产规模，并考虑今后的发展需要，周围不能有高大建筑物。

2. 地势的高低起伏状况　场地要求地势高燥，平坦或稍有坡度（1%~3%）。如果要在坡地建场，要向阳背风，坡度最大不超过25%；如果要在山区建场，不能建在山顶，也不能建在山谷，应建在南面半坡较为平坦的地方。场地地势高燥，排水良好，阳光充足，不利于微生物和寄生虫的滋生繁殖。如果地势低洼，场地容易积水，夏季通风不良，空气闷热，蚊、蝇、蜱、螨等媒介昆虫易于滋生繁殖，冬季则阴冷。

3. 朝向　如果采用传统的半舍饲或放牧，以坐北朝南为最佳。鸭舍的位置要放在水面的北侧，鸭滩和水上运动场放在鸭舍的南面，使鸭舍的大门正对水面向南开放。这种朝向的鸭舍，冬季采光面积大、吸热保温好；夏季又不受太阳直晒、通风好，具有冬暖夏凉的特点，有利于鸭产蛋和生长发育。

（三）土壤

1. 土壤的类型及特点　土壤可分为沙土、壤土和沙壤土。沙土的透气透水性好，易干燥，抗压性强，适宜建筑，但昼夜温差大；壤土的透气透水性差，不易干燥，抗压性差，建筑成本高；沙壤土介于沙土和壤土之间，既有一定的透气透水性，易干燥，又有一定的抗压性，昼夜温度稳定。

2. 土壤的要求　鸭场场地土壤要求：一是透气透水性能好。透水透气性能差、吸湿性大的土壤，受到粪尿等有机物污染后在厌氧条件下分解产生氨、硫化氢等有害气体，污染场区空气。污染物和分解物易通过土壤的空隙或毛细管被带到浅层地下水中或被降水冲集到地面水源，进而污染水源，潮湿的土壤是微生物存活和滋生的良好场所。二是洁净未被污染。被污染的场地含有大量的病原微生物，易引起鸭群发病。三是承载能力强。土壤要有一定的抗压性，适宜建筑。四是考虑土壤的化学成分。土壤中的化学成分通过水源、植物影响到鸭的健康和生产。土壤的微生物学指标见表3-1。

表3-1 土壤的微生物学指标

污染情况	寄生虫卵数/（个/千克土）	细菌总数/（万个/千克土）	大肠杆菌值/（个/克土）
清洁	0	1	1~2
轻度污染	1~10	—	—
中等污染	10~100	10	50
严重污染	>100	1 00	1 000

注：清洁和轻度污染的土壤适宜选作场址。

（四）水源

鸭是水禽，日常生活离不开水，所以鸭场的用水量大。用水可分为两部分：一是养殖人员及畜禽日常生活饮用水；二是其他用水，包括清洁用水、运动场用水等。养鸭场水源的水量应充足，能满足牧场人畜生活和生产、消防、灌溉及今后发展用水的需要（鸭场人员每人每天40升水，鸭每天1升水；夏天用水量更大），水质良好，取用方便，水源周围环境条件好，便于进行卫生防护。

种鸭场和蛋鸭场需要水面作为鸭群游水、交配的场所，因此，种鸭舍最好选在与天然水域相连的缓坡地修建，这样既可以减少陆地运动场的面积，又能满足水禽喜水的生活习性。如果没有充足的天然水域，鸭也可以旱养，可以不必设置水上运动场，但饲养种鸭时要在陆上运动场设置充足的洗浴池，而肉鸭需有充足的饮水器（槽）。饮水质量标准见表 3-2。

表 3-2　畜禽饮用水水质标准

指标	项目	畜（禽）标准
感官性状及一般化学指标	色度≤	30
	混浊度≤	20
	臭和味	不得有异臭异味
	肉眼可见物	不得含有
	总硬度（$CaCO_3$ 计，毫克/升）≤	1 500
	pH 值≤	5.0~5.9（6.4~8.0）
	溶解性总固体（毫克/升）≤	1 000（1 200）
	氯化物（Cl^-计，毫克/升）≤	1 000（250）
	硫酸盐（SO_4^{2-} 计，毫克/升）≤	500（250）
细菌学指标	总大肠杆菌群数（个/100 毫升）≤	成畜 10；幼畜和禽 1
毒理学指标	氟化物（F^-计，毫克/升）≤	2.0
	氰化物（毫克/升）≤	0.2（0.05）
	总砷（毫克/升）≤	0.2
	总汞（毫克/升）≤	0.01（0.001）
	铅（毫克/升）≤	0.1
	铬（六价，毫克/升）≤	0.1（0.05）
	镉（毫克/升）≤	0.05（0.01）
	硝酸盐（N 计，毫克/升）≤	30

（五）其他

鸭场的面积要适宜，应根据饲养规模、饲养方式和饲养密度确定鸭场面积。面积过小，鸭群密集，不利于卫生管理和鸭群健康；场址选择必须符合本地区农牧业生产发展的总体规划、土地利用规划和城乡建设发展规划用地要求；必须遵守合理利用土地的原则，不得占用基本农田，尽量利用荒地和劣质地建场。

二、选址时需要重点考虑的问题

（一）鸭场的生物安全性

鸭场的生物安全性直接关系到鸭的健康和生产性能的发挥。生态养鸭的鸭场要建在农村，最好在山区，实行农、林、果、牧等结合。场址周围最好有面积较大的农田、果园、林地、池塘、蔬菜、苗木花卉等，以便低成本地处理鸭场产生的粪污，减少对环境的污染；鸭场周围要有较好的植被，可以形成天然的防疫屏障，有利于维持良好的环境。

（二）粪污处理方式

根据生态养鸭的饲养方式选择适宜的粪污处理方式，将废弃物及时处理，变废为宝。舍内饲养，可以将粪便堆积发酵或烘干制成有机肥，污水采用沉淀池沉淀消毒处理，达标后才能排放；生态放养时，只要有充足的放养地，加之鸭粪污产量相对较少，可以充分利用放养地进行消纳粪污。

（三）配备合适的放养地

放养地要求有茂盛的青草、树木或果木，也可以种植牧草。放养地要平整，稍有坡度，排水良好。场地四周要有隔离网（由塑料网、铁丝网、竹片、木栏等材料制成），其高度既要阻挡鸭钻出，又要防止野兽侵入；牧地面积要与饲养规模相适应。

第二节　生态鸭场的规划布局

生态鸭场的规划布局就是根据拟建场地的环境条件，科学确定各区的位置，合理地确定各类房舍、道路、供排水和供电等管线、绿化带等的相对位置及场内防疫卫生的安排。合理地规划布局，才能经济有效地发挥各类建筑物的作用，有利于隔离病菌，减少疫病的发生。

一、分区规划

鸭场通常根据生产功能分为生产区、生活区或管理区、隔离区等。分区规划要考虑主导风向和地势要求。鸭场的分区规划如图 3-1 所示。

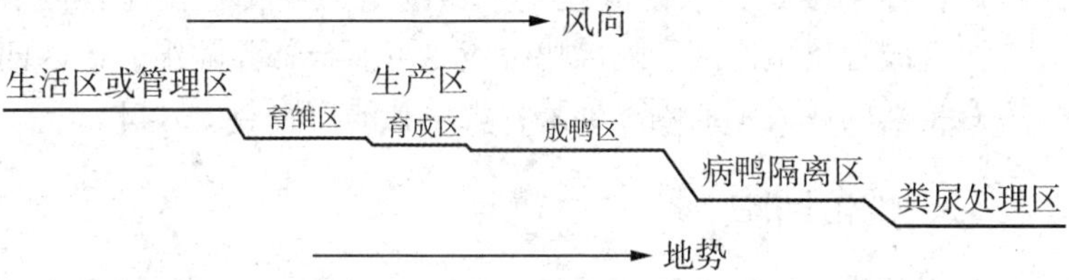

图 3-1　鸭场的分区规划模式

（一）管理区

生活区或管理区与社会联系密切，易造成疫病的传播和流行。该区的位置应靠近大门，并与生产区分开，外来人员只能在管理区活动，不得进入生产区。场外运输车辆不能进入生产区。车棚、车库均应设在管理区，除饲料库外，其他仓库亦应设在管理区。职工生活区应设在上风向和地势较高处，以免鸭场产生的不良气味、粪尿及污水因风向和地面径流污染生活环境和造成疾病的传染。

（二）生产区

生产区是鸭生活和生产的场所，该区的主要建筑为各种鸭舍和生产辅助建筑物。生产区应位于全场的中心地带，地势低于管理区，并在其下风向；生产区内要分小区规划，育雏区、育成区和产蛋区严格分开，并加以隔离，日龄小的鸭群放在安全地带（上风向、地势高的地方）。在河道旁建场，育雏鸭舍和育成鸭舍常建在河道的上游，蛋鸭舍在其后。大型鸭场则可以专门设置育雏场、育成场（三段制）或育雏育成场（二段制）和成年鸭场，隔离效果更好，疾病发生机会更小。种鸭场、孵化场和商品鸭场应分开，且相距500米以上；饲料库可以建在与生产区围墙同一平行线上。

（三）病鸭隔离区

病鸭隔离区主要是用来治疗、隔离和处理病鸭的场所。为防止疫病传播和蔓延，该区应在生产区的下风向，并在地势最低处，而且应远离生产区。隔离鸭舍应尽可能与外界隔绝。该区四周应有自然的或人工的隔离屏障，设单独的道路与出入口。

二、鸭舍间距

鸭舍间距会影响鸭舍的通风、采光、卫生、防火。鸭舍之间距离过小，通风时，上风向鸭舍的污浊空气容易进入下风向鸭舍内，引起病原在鸭舍间传播；采光时，南边的建筑物遮挡北边建筑物；发生火灾时，很容易殃及全场的鸭舍及鸭群。如果鸭舍密集，场区的空气环境容易恶化，微粒、有害气体和微生物含量过高，容易引起鸭群发病。为了保持场区和鸭舍环境良好，鸭舍之间应保持适宜的距离。鸭舍间距如果能满足防疫、排污和防火间距，一般可以满足其他要求。

（一）通风要求

鸭舍间距太小，下风向鸭舍不能进行有效的通风，上风向鸭舍排出的污浊气体会进入下风向鸭舍。鸭舍借助通风系统经常排出污秽气体和水汽，这些气体和水汽中夹杂着饲料粉尘和微粒，如某栋鸭舍中的鸭群发生了疫情，病原菌常常通过排出的微粒而携带出来，威胁相邻的鸭群。为此，以通风要求确定鸭舍间距时，应大于最为不利时的间距所需的数值，即当风向与鸭舍长轴垂直的背风面涡旋范围最大的间距。试验结果表明，若鸭舍高度为H，开放型鸭舍间距应为$5H$；当主导风向入射角为30°~60°时，鸭舍间距缩小到$3H$。对于密闭鸭舍，由于现在鸭舍的通风换气多采用纵向通风，影响不大，3*H* 的间距足可满足防疫要求。

（二）排污要求

鸭舍间距的大小，也影响各栋鸭舍的污秽气体及其他物质，如氨、二氧化碳、硫化氢等鸭体代谢和粪污发酵腐败所产生的气体，以及粉尘、毛屑等有毒有害物质的排放。合理地组织场区通风，使鸭舍长轴与主导风向形成一定的角度，可以以较小的鸭舍间距达到较好的排污效果，提高土地利用率。如使鸭舍长轴与主导风向所夹角为 30°～60°，用 3*H*～5*H* 的鸭舍间距，就可达到排污的要求。

（三）防火要求

消除隐患，防止事故发生是安全生产的保证。鸭场的防火问题，除了在确定结构的建筑材料抗燃性能以外，建筑物的防火间距也是一项主要防火措施，一般 2*H*～3*H* 的鸭舍间距既满足防疫要求，也能满足防火的要求。

一般开放舍间距为 20～30 米，密闭舍间距以 15～20 米较为适宜。目前我国许多鸭场和专业户的鸭舍间距过小（3～10 米），已直接影响到鸭群的健康和生产性能的发挥。鸭舍防疫间距见表 3-3。

表 3-3　鸭舍防疫间距

种类	同类鸭舍/米	不同类鸭舍/米
育雏、育成舍	15～20	30～40
商品蛋鸭舍	12～15	20～25
商品肉鸭舍	12～15	20～25

三、鸭舍朝向

鸭舍朝向是指鸭舍长轴与地球经线是水平还是垂直的方向。鸭舍朝向影响鸭舍的采光、通风和太阳辐射。朝向选择应考虑当地的主导风向、地理位置、鸭舍采光和通风排污等情况。鸭舍内的通风效果与气流的均匀性和通风量的大小有关，但主要看进入舍内的风向角度的大小。风向与鸭舍纵轴方向垂直，则进入舍内的是穿堂风，有利于夏季的通风换气和防暑降温，但不利于冬季的保温；风向与鸭舍纵轴方向平行，风不能进入舍内，通风效果差。我国大部地区采用东西走向，南偏东或偏西15°左右是较为适宜的。这样的朝向，在冬季可以充分利用太阳辐射的温热效应和射入舍内的阳光防寒保温；夏季辐射面积较少，阳光不易直射舍内，有利于鸭舍防暑降温。

四、道路和储粪场

（一）道路

鸭场设置清洁道和污染道，清洁道供运送设备用具、饲料和新鸭，污染道供清粪、运送病死鸭和淘汰鸭。清洁道和污染道不交叉。

（二）储粪场

鸭场设置粪尿处理区。粪场可设置在多列鸭舍的中间，靠近道路，有利于粪便的清理和运输。储粪场（池）设在生产区和鸭舍的下风处，与住宅、鸭舍之间保持有一定的卫生间距（距鸭舍30~50米），并应便于运往农田或其他处理；储粪池的深度以不受地下水浸渍为宜，底部应较结实。储粪场和污水池要进行防渗处理，以防粪液渗漏流失污染水源和土壤；储粪场底部应有坡度，使粪水可流向一侧或集液井，以便取用；储粪池的大小应根据每天牧场家畜排粪量多少及储藏时间长短而定。

五、运动场

陆上运动场是鸭子吃食、梳理羽毛和昼间小憩的场所，其面积应大于鸭舍面积。由于鸭脚短，不平的地面常使其跌倒碰伤，不利于鸭群活动。因此，要求运动场地面平整，略向水面倾斜，不允许坑坑洼洼，以免蓄积污水。陆上运动场起码应用三合土夯实。在运动场和水面连接的倾斜处，要用水泥沙石砌好，以防水浪冲击后泥土塌陷；斜坡要倾斜 25°~30°，且延伸到枯水期的最低水位线以下。陆上运动场要求坚固、平整，有条件和资金充足的养鸭场，最好将整个鸭滩用水泥沙石抹上，这样既坚固，又方便冲洗鸭粪。

水上运动场是鸭子玩耍嬉戏、繁殖交尾、捕食鱼虾的场所，通常水上运动场的面积应大于陆上运动场。一般每 100 只鸭需要的水上运动场面积为 10~40 平方米，有条件的地方要尽可能使面积大一些。通常鸭舍和运动场是根据鸭子的分群而用围栏隔成一块一块的。围栏高度根据需要而定，陆上运动场围栏高度为 50~60 厘米，水上围栏高度应超过最高水位 50 厘米，深入水下 1 米以上。也可做成活动围栏，围栏高 1.5~2 米，绑在固定的桩上，视水位高低灵活升降，保持水上 50 厘米，水下 50~100 厘米。若用于育种或饲养试验的鸭舍，围栏应深入水底，以免串群（鸭旱养也可以不设水上运动场）。

饲养时鸭群不宜过大，可将鸭群分到若干个小间饲养，分隔成的小间大小，应根据鸭舍每间的宽度而定。一般肉用仔鸭每群 100 只左右，7 米跨度（1 米走道）的鸭舍用 1 间，每间约 3.5 米宽，分隔成的小间为 20 平方米的饲养面积；种鸭群每群 30 只，5 米跨度（1 米走道）的鸭舍用 1 间，每间约 3.5 米宽，分隔成的小间为 14 平方米的饲养面积。隔间可用网眼较小的铁丝网分隔，尽量少用尼龙网分隔，以免鸭头经常伸入网眼内被套住受损，严重时造成窒息。

六、绿化

绿化可以明显改善鸭场的温热、湿度和气流等状况。夏季，良好的绿化能够降低环境温度。其原因：一是植物的叶面面积较大，如草地上草叶面积是草地面积的25~35倍，树林的树叶面积是树林的种植面积的75倍，这些比绿化面积大几十倍的叶面面积通过蒸腾作用和光合作用，可吸收大量的太阳辐射热，从而显著降低空气温度；二是植物的根部能保持大量的水分，也可从地面吸收大量热能；三是绿化可以遮阳，减少太阳的辐射热。茂盛的树木能挡住50%~90%的太阳辐射热，草地上的草可挡住80%的太阳光。在鸭舍的西侧和南侧搭架种植爬蔓植物，在南墙窗口和屋顶上形成绿荫棚，可以挡住阳光进入舍内。夏季，绿地气温比非绿地低3~5℃，草地的地温比空旷裸露的地表温度低得更多；冬季，绿地的平均温度及最高温度均比没有绿化的低，但最低温度较高，降低了冬季严寒时的温度日较差，昼夜气温变化小。另外，绿化林带对风速有明显的减弱作用，因气流在穿过树木时被阻截、摩擦和过筛等作用而被分成许多小涡流，这些小涡流方向不一，彼此摩擦可消耗气流的能量，故可降低风速，冬季能降低风速20%，其他季节可降低50%~80%。场区北侧的绿化可以降低寒风的风力，减少寒风的侵袭，这些都有利于鸭场温热环境的稳定。绿化可以增加空气的湿度，绿化区风速小，空气的乱流交换较弱，土壤和植物蒸发的水分不易扩散，空气中的绝对湿度普遍高于未绿化地区，由于绝对湿度大，平均气温低，因而相对湿度高出未绿化地区10%~20%，甚至可达30%。

绿化可以改善场区和鸭舍的空气环境，如减少空气中的有害气体和微粒含量。由于绿色植物等进行光合作用，吸收大量的二氧化碳，同时又放出氧气。例如，每公顷阔叶林，在生长季节，每天可以吸收约1 000千克的二氧化碳，生产约730千克的氧；许多植物如玉米、大豆、棉花或向日葵等能从大气中吸收氨而促其生长，这些被吸收的氨，占生长中的植物所需总氮量的10%~20%，可以有效地降低大气中的氨浓度，减少对植物的施肥量；

有些植物尚能吸收空气中的二氧化硫、氟化氢等，这些都可使空气中的有害气体大量减少，使场区和鸭舍的空气新鲜洁净。植物叶子表面粗糙不平，多绒毛，有些植物的叶子还能分泌油脂或黏液，能滞留或吸附空气中的大量的微粒。当含微粒量很大的气流通过林带时，由于风速的降低，可使较大的微粒下降，其余的粉尘和飘尘可被树木的枝叶滞留或黏液物质及树脂吸附，使大气中的微粒量减少，细菌因失去附着物也相应减少。在夏季，空气穿过林带，微粒量下降 35.2%~66.5%，微生物减少 21.7%~79.3%。树木总叶面积大，吸滞烟尘的能力很大，好像是空气的天然滤尘器。其草地除可吸附空气中的微粒外，还能固定地面的尘土，不使飞扬。同时，某些植物的花和叶能分泌一种芳香物质，可杀死某些有害细菌和真菌等。含有大肠杆菌的污水流过30~40 米的林带后，细菌数量可减少为原有的 1/18。

牧场绿化要科学设计，精心实施并加强管理。绿化的主要区域有：生活管理区应具有观赏和美化效果；场界周围、场内卫生防疫隔离用地及粪便污水处理设施周围，应设置绿化隔离带；运动场南边和西边要设置遮阳林带；场区冬季主导风向的上风向要设置防风林带；建筑物（特别是畜舍）之间防止土壤裸露或遮阳绿化等。

七、配套隔离设施

（一）隔离墙（或防疫沟）

鸭场周围（尤其是生产区周围）要设置隔离墙，墙体严实，高度 2.5~3 米，或沿场界周围挖深 1.7 米、宽 2 米的防疫沟，沟底和两壁硬化并放上水，沟内侧设置 15~18 米的铁丝网，避免闲杂人员和其他动物随便进入鸭场。

（二）消毒池和消毒室

鸭场大门设置消毒室（或淋浴消毒室）和车辆消毒池，供进入人员、设备和用具的消毒。生产区中每栋建筑物门前要有消毒池。可以在与生产区围墙同一平行线上建蛋盘、蛋箱和鸭笼消毒池。

（三）独立的供水系统

有条件的鸭场要自建水井或水塔，用管道接送到鸭舍。

（四）场内的排水设施

场内排水系统多设置在各种道路的两旁及鸭舍的四周，利用鸭场场地的倾斜度，使雨水及污水流入沟中，排到指定地点进行处理。排水沟分明沟和暗沟。明沟夏天臭气明显，容易清理，明沟不应过深（<30 厘米）。暗沟可以减少臭气对鸭场环境的污染，可用砖砌或利用水泥管，其宽度、深度可根据场地地势及排水量而定。如暗沟过长，则应设沉淀井，以免污物淤塞，影响排水。此外，暗沟应深达冻土层以下，以免受冻而阻塞。

第三节　鸭舍的设计与建设

鸭舍是蛋鸭生存和生产的场所，鸭舍的设计和建造是否科学，舍内设施是否配套，这些直接决定着蛋鸭生活环境的优劣，从而影响着蛋鸭的健康和生产性能的发挥。

一、鸭舍的类型

鸭舍类型主要分为放养鸭舍和圈养鸭舍。放养鸭舍由鸭棚、鸭滩、水围等几部分组成。圈养鸭舍可分为育雏鸭舍、育成鸭舍、产蛋鸭舍、肉鸭舍和种鸭舍等。

（一）放养鸭舍

放养鸭舍分临时性简易鸭舍和长期性固定鸭舍两大类。我国东南各省区的广大农村多在河塘边建造临时性简易放养鸭舍，这种简易棚舍投资少、建造快，经济实惠，保温隔热性能好。尤其是用草做屋顶时，冬暖夏凉。草帘墙壁，夏天可卸下，通风凉爽；冬天可排得厚些、密些，甚至可在草帘上抹泥起到保温作用。而大规模的集约化饲养常采用圈养鸭舍，近几年创建的大中型鸭场大都是固定鸭舍。生产者可根据自己的条件和当地的资源情况选择一种合适的鸭舍。完整的平养鸭舍通常由鸭舍、鸭滩（陆上运动场）、水围（水上运动场）三部分组成。

1. 鸭舍 鸭舍最基本的要求是遮阳防晒、阻风挡雨、防寒保温和防止兽害。商品蛋鸭舍每间的深度8~10米，宽度7~8米，近似于方形，便于鸭群在舍内做转圈活动，绝对不能把鸭舍分隔成狭窄的长方形，否则鸭子进舍转圈时，极容易踩踏致伤。通常养1 000~2 000只规模的小型鸭场，都是建2~4间（每间养500只左右），然后再在边上建3个小间，作为仓库、饲料室和管理人员宿舍。

由于鸭的品种、日龄及各地气候不同，对鸭舍面积的要求也不一样。因此，在建造鸭舍计算建筑面积时，要留有余地，适当放宽计划；在使用鸭舍时，要周密计划，充分利用建筑面积，提高鸭舍的利用率。使用鸭舍的原则是，单位面积内冬季可提高饲养密度，适当多养些；夏季单位面积为要少养些。面积大的鸭舍，饲养密度适当大些，面积小的鸭舍，饲养密度适当小些；运动场大的鸭舍，饲养密度可以大一些，运动场小的鸭舍，饲养密度应当小一些。

2. 鸭滩 鸭滩又称陆上运动场，一端紧连鸭舍，一端直通水面，可为鸭群提供采食、梳理羽毛和休息的场所，其面积应为鸭舍的2倍以上。鸭滩略向水面倾斜，以利排水；鸭滩的地面以水泥地为好，也可以是夯实的泥地，但必须平整，不允许坑坑洼洼，以免蓄积污水。有的鸭场把喂鸭后剩下的贝壳、螺蛳壳平铺在泥地的鸭滩上，这样，即使在大雨以后，鸭滩也不会积水，仍可保持干燥清洁；鸭滩连接水面之处，做成一个倾斜的小坡，此处是鸭群入水和上岸必经之地，使用率极高，而且还要受到水浪的冲击，很容易坍塌凹陷，因此必须用块石砌好，浇上水泥，把坡面修得很平整坚固，并且深入水中（最好在水位最低的枯水期内修建坡面），使鸭上下水很方便。此处不能为了省钱而简单修建，避免因场地凹凸不平招致伤残事故不断，造成重大的经济损失。

鸭滩上种植落叶的乔木或落叶的果树（如葡萄等），并用水泥砌成1米高的围栏，以免鸭子入内啄伤幼树的枝叶，同时防止浓度很高的鸭粪肥水渗入树的根部致使树木死亡。在鸭滩上植树，不仅能美化环境，而且还能充分利用鸭滩的土地和剩余的肥料，促进树木和水果丰收，增加经济收入；同时，还可以在盛夏季节遮阳降温，使鸭舍和运动场的小环境比没有种树的地方温度下降3~5℃，如此一举多得，生产者对此要高度重视。

3. 水围 水围即水上运动场，就是蛋鸭洗澡、嬉耍的运动场所。其面积不要小于鸭滩，考虑到枯水季节水面要缩小，如条件许可，尽量把水围扩大些，有利于鸭群运动。

在鸭舍、鸭滩、水围这三部分的连接处，均须用围栏把它围成一体，使每一单间都自成一个独立体系，以防鸭互相走乱混杂。围栏在陆地上的高度为60~80厘米，水上围栏的上沿高度应超过最高水位50厘米，下沿最好深入河底，或低于最低水位50厘米。

（二）圈养鸭舍

圈养鸭舍可分为育雏鸭舍、育成鸭舍和种鸭舍三种类型。

1. 育雏鸭舍 雏鸭可以采用网上饲养、地面平养和笼养等饲养方式。

（1）网养雏鸭舍。网养雏鸭舍可采用双列单走道鸭舍，其跨度在8米左右，走道设在中间，宽1米左右，走道两侧至南北墙各设架空的金属网或漏缝竹（木）条地板作为鸭床，网眼或板条缝隙的宽库在 13 毫米左右。现推广使用塑质条或增塑网做床底，可保护鸭腿趾部。鸭舍一般使用水泥地面，也可在网架下的地面上建粪尿沟，雏鸭的排泄物可直接漏在沟内，然后通过机械或人工清理（过去用水冲刷清理，但产生的污水量较大）。由于雏鸭全程都在网上饲养，卫生条件好，干燥，节约垫草，保温性能、防鼠害能力、通风采光条件比较理想，但投资较大。网养雏鸭舍如图 3-2 所示。

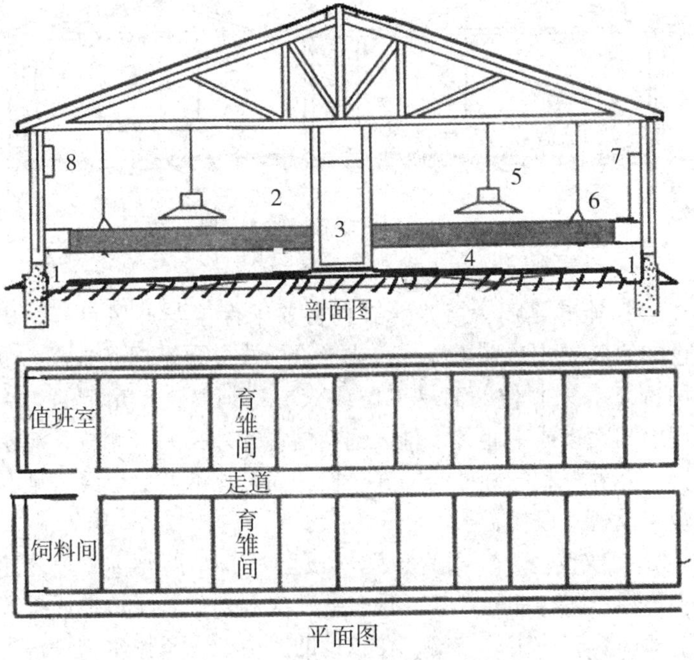

图 3-2　网养雏鸭舍的剖面图和平面图

1. 排水沟　2. 网面　3. 走道　4. 斜坡地面　5. 保温灯　6. 饮水器　7. 窗户　8. 通风口

（2）地面平养育雏舍。地面平养育雏舍一般采用有窗式单列带走道的鸭舍。鸭舍跨度 8 米左右，舍内隔成若干小区，北墙边设置1米宽的走道，设置运动场的鸭舍南侧墙壁开通向运动场的门，运动场和水浴池设在场外。靠走道一侧建一条排水沟，沟上盖铁丝网，网上放饮水器，雏鸭饮水时溅出的水通过铁丝网漏到沟中，再排出舍外。走道与雏鸭区用栅栏隔开。双列式育雏鸭舍如图3-3所示。

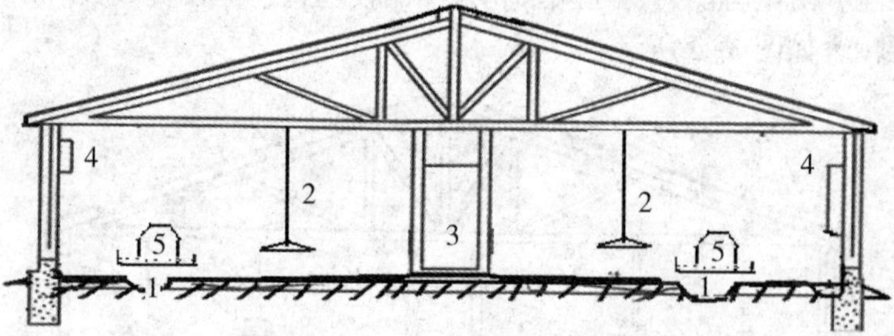

图3-3　双列式育雏鸭舍剖面图

1. 排水沟　2. 保温灯　3. 走道　4. 窗户　5. 饮水器

（3）笼养雏鸭舍。笼养雏鸭舍要求保温与通风良好。比较先进的笼养方式是采用层叠式或半阶梯式金属笼饲养雏鸭，也有采用竹（木）制作的简易单层或双层笼饲养鸭。笼组的布局多采用中间两排或南北各一排。饲料槽置笼外，另一侧置长流水饮水器。笼养育雏的好处与网养一样，而且比网养更能经济地利用房舍和设备，但投资大。

2. 育成鸭舍　一般育成鸭阶段已不需要供温，鸭舍的建筑要求不像雏鸭舍那样严格。现多数建成双列式单走道地面平养鸭舍，地面要有一定的坡度，在较低的一边挖一条排水沟，沟上覆盖铁丝网，网上设置饮水器。走道设在中间，走道与鸭群之间用围栏隔离开来。

3. 种鸭舍　种鸭舍同雏鸭舍一样，保温性能、通风采光要求较高，还要能人工补充光照。种鸭舍大多采用单列单走道封闭式鸭舍，舍内地面采用2/3水泥地面、1/3漏缝地板。水泥地面上加铺垫草，有利于种鸭产蛋和活动；用漏缝地板（或用增塑网）离地饲养，可保持鸭舍内干燥。鸭舍在靠墙一面设置产蛋巢，高和宽各28厘米，深35厘米。鸭虽能在陆上交配，但容易使公鸭阴茎受伤，因此，有条件的鸭舍要设置运动场，运动场要靠近水面，便于种鸭洗澡和交配，如天然的河流或池塘，也可挖人工水池，池深0.5～0.8米，池宽2～3米，用砖或石块砌壁，水泥抹面，不能漏水。在水浴池和下水道连接处设置一个沉淀井，在排水时可将泥沙、粪便等沉淀下来，避免堵塞排水道。

二、鸭舍的内部建设

鸭舍的内部建设直接影响鸭群的生产性能发挥、饲养管理的便利和产品质量的提高。鸭舍的内部工程主要有如下方面。

（一）鸭舍内表面

鸭舍内部墙面、走道平面、粪沟表面要力求平整，不留各种死角，以减少细菌的残留为原则。粪沟和过道地面采用厚10厘米混凝土垫层，水泥砂浆抹面，坚实、平坦，利于防疫，墙面批白水泥。

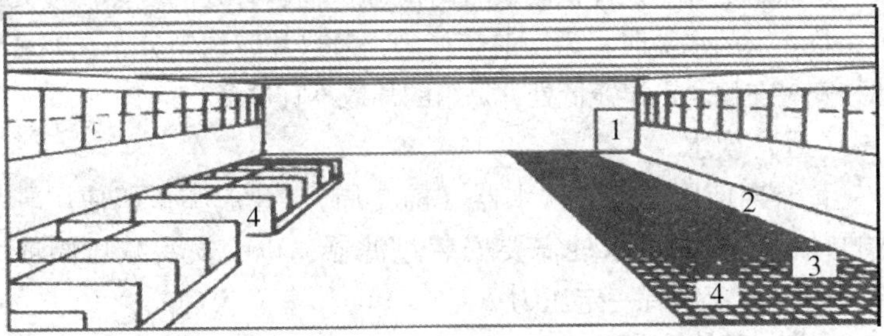

图3-4 单列式种鸭舍内景

1. 窗户 2. 饮水器 3. 排水沟上铁网 4. 产蛋箱

（二）清粪

粪便是鸭舍的主要废弃物，如果清理不及时或处理不当，会严重污染舍内环境。所以，鸭舍的粪便清理工程是保持舍内环境卫生的一个重要部分。清粪设计，应从方便、减少舍内有害气体和防疫三个角度出发。清粪方式有机械清粪和人工清粪。

（三）笼栏具

鸭场的饲养方式不同，需要的笼栏具也不同。鸭场的饲养方式主要有地面平养、网上平养和笼养。

网上平养需要网具，网具一般有竹排（竹竿）网、木制网、钢编、钢板网等。网具的配置应根据饲养的数量和饲养密度来合理安排，防止饲养密度过大。笼养需要安装笼具。笼养鸭的比例很低，育雏期间使用较多，蛋鸭笼养仍处于试验阶段。

（四）采暖

注重鸭舍的保温隔热设计，成鸭舍不需要采暖就可以维持适宜的温度，但雏鸭由于适应环境温度能力差，不采暖难以保证适宜的温度，所以，雏鸭舍和肉鸭舍需要安装采暖设备。采暖设备多种多样，有集中采暖设备如热风、水暖，也有局部采暖设备如红外线灯、火炉、保姆伞等。设计供暖装置时应确保鸭舍各处的受热温度要均匀一致；采用水暖时，为使散热均匀，散热片应均匀分布在鸭舍侧墙和安装在鸭舍走道笼低处，每组的片数不宜过多。

（五）饮水

育雏期使用真空式饮水器（前 2 周），育成和蛋鸭使用乳头式自动饮水器。上水处需要安装过滤器，机头安装减压阀或水箱，确保水管水有一定压力。

（六）降温

设计降温系统，确保鸭舍夏季温度不能超过 30℃。开放式鸭舍，可采用喷雾降温设备；密闭式鸭舍，可采用湿帘风机负压通风降温系统。这些均是目前较成熟的蒸发降温系统。

三、鸭场的常用设备

养鸭设备种类繁多，可根据不同饲养方式和机械化程度，选用不同的设备。

（一）保温设备

主要的保温设备有保姆伞、煤炉、烟道、热风炉和暖风机。

（二）喂料设备

1. 人工喂料系统　雏鸭需要开食盘，开食盘一般使用浅盘，也可使用反光性好的塑料布；饲槽和料桶可以用于各阶段。

2. 自动喂料系统　自动喂料系统有螺旋式喂料系统、链环式喂料系统和轨道车喂饲机。

（三）饮水设备

1. 水槽式饮水设备　长流水式水槽供水设备简单，在国内广泛应用，但水量浪费大，水质易受污染，需定期刷洗。安装时，应使整列水槽处于同一水平线，以免出现缺水或溢水。在平养中应用，可用支架固定，其高度高出鸭背 2 厘米左右，并设防栖钢丝。水线安置在离料线 1 米左右或靠墙的地方，可采用浮子阀门或弹簧阀门机构来控制水槽内的水位高度。

2. 真空饮水器　真空饮水器（壶试饮水器）由水罐和水盘组成，有大、中、小三种型号，适用于不同年龄段鸭使用。吊塔式饮水器可任意调节高度，并有阀门控制水盘水位和防晃装置，以防饮水溢出，适用于平养鸭。

3. 吊塔式饮水器　吊塔式饮水器靠烤盘内水的重量来启闭供水阀门，即当盘内无水时阀门打开，当盘内水达到一定量时阀门关闭。主要用于平养鸭舍，用调索吊在离地面一定高度（与雏鸭的背部等高）。该饮水器的特点是适应性广，不妨碍鸭群的活动。

4. 乳头式饮水器　乳头式饮水器因其出水处设有乳头状阀门杆而得名，多用于笼养。每个饮水器可供 10~20 只雏鸭或3~5

只成鸭饮水，前者水压为（1.47～2.45）×10^4帕，后者为（2.45～3.43）×10^4帕。由于是全封闭水线供水，保证了饮水清洁，有利于防疫并可节约大量水，但要求制造工艺精度高，以防漏水。有的产品配有接水槽或接水杯。

（四）清粪设备

鸭舍内的粪便清理方法有人工清粪和机械清粪。人工清粪有推车、铁钎等。机械清粪设备有清粪机，清粪机分为刮板式清粪机和输送带式清粪机。

（五）通风设备

鸭舍的通风方式有自然通风和机械通风。

1. 自然通风　自然通风主要是利用舍内外温度差和自然风力进行舍内外空气交换，适用于开放舍和有窗舍，利用门窗开启的大小和鸭舍屋顶上的通风口进行。通风效果决定于舍内外的温差、通风口的大小和风力的大小，炎热夏季舍内外温差小、冬季鸭舍封闭严密等，都会影响通风效果。

2. 机械通风　机械通风是指利用风机进行强制的送风（正压通风）和排风（负压通风）。常用的风机是轴流式风机。风机由外壳、叶片和电动机组成，有的叶片直接安装在电动机的转轴上，有的是叶片轴与电动机轴分离，由传送带连接。鸭舍常用风机性能参数见表3-4。

表3-4　鸭舍常用风机性能参数

型号	HRJ-71型	HRJ-90型	HRJ-100型	HRJ-125型	HRJ-140型
风叶直径/毫米	710	900	100	125	140
风叶转速/（转/分）	560	560	560	360	360
风量/（米^3/分）	295	445	540	670	925

续表

型号	HRJ-71 型	HRJ-90 型	HRJ-100 型	HRJ-125 型	HRJ-140 型
全压/帕	55	60	62	55	60
噪声/分贝	≤70	≤70	≤70	≤70	≤70
输入功率/千瓦	0. 55	0. 55	0. 75	0. 75	1. 1
额定电压/伏	380	380	380	380	380
电动机转速/(转/分)	1350	1350	1350	1350	1350
安装外形尺寸（长×宽×厚）/毫米×毫米×毫米	810×810×370	1 000×1 000×370	1 100×1 100×370	1 400×1 400×400	1 550×1 550×400

（六）照明设备

鸭舍必须安装人工照明系统。人工照明采用普通灯泡或节能灯泡，安装灯罩，以防尘和最大限度地利用灯光。根据饲养阶段采用不同功率的灯泡。如育雏舍用 40~60 瓦的灯泡，育成舍用15~25 瓦的灯泡，产蛋舍用 25~45 瓦的灯泡，灯距为 2~3 米。笼养鸭舍每个走道上安装一列光源。平养鸭舍的光源布置要均匀。

（七）畜舍的清洗消毒设施

为做好鸭场的卫生防疫工作，保证家畜健康，鸭场必须有完善的清洁消毒设施，主要有消毒室、脚踏消毒池和车轮清洗消毒池、车身冲洗喷淋机、高压冲洗机、喷雾器和火焰消毒器等。

第四节　鸭场的环境控制

一、废弃物处理

鸭场的废弃物，如粪便、污水、死鸭等直接影响到鸭场的卫生和疫病控制，危害鸭群安全和公共卫生安全，必须进行无害化处理。

（一）粪便处理

鸭粪是优质的有机肥，经过堆积腐熟或高温、发酵干燥处理后，体积变小、松软、无臭味，不带病原微生物，常用于果林、蔬菜、瓜类和花卉等经济作物，也可用于无土栽培和生产绿色食品。

1. 堆粪法 堆粪法是一种简单实用的处理方法，在距鸭场100~200米或以外的地方设一个堆粪场，在地面挖一浅沟，深约20厘米，宽1.5~2米，长度不限，随粪便多少确定。先将非传染性的粪便或垫草等堆至厚25厘米，其上堆放欲消毒的粪便、垫草等，高1.5~2米，然后在粪堆外再铺上厚10厘米的非传染性的粪便或垫草，并覆盖厚10厘米的沙子或土，如此堆放3周至3个月，即可用于肥田。当粪便较稀时，应加些杂草，太干时倒入稀粪或加水，使其不稀不干，以促其迅速发酵。

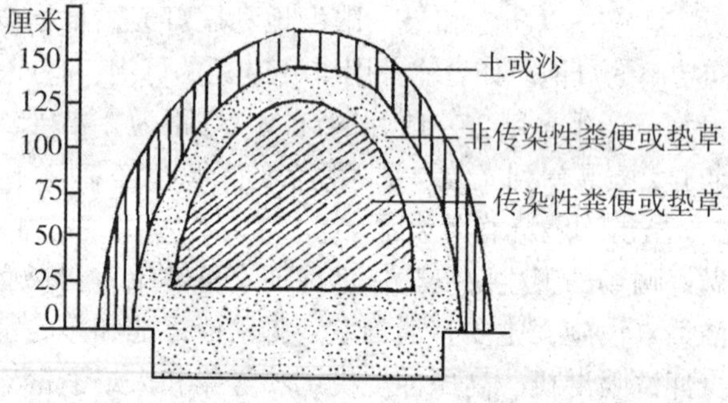

图3-5 粪便生物热消毒的堆粪法

2. 干燥新鲜鸭粪 鸭粪的主要成分是水，通过脱水干燥，可使其含水量达到15%以下。这样，一方面减少了鸭粪的体积和重量，便于包装、运输和应用；另一方面也可有效地抑制鸭粪中微生物的生长繁殖，从而减少了营养成分特别是蛋白质的损失。

常用的干燥方法有：

（1）高温快速干燥。采用以回转圆筒炉为代表的高温快速干燥设备，可在短时间内（10 分钟左右）将含水量 70% 的湿鸭粪迅速干燥成含水量仅为 10%~15% 的鸭粪加工品。烘干温度适宜的范围在 300~900℃。这种处理方法的优点是：不受季节、天气的限制，可连续生产，设备占地面积比较小；烘干的鸭粪营养损失量小于 6%，并能达到消毒、灭菌、除臭的目的，可直接变成产品或作为生产配合饲料和复合肥的原料。但该法在整个加工过程中耗能较高，尾气和烘干后的鸡粪均存在不同程度的二次污染问题，对含水量大于 75% 的湿鸡粪，烘干成本较高，而且一次性投资较大。

（2）自然干燥法。将新鲜鸭粪收集起来，摊在水泥地面或塑料布上，阳光下暴晒，随时翻动以使其晒干或自然风干，干燥后过筛除去杂质，装袋内或堆放于干燥处备用，做饲料时可按比例添加。该法投资小，成本低，操作方法简单，但易受天气状况影响，且不能彻底杀死病原体，从而易于导致疾病的发生和流行，只适合于无疾病发生的小型鸭场鸭粪的处理。

3. 生产动物蛋白　利用粪便生产蝇蛆、蚯蚓等优质高蛋白物质，既减少了污染，又提高了鸡粪的使用价值，但缺点是劳动力投入大，操作不便。近年来，美国科学家已成功在可溶性粪肥营养成分中培养出单细胞蛋白。家禽粪便中含有矿物质营养，啤酒糟中含有一定的碳水化合物，而部分微生物能够以这些营养物质为食。俄罗斯研究人员发现一种拟内孢霉属的细菌和一种假丝酵母菌，能吃下上述物质而产生细菌蛋白，这些蛋白可用于制造动物饲料。

4. 生产沼气　鸭粪是沼气发酵的优质原料之一，尤其是高水分的鸭粪。鸭粪和草或秸秆以 2∶1~3∶1 的比例，在碳氮比 13∶1~30∶1，pH 值为 6.8~7.4 的条件下，利用微生物进行厌氧发酵，产生可燃性气体。发酵后的沼渣可用于养鱼、养殖蚯蚓、栽培食用菌、生产优质的有机肥和土壤改良剂。

5. 消毒处理 畜禽粪便中含有一些病原微生物和寄生虫卵，尤其是患有传染病的畜禽，病原微生物数量更多。如果不进行消毒处理，容易造成污染和传播疾病。因此，畜禽粪便应该进行严格的消毒处理。

（1）焚烧法。焚烧法是消灭一切病原微生物最有效的方法，故用于消毒一些危险的传染病病畜的粪便（如炭疽、马脑脊髓炎、牛瘟、禽流感等）。焚烧的方法是在地上挖一个壕，深75厘米，宽75~100厘米，在距壕底40~50厘米加一层铁梁（要较密些，否则粪便容易落下），在铁梁下面放置木材等燃料，在铁梁上放置欲消毒的粪便（图3-6），如果粪便太湿，可混合一些干草，以便迅速烧毁。此种方法会损失有用的肥料，并且需要用很多燃料，故很少应用。

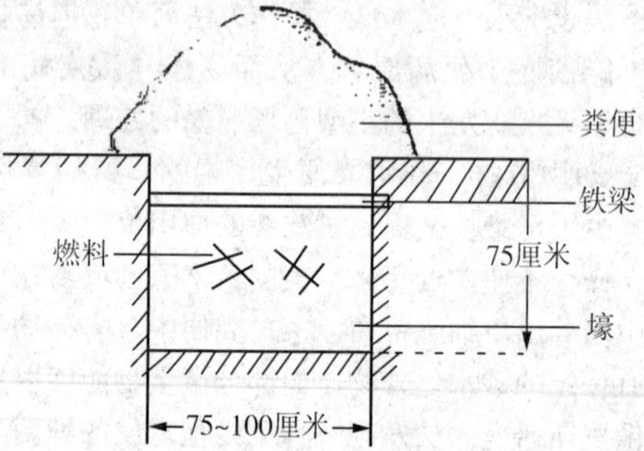

图3-6 焚烧粪便的壕

（2）化学药物消毒法。用于消毒粪便的化学药品有含2%~5%的有效氯的漂白粉溶液、20%石灰乳。此种方法既麻烦，又难以达到消毒的目的，故实践中不常用。

（3）掩埋法。将污染的粪便与漂白粉或新鲜的生石灰混合，然后深埋于地下，埋的深度应达2米左右，此种方法简便易行，在目前很实用。但病原微生物经地下水散布以及损失肥料是其缺点。

（4）发酵池法。此法适用于大量饲养畜禽的农牧场，多用于稀薄粪便（如牛、猪粪）的发酵。需要在距农场200～250米以外无居民、河流、水井的地方挖2个或2个以上的发酵池（池的数量和大小决定于每天运出的粪便数量）。池可筑成方形或圆形，池的边缘与池底用砖砌，然后抹上水泥，使其不透水。如果土质干枯、地下水位低，可以不必用砖和水泥。使用时先在池底倒一层干粪，然后将每天清出的粪便垫草等倒入池内，快满时在粪便表而铺一层干粪或杂草，上面盖一层泥土封好。如条件许可，可用木板盖上，以利于发酵和保持卫生。粪便经上述方法处理后，经过1～3个月即可作为肥料使用。在此期间，每天所积的粪便可倒入另外的发酵池，如此轮换使用。

（二）尸体处理

鸭的尸体能很快分解腐败，散发恶臭，污染环境。特别是传染病病鸭的尸体，其病原微生物会污染大气、水源和土壤，造成疾病的传播与蔓延。因此，必须正确而及时地处理病死鸭。

1. 焚烧法　焚烧是一种较完善的方法，但无可利用产品，且成本高，故不常用。但对一些危害人、畜健康且极为严重的传染病病鸭的尸体，仍有必要采用此法。焚烧时，先在地上挖一个十字形沟（沟长约2.6米，宽0.6米，深0.5米），在沟的底部放木柴和干草用于引火，于十字沟交叉处铺上横木，其上放置畜尸，畜尸四周用木柴围上，然后洒上煤油焚烧，或用专门的焚烧炉焚烧。

2. 高温处理法　高温处理法是将死鸭放入特设的高温锅（150℃）内熬煮，以达到彻底消毒的目的。鸭场也可用普通大锅，经100℃以上的高温熬煮处理。此法可保留一部分有价值的产品，但要注意熬煮的温度和时间，必须达到消毒的要求。

3. 土埋法　土埋法是利用土壤的自净作用使其无害化。此法虽简单但不理想，因其无害化过程缓慢，某些病原微生物能长期生存，从而污染土壤和地下水，并会造成二次污染。采用土埋法必须遵守卫生要求，即埋尸坑应远离鸭舍、放牧地、居民点和水源，地势高燥，死鸭掩埋深度不小于2米，死鸭四周应洒上消毒药剂，埋尸坑四周最好设栅栏并做标记。

在处理畜尸时，不论采用哪种方法，都必须将病畜的排泄物、各种废弃物等一并进行处理，以免造成环境污染。

（三）垫料处理

有的鸭场采用地面平养（特别是育雏育成期）多使用垫料，使用垫料对改善环境条件具有重要的意义。垫料具有保暖、吸潮和吸收有害气体等作用，可以降低舍内湿度和有害气体浓度，有利于保持舒适、温暖的小气候环境。选择的垫料应具有导热性低、吸水性强、柔软、无毒、对皮肤无刺激性等特性，并要求来源广、成本低、适于作为肥料和便于无害化处理。常用的垫料有稻草、麦秸、稻壳、树叶、野干草、植物藤蔓、刨花、锯末、泥炭和干土等。近年来，还有采用橡胶、塑料等制成的厩垫以取代天然垫料。

二、鸭舍的环境管理

（一）温度的控制

温度的高低会影响雏鸭的成活率、生长发育和成年鸭的生产性能。

1. 适宜的温度 雏鸭的适宜温度见表3-5。蛋鸭的适宜温度是5~27℃，最适宜温度是13~20℃。

表3-5 蛋用或种用雏鸭的适宜温度

日龄/天	1~7	8~14	15~21	22~28	31~55
育雏器温度/℃	29~31	24~26	22~24		
室内温度/℃	26~28	23~25	19~21	15~17	16~14

2. 控制措施　保持育雏舍的保温隔热，选择可靠的供温设施，搞好季节管理，以保证适宜的温度。

（二）湿度的控制

湿度是指空气的潮湿程度，养鸭生产中常用相对湿度表示。高温高湿影响鸭的热调节，降低鸭的抵抗力，容易发生球虫病和传染病；低温高湿加剧鸭的冷应激。鸭易患感冒性疾病，如风湿病、关节炎、肌肉炎及消化道疾病等。

1. 适宜的湿度　育雏第一周，舍内相对湿度应保持在65%左右，第二周为60%，第三周为55%；其他鸭舍保持在60%～65%。

2. 湿度调节措施

（1）湿度低时。舍内相对湿度低时，可在舍内地面洒水或用喷雾器在地面和墙壁上喷水，水的蒸发可以提高舍内湿度。雏鸭舍或舍内温度过低时可以喷洒热水，供暖炉上放置水壶。育雏期间要提高舍内湿度，可以在加温的火炉上放置水壶或水锅，使水蒸发提高舍内湿度，可以避免因喷洒凉水引起的舍内温度降低或雏鸭受凉感冒。

（2）湿度高时。当舍内相对湿度过高时，可以采取如下措施：一是加大换气量。通过通风换气，驱除舍内多余的水汽，换进较为干燥的新鲜空气。舍内温度低时，要适当提高舍内温度，避免通风换气引起舍内温度下降。二是提高舍内温度。舍内空气水汽含量不变，提高舍内温度可以增大饱和蒸汽压，降低舍内相对湿度。特别是冬季或雏鸭舍，加大通风换气量，对舍内温度影响大，可适当提高舍内温度。

（3）防潮措施。鸭较喜欢干燥环境，潮湿的空气环境与高温度协同作用，容易对鸭产生不良影响。保证鸭舍干燥需要做好鸭舍防潮，除了选择地势高燥、排水好的场地外，还可采取如下措施：一是鸭舍墙基设置防潮层，新建鸭舍待干燥后使用，特别是育雏舍。有的刚建好育雏舍就立即使用，由于育雏舍密封严，舍内温度高，没有干燥的护围蒸发出大量水汽，使舍内相对湿度一直处于较高的水平。晚上温度低的情况下，大量的水汽变成水滴在天棚和墙壁上附着，舍内的热量容易散失。二是舍内排水系统畅通，粪尿、污水应及时清理。三是保持舍内较高的温度，使舍内温度经常处于露点以上。四是使用垫草，及时更换污浊潮湿的垫草。

（三）光照的控制

光照不仅影响鸭的生长发育，而且影响仔鸭培育期的性成熟时间和以后的产蛋。培育期光照时间过长，鸭性成熟时间早，种鸭开产早，产蛋小；产蛋期光照时间不足，也会使鸭产蛋减少。光照控制是要保证鸭舍内的光照强度和光照时间符合要求，并且光线均匀。鸭舍一般采用自然光照与人工补光相结合。

在育雏期，光照强度可以大一些，光照时间可以长一些。第一周光照时间 20~23 小时，第二周 18 小时，从第三周起根据不同情况进行控制。若夏季育雏，白天利用自然光照，夜间用较暗的光线通宵照明，只在喂料时用较亮的光照 0.5 小时；如晚秋育雏，由于日照时间较短，可以在傍晚适当增加光照 1~2 小时，其余时间仍用较暗的灯光通宵照明，光线不能过强，控制在 5 瓦/米^2。

进入产蛋期，逐渐增加光照时间和光照强度，每周增加光照时间 0.5~1 小时，直至达到每昼夜 16~17 小时。光照强度由弱渐强，达到 8 勒克斯。达到要求后，光照时间和光照强度要稳定，不能忽照忽停、忽明忽暗，即保持光照系统正常使用。

（四）舍内有害气体控制

鸭舍内鸭群密集，呼吸、排泄物和生产过程的有机物分解，有害气体成分要比舍外空气成分复杂和含量高。鸭舍中的有害气体主要有氨气、硫化氢、二氧化碳、一氧化碳和甲烷。在规模养鸭生产中，这些气体污染鸭舍环境，引起鸭群发病或生产性能下降，降低养鸭生产效益。

1. 有害气体的种类和分布　有害气体的种类、分布见表 3-6。

表 3-6　有害气体的种类、分布及标准

种类	理化特性	来源与分布	标准/（毫克/米^3）
氨	无色、具有刺激性臭味，与同容积干洁空气比为 0.593，比空气轻，易溶于水，在 0℃时，1 升水可溶解 907 克氨	畜舍空气中的氨来源于家畜粪尿、饲料残渣和垫草等有机物分解的产物。舍内含量的多少决定于家畜的密集程度、畜舍地面的结构、舍内通风换气情况和舍内管理水平。畜舍上下方含量高，中间含量低	雏鸭 < 8；育成或成年鸭< 12
硫化氢	无色、易挥发的恶臭气体，与同容积干洁空气比为 1.19，比空气重，易溶于水，1 体积水可溶解 4.65 体积的硫化氢	舍内空气中的氨来源于含硫有机物的分解。当家畜采食富含蛋白质饲料而又消化不良时就会排出大量的硫化氢。粪便厌氧分解也可产生或破损蛋腐败发酵产生。硫化氢产自地面和畜床，相对密度大，故愈接近地面浓度愈大	雏鸭 < 3；育成或成年鸭< 15
二氧化碳	无色、无臭、无毒、略带酸味气体。比空气重，相对密度 1.524，相对分子质量 44.01	鸭舍中的二氧化碳主要来源于鸭的呼吸。由于二氧化碳密度大于空气，因此聚集在地面上	≤2 950
一氧化碳	无色、无味、无臭气体，相对密度 0.967	舍内的一氧化碳来源于火炉取暖时煤炭的不完全燃烧，特别是冬季夜间畜舍封闭严密，通风不良，可达到中毒程度	

2. 有害气体的危害　一是引起慢性中毒。氨和硫化氢含量高，鸭体质变弱，表现为精神萎靡，抗病力下降，对某些病敏感(如对结核病、大肠杆菌、肺炎球菌感染过程显著加快)，采食量、生产性能下降。二氧化碳和一氧化碳含量高，易造成缺氧肉鸭生长缓慢，抵抗力减弱，容易发生腹水症；高浓度氨可以通过肺泡进入血流，破坏血液的运氧功能，可直接刺激体组织引起碱性化学性灼伤，使组织溶解坏死，还可引起中枢神经麻痹，中毒性肝病、心肌损伤等。高浓度的硫化氢可直接抑制呼吸中枢，引起窒息和死亡。二是破坏局部黏膜系统。呼吸道黏膜是保护鸭体的第一道屏障，可起到保护机体作用。另外，黏膜还形成了局部免疫系统，产生局部抗体。如果黏膜破坏，屏障功能降低或消失，抗体不能有效地生成，鸭体抗病力降低，病原就容易侵袭，鸭体容易发生疾病。有害气体如氨、硫化氢等刺激鸭体呼吸道黏膜，黏膜遭到破坏，病原容易侵袭鸭体。

3. 消除措施　一是加强场址选择和合理布局，避免工业废气污染。合理设计鸭场和鸭舍的排水系统、粪尿、污水处理设施。二是加强防潮管理，保持舍内干燥。有害气体易溶于水，湿度大时易吸附于材料中，舍内温度升高时又挥发出来。三是加强鸭舍管理。地面平养时在鸭舍地面铺上垫料，并保持垫料清洁卫生；保证适量的通风，特别是注意冬季的通风换气，处理好保温和空气新鲜的关系；做好卫生工作，及时清理污物和杂物，排出舍内的污水，加强环境的消毒等。四是加强环境绿化。绿化不仅美化环境，而且可以净化环境。绿色植物进行光合作用可吸收二氧化碳，生产出氧气。如每公顷阔叶林在生长季节每天可吸收1 000 千克二氧化碳，产出 730 千克氧气；绿色植物可大量地吸附氨，如玉米、大豆、棉花、向日葵及一些花草都可从大气中吸收氨而生长；绿色林带可以过滤阻隔有害气体。五是采用化学物质消除。鸭的饲料中添加丝兰属植物提取物、沸石，或在鸭舍内撒布过磷酸钙、活性炭、煤渣、生石灰等具有吸附作用的物质，均可不同程度地消除空气中的臭味。六是提高饲料消化吸收率。科学选择饲料原料，按可利用氨基酸量合理配制日粮，科学饲喂，利用酶制剂、酸制剂、微生态制剂、寡聚糖、中草药添加剂等提高饲料利用率，减少有害气体的排出量。

（五）微粒的控制

微粒是以固体或液体微小颗粒的形式存在于空气中的分散胶体。鸭舍中的微粒来源于鸭的活动、咳嗽、鸣叫及饲养管理过程中，如清扫地面、分发饲料、饲喂及通风除臭等机械设备运行过程。鸭舍内有机微粒较多。

1. 微粒对鸭体健康的影响　一是影响散热和引起炎症。微粒落在皮肤上，可与皮脂腺、皮屑、微生物混合在一起，引起皮肤发痒、发炎，堵塞皮脂腺和汗腺，皮脂分泌受阻。皮肤干，易干裂感染，影响蒸发散热。落在眼结膜上引起尘埃性结膜炎。二是损坏黏膜和感染疾病。微粒可以吸附空气中的水汽、氨、硫化氢、细菌和病毒等有毒有害物质造成黏膜损伤，引起血液中毒及各种疾病的发生。

2. 消除措施　鸭舍内，总悬浮物应≤8 毫克/米^3；可吸入颗粒应≤4 毫克/米^3。具体消除措施：一是改善鸭舍和周围地面状况，全面进行绿化，种树、种草和种植农作物等。植物表面粗糙不平，多绒毛，有些植物还能分泌油脂或黏液，能阻留和吸附空气中的大量微粒。气流通过林带，风速降低、大直径微粒下沉，小直径微粒被吸附。夏季可吸附 35.2%~66.5%的微粒。二是鸭舍远离饲料加工场，分发饲料和饲喂动作要轻。三是保持鸭舍地面干净，禁止干扫，更换和翻动垫草动作也要轻。四是保持适宜的湿度。适宜的湿度有利于尘埃沉降。五是保持通风换气。

第四章　生态养鸭的饲料及日粮配制

日粮是鸭生活和生产的物质基础，也是充分发挥其生产性能最重要的环境条件。只有根据鸭的生理特点、营养需求，科学选择和配制饲粮，才能取得较好的饲养效果。

第一节　鸭饲料的养分和分类

一、鸭饲料的养分及功能

饲料中含有鸭所需要的各种营养物质，经化学分析可知：饲料中含有水、碳水化合物、粗蛋白质、粗脂肪、维生素和矿物质等六大营养物质，它们在鸭体内相互作用，表现出其营养价值。

（一）水

各种饲料中都含有水，但因饲料的种类不同，含水量差异也很大。一般植物性饲料含水量为5%～95%。在同一种植物性饲料中，由于其收割期不同，水分含量也不尽相同，随着植物成熟而逐渐减少。

饲料中含水量的多少与其营养价值、储存密切相关。含水量高的饲料，单位重量中含干物质较少，其中养分含量也相对较少，故其营养价值也低，且容易腐败变质，不利于储存与运输。适宜储存的饲料，要求含水量在14%以下。

水是鸭生长发育和维持生命必需的营养素，对鸭体内正常物质代谢有特殊作用。它是鸭体的主要成分，鸭体内含水量在55%~70%，主要分布于体液（如血液、淋巴液）、肌肉等组织中，也是各种营养物质的溶剂，鸭体内各种营养物质的消化、吸收以及代谢废物的排出、血液循环、体温调节等都离不开水。如果水不足，轻者饲料消化率和生产力下降，严重时影响鸭体健康，甚至引起死亡。有报道称，禽类在失去全部体脂和1/2体蛋白后仍能生存，但失去水分的1/10便会死去。高温环境下缺水，后果更为严重。因此，必须在饲养全期供给充足、清洁的水。

（二）碳水化合物

碳水化合物是构成植物组织的主要成分，占其干物质的50%~75%，而在一些谷物籽实中，碳水化合物的含量可高达80%，是各种动物日粮的主要成分。碳水化合物主要包括淀粉、纤维素、半纤维素、木质素及一些可溶性糖类。它在鸭体内分解后（主要指淀粉和糖）产生热量，用以维持体温和供给体内各组织器官活动所需要的能量。碳水化合物的营养作用如下。

1. 鸭体组织的构成物质　碳水化合物普遍存在于家禽体内各组织中。例如，核糖和脱氧核糖是细胞核酸的成分，糖脂是神经细胞的成分等。许多糖类与蛋白质化合形成糖蛋白，低级核酸与氨基化合形成氨基酸。

2. 鸭体内能量的主要来源　正常情况下，碳水化合物的主要作用是在动物体内氧化供能。碳水化合物的产热量虽然低于同等重量的脂肪，但因植物性饲料富含碳水化合物，所以，家禽主要依靠它氧化供能来满足生理上的需要。

3. 鸭体内的营养储备　碳水化合物在家禽体内可转变为糖原和脂肪以作为营养储备。当家禽的能量满足后，多余的葡萄糖合成糖原储存在肝脏和肌肉中，以便在采食的能量不足或饥饿时迅速水解补充能量；当采食的碳水化合物合成糖原仍有剩余时，则用以合成脂肪储存于体内，以备能量不足时动用。

4. 调整肠道菌群　对于一些寡糖类碳水化合物，由于肠道消化酶系中没有适合他的水解酶，因而不能在消化道中被水解消化吸收。但是它们却可以作为肠道中有益微生物的能源，不仅有利于益生菌的生长繁殖，同时还能阻断有害菌在肠道黏膜的吸附，从而可以有效地调节肠道微生物菌群的平衡，促进机体的健康。

所以，日粮中碳水化合物不足时，会影响鸭的生长发育；过多时，会影响其他营养物质的含量，也会导致鸭体过肥。饲料中缺乏粗纤维时会引起鸭便秘，并降低其他营养物质的消化率。但由于饲料在鸭消化道内停留时间短，且肠内微生物少，因而鸭对日粮中的粗纤维几乎不能消化吸收。日粮中粗纤维含量过多，便会降低其营养价值。一般来说，在鸭的日粮中，粗纤维含量不宜超过5%。

（二）粗蛋白质

粗蛋白质是饲料中含氮物质的总称，包括纯蛋白质和氨化物。氨化物在植物生长旺盛时期和发酵饲料中含量较多（占含氮量的30%~60%），成熟籽实含量很少（占含氮量的3%~10%）。

各种饲料中粗蛋白质的含量和品质差别很大，就其含量而言，动物性饲料中最高（40%~80%），油饼类次之（30%~40%），糠麸及禾本科籽实类较低（7%~13%）。就其质量而言，动物性饲料、豆科及油饼类饲料中蛋白质较好。一般来说，饲料中粗蛋白质含量愈多，其营养价值就愈高。

1. 蛋白质的营养作用　一是构成鸭体组织和细胞。鸭体的肌肉、神经、内脏器官、血液等，均以蛋白质为基本成分，尤以生长期、产蛋鸭更为突出。二是组成鸭体内许多活性物质。生命活动所必需的各种酶、激素、抗体及其他许多生命活性物质都是由蛋白质组成的。机体只有借助于这些物质，才能调节体内的新陈代谢并维持其正常的生理功能。三是构成各种鸭产品。鸭肉、鸭蛋及羽绒等鸭产品中均含有大量的蛋白质，如鸭肉蛋白质为22.39%，羽毛中蛋白质含量高达85%。四是提供能量。蛋白质在体内也可以分解供能（每克蛋白质约为16.74千焦），或转变为糖和脂肪等。

蛋白质在鸭体内占有特殊的地位，不能用其他营养物质所替代，必须由饲料供给。日粮中缺乏蛋白质，不但影响鸭的健康、生长和生殖，而且会降低鸭的生产力和鸭产品的品质，如体重减轻、生长停止、产蛋量及生长率降低等。但日粮中蛋白质也不应过多，过多不仅会造成浪费，而且长期饲喂将引起机体代谢紊乱及蛋白质中毒，从而使得肝脏和肾脏由于负担过重而遭受损伤。因此，根据鸭的不同生理状态及生产力科学合理地配制饲粮，保证适宜的蛋白质水平，以维护鸭群健康，提高饲粮利用率，提高鸭群生产力，降低生产成本。

2. 蛋白质中的氨基酸　蛋白质是由氨基酸组成的，蛋白质营养实质上是氨基酸营养，所以其营养价值决定于氨基酸的组成，其品质的优劣是通过氨基酸的数量与比例来衡量的，即蛋白质的全价性不仅表现在必需氨基酸的种类齐全，且其含量的比例也要恰当，这样才能充分发挥其营养作用。

氨基酸在营养上分为必需氨基酸和非必需氨基酸。必需氨基酸是指鸭体内不能合成或合成数量满足不了需要，必须由日粮供应的氨基酸。家禽所处情况不同，其需要氨基酸的种类与数量也不同。不同种类家禽的必需氨基酸种类见表4-1。

表4-1　不同种类家禽的必需氨基酸种类

家禽种类	必需氨基酸种类
成年家禽	赖氨酸、蛋氨酸、色氨酸、苯丙氨酸、亮氨酸、异亮氨酸、缬氨酸和苏氨酸
生长期	赖氨酸、蛋氨酸、色氨酸、苯丙氨酸、亮氨酸、异亮氨酸、缬氨酸、苏氨酸、组氨酸与精氨酸

续表

家禽种类	必需氨基酸种类
雏禽	赖氨酸、蛋氨酸、色氨酸、苯丙氨酸、亮氨酸、异亮氨酸、缬氨酸、苏氨酸、组氨酸、精氨酸、甘氨酸、胱氨酸与酪氨酸

饲养鸭所必需的氨基酸中，一般把苏氨酸、色氨酸、赖氨酸、蛋氨酸与胱氨酸称为限制性氨基酸。因体内利用其他各种氨基酸合成体蛋白时，都要受到它们的限制和制约。如果日粮中缺少了它们中的任何一种，则会降低饲料蛋白质氨基酸的有效利用率。

在饲料中适当添加一点赖氨酸、蛋氨酸，就能把原来饲料中未被利用的氨基酸充分利用起来。所以，有人把蛋氨酸、赖氨酸又叫作蛋白质饲料的营养强化剂。鱼粉之所以营养价值高，就是因为其中的蛋氨酸、赖氨酸含量高，相比之下，植物蛋白中的含量则少得多。因此，我国常用的植物蛋白饲料，如能添加适量的蛋氨酸及赖氨酸，则可大大提高蛋白质的营养价值。

非必需氨基酸是指在鸭体内合成较多或需要较少，不需由饲料来供给，也能保证鸭正常生长和生产的氨基酸，即必需氨基酸以外的均为非必需氨基酸，如丝氨酸、谷氨酸、丙氨酸、天门冬氨酸、脯氨酸和瓜氨酸等。鸭可以利用由饲料供给的含氮物在体内合成，或用其他氨基酸转化代替这些氨基酸。

此外，根据近年来对畜禽体内氨基酸的转化代替、生化机制的研究，提出了准必需氨基酸的概念，即把在一定条件下成为必需的氨基酸叫作准必需氨基酸。试验证明：丝氨酸数量充足时，甘氨酸则可在体内充分合成，因而甘氨酸不足的情况下，丝氨酸便成了必需氨基酸；而脱氨酸和酪氨酸又可分别由蛋氨酸、苯丙氨酸在体内合成。因此，可把甘氨酸、丝氨酸、缬氨酸、酪氨酸、蛋氨酸和苯丙氨酸叫作准必需氨基酸。

3. 饲料中的氨基酸 动植物饲料由于种类的不同，所含氨基酸在数量和种类上均有显著差别，没有一种单一饲料的氨基酸组成恰好满足鸭的营养需要。

一般来说，动物性蛋白质所含的必需氨基酸全面且比例适当，因而品质较好，如鱼粉和肉骨粉。但有些动物加工的副产品，如血粉、羽毛粉以及质量不够好的肉骨粉等，蛋白质含量虽高，但氨基酸组成不平衡，而且由于大量硬蛋白存在而不利于消化；谷类及其他植物性蛋白质所含的必需氨基酸不全面，量也较少，因而品质较差，而且植物性饲料中还存在一些降低氨基酸利用率的化学物质，如大豆蛋白中的胰蛋白酶抑制酶等。如果饲粮中缺少某一种或几种必需氨基酸，特别是赖氨酸、蛋氨酸及色氨酸，则可造成生长停滞，体重下降，而且还影响整个日粮的消化和利用效果；玉米蛋白中赖氨酸和色氨酸的含量很低，营养价值较差。近年来美国科学家发现了改变玉米蛋白质量和影响玉米蛋白中氨基酸含量的两个突变基因，从而育成了蛋白质含量高达25%、蛋白质中赖氨酸含量达45%的玉米新品种，这为开辟蛋白质饲料来源创造了条件。

4. 氨基酸的互补作用　鸭体蛋白的合成和增长、旧组织的修补和恢复、酶类和激素的分泌等，均需要各种各样的氨基酸，但饲料蛋白质中的必需氨基酸，由于饲料种类的不同，其种类和含量有很大差异。例如，谷类蛋白质含赖氨酸较少，而含色氨酸则较多；有些豆类蛋白质含赖氨酸较多，而色氨酸含量较少。如果在配合饲料时，把这两种饲料混合应用，即可取长补短，提高其营养价值。这种作用叫作氨基酸的互补作用。

根据氨基酸在饲粮中存在的互补作用，实际饲养中可以有目的地选择多种饲料原料，进行合理搭配，使饲料中的氨基酸起到互补作用，以改善蛋白质的营养价值，提高其利用率。

5. 影响饲粮蛋白质营养作用的因素

（1）蛋白质水平。饲粮中蛋白质水平即蛋白质在饲粮中占有的数量，过多或过少均会造成危害，这里着重是从蛋白质的利用率方面加以说明的。蛋白质数量过多，不仅不能增加体内氮的沉积，反而会使尿中分解不完全的含氮物数量增多，从而导致蛋白质利用率下降，造成饲料浪费；反之，日粮中蛋白质含量过低，也会影响日粮的消化率，造成机体代谢失调，严重影响畜禽生产力的发挥。因此，只有维持合理的蛋白质水平，才能提高蛋白质利用率。

（2）蛋白质的品质。蛋白质的品质是由组成它的氨基酸种类与数量决定的。凡含必需氨基酸的种类全、数量多的蛋白质，其全价性高，品质也好，则称其为完全价值蛋白质；反之，全价性低，品质差，则称其为不完全价值蛋白质。若饲粮中蛋白质的品质好，则其利用率高，且可节省蛋白质的喂量。蛋白质的营养价值，可根据可消化蛋白质在体内的利用率作为评定指标，也就是蛋白质的生物学价值，实质是氨基酸的平衡利用问题，因为体内利用可消化蛋白质合成体蛋白的程度，与氨基酸的比例是否平衡有着直接的关系。

必需氨基酸与非必需氨基酸的配比问题，也与提高蛋白质在体内的利用率有关。首先要保证氨基酸不主要用作能源，而是主要用于氮代谢；其次要保证足够的非必需氨基酸，防止必需氨基酸转移到非必需氨基酸的代谢途径。近年来，通过对氨基酸营养价值研究的进展，使得蛋白质在饲粮中的数量趋于降低，这实际上既满足了鸭体内蛋白质代谢过程中对氨基酸的需要，又提高了蛋白质的生物学价值，节省了蛋白质饲料。在生产中配制饲粮时，应选择多种饲料原料，使饲粮中含有的氨基酸种类增多，产生互补作用，以达到提高蛋白质生物学价值的目的。

（3）各种营养物质的关系。饲粮中的各种营养因素都是彼此联系、互相制约的。近年来在家禽饲养实践活动中，人们越来越注意到了日粮中能量蛋白比的问题。经消化吸收的蛋白质，在正常情况下有70%～80%被用来合成体组织，另有20%～30%的蛋白质在体内分解，放出能量，其中分解的产物随尿排出体外。但当饲粮中能量不足时，体内蛋白质分解加剧，用以满足家禽对能量的需求，从而降低了蛋白质的生物学价值。因此，在生产中应供给足够的能量，避免价值高的蛋白质被作为能量利用。

另外，当饲粮能量浓度降低时，鸭为了满足对能量的需要势必增加采食量，如果饲粮中蛋白质的百分比不变，则会造成日粮浪费；反之，饲粮能量浓度增高，采食量减少，则蛋白质的进食量相应减少，这将造成鸭生产力的下降。因此，日粮中能量与蛋白质含量应有一定的比例，如“能量蛋白比”正是表示此关系的指标。

许多维生素参与氨基酸的代谢反应，如维生素 B_{12}对提高植物性蛋白质在机体内的利用率早已被证实。此外，抗生素的利用及磷脂等的补加，也均有助于提高蛋白质的生物学价值。

（4）饲料的调制方法。豆类和生豆饼中含有胰蛋白酶抑制素，可影响蛋白质的消化吸收，但经加热处理破坏抑制素后，则会提高蛋白利用率。应注意的是加热时间不宜过长，否则会使蛋白质变性，反而降低蛋白质的营养价值。

（5）合理利用蛋白质养分的时间因素。在家禽体内合成一种蛋白质时，须同时供给数量上足够和比例上合适的各种氨基酸。因而，如果因饲喂时间不同而不能同时达到体组织时，必将导致先到者已被分解，后到者失去用处，结果氨基酸的配套和平衡失常，影响利用。

（四）粗脂肪

饲料中能被有机溶剂（醚、苯等）浸出的物质称为粗脂肪，包括真脂和类脂（如固醇、磷脂、萜等）。各种饲料中都含有粗脂肪，豆科饲料含脂量高，禾本科饲料含脂量低。

脂肪和碳水化合物一样，在鸭体内分解后产生热量，用以维持体温和供给体内各器官运动时所需要的能量，其热能值是碳水化合物或蛋白质的25倍。脂肪是体细胞的组成成分，也是脂溶性维生素的携带者，脂溶性维生素A、维生素D、维生素E、维生素K必须以脂肪作为溶剂在体内运输，若日粮中缺乏脂肪时，则影响这一类维生素的吸收和利用，容易导致鸭脂溶性维生素缺乏症。另外，脂肪酸中的亚麻油酸、次亚麻油酸及花生油酸对雏鸭的生长发育有重要作用，称之为必需脂肪酸。若日粮中缺乏这三种脂肪酸就会阻碍肉鸭的生长，甚至引起死亡。亚麻油酸不足时，雏鸭易患脂肪肝病和呼吸道病，种鸭也表现出产蛋量下降，孵化率降低。饲粮中添加适量的脂肪不仅可以改善适口性，还能产生“额外的热能效应”的有益作用。试验表明，代谢能和蛋白质维持相同的水平，饲料利用率将随日粮中添加脂肪水平而直线提高。

（五）矿物质

矿物质是构成骨骼、蛋壳、羽毛、血液等组织不可缺少的成分，对鸭的生长发育、生理功能及繁殖系统具有重要作用。鸭体内的矿物质含量占体重的3%～5%，矿物质元素有钙、磷、钠、钾、氯、镁、硫、铁、铜、钴、碘、锰、锌、硒等，其中前7种是常量元素（占体重的0.01%以上），后7种是微量元素。饲料中矿物质元素含量过多或缺乏都可能产生不良后果。主要矿物元素的种类及作用见表4-2。

表4-2　主要矿物元素的种类及作用

种类	主要功能	缺乏症状	备注
钙	形成骨骼和蛋壳，促进血液凝固，维持神经传导、肌肉收缩和细胞渗透压	雏鸭易患软骨病，喙和胫骨软而弯曲，肋骨头呈埝球状突起；成鸭可能瘫痪和蛋壳薄、软壳蛋多，孵化率降低	钙在一般谷物、糠麸中含量很少，在贝粉、石粉、骨粉等饲料中含量丰富

续表

种类	主要功能	缺乏症状	备注
磷	磷是骨骼和卵黄卵磷脂的组成部分，参与许多辅酶的合成，是血液缓冲物质	鸭食欲减退，消瘦，雏鸭易患软骨病，成年骨质疏松、瘫痪	来源于矿物质饲料、糠麸、饼粕类和鱼粉。鸭对植酸磷利用能力为30%~50%。对无机磷利用能力高达100%
钠、钾、氯	三者对维持鸭体内酸碱平衡、细胞渗透压和调节体温起重要作用。它还能改善饲料的适口性。食盐是钠、氯的主要来源	缺乏钠、氯，可导致消化不良、食欲减退等；缺钾时，肌肉弹性和收缩力降低，肠道膨胀，热应激时，易发生低血钾症	食盐摄入量过多，轻者饮水量增加，便稀；重者会导致鸭食盐中毒甚至死亡。动物饲料中钠含量丰富，植物饲料中钾含量较多
镁	镁是构成骨质必需的元素，它与钙、磷、碳水化合物的代谢有密切关系	鸭神经过敏，易惊厥，出现神经性震颤，呼吸困难。雏鸭生长发育不良。产蛋鸭产蛋率下降	青饲料、糠麸和油饼粕类中含量丰富；过多会扰乱钙磷平衡，导致下痢
硫	硫主要存在于鸭体蛋白、羽毛及蛋内	表现为食欲降低，体弱脱羽，多泪，生长缓慢，产蛋减少	羽毛中含硫2%
铁、铜	铁是血红素、肌红素的成分，铜能催化血红蛋白的形成	缺铁产生营养性贫血；缺铜引起贫血、骨质疏松和生长不良	来源于硫酸亚铁、硫酸铜。铁过量，鸭采食量减少，体重下降，干扰磷的吸收；铜过量，易引起溶血症

续表

种类	主要功能	缺乏症状	备注
钴	钴是维生素 B_{12} 的成分之一	影响肠道内维生素 B_{12} 合成，引起鸭生长缓慢和恶性贫血，容易发生骨短粗症	来源于维生素 B_{12}、氯化钴
锰	影响鸭的生长和繁殖	雏鸭骨骼发育不良，骨短粗，运动失调，生长受阻；蛋鸭性成熟推迟，产蛋率和孵化率下降，薄壳蛋和无壳蛋增多	摄入量过多，会影响钙、磷的利用率，引起贫血。氧化锰、硫酸锰，青饲料、糠麸中含量丰富
碘	碘是构成甲状腺必需的元素，对营养物质代谢起调节作用	会导致鸭甲状腺肿大，代谢功能降低，胚胎后期死亡率高	植物饲料中的碘含量较少，鱼粉、骨粉中含量较高。主要来源是碘化钾、碘化钠及碘酸钙
锌	为多种酶的辅酶	鸭生长迟缓，皮肤和羽毛生长发育不良，腿骨变粗短，踝关节粗短，饲料利用率低。蛋鸭产蛋少，蛋壳强度低，种蛋孵化畸形胚胎多	肉骨粉和鱼粉中锌多含量高。可用氧化锌、碳酸锌补充。过高的钙和植酸影响锌的吸收，使鸭的背部羽毛脱落
硒	硒与维生素 E 相互协调，可减少维生素 E 的用量，是蛋氨酸转化为胱氨酸所必需的元素。能保护细胞膜的完整，保护心肌作用	9 日龄就有相当高的死亡率，典型病变为发生于肌胃、心脏、小肠和骨骼肌的溃疡。种鸭缺硒，孵出的雏鸭易得缺硒病	一般饲料硒含量及其利用率较低，需额外补充，一般多用亚硒酸钠

（六）维生素

维生素是一组化学结构不同，营养作用、生理功能各异的低分子有机化合物，存在于各种青绿饲料中。鸭对维生素的需要量虽然很少，但其生物作用很大，主要以辅酶和催化剂的形式广泛参与体内代谢的多种化学作用，从而保证机体组织器官的细胞结构功能正常，调控物质代谢，以维持鸭体健康和各种生产活动。缺乏时，可影响正常的代谢，危害鸭体健康和正常生产。维生素可分为两大类：一类是脂溶性维生素，包括维生素 A 、维生素 D、维生素 E 及维生素 K 等；另一类是水溶性维生素，主要包括 B 族维生素和维生素 C。维生素的种类及作用见表 4-3。

表 4-3　维生素的种类及作用

名称	主要功能	缺乏症状	备注
维生素 A	可以维持呼吸道、消化道、生殖道上皮细胞或黏膜的结构完整与健全，促进雏鸭的生长发育和蛋鸭产蛋，增强鸭对环境的适应力和抵抗力	一般症状为生长缓慢、抗病力弱、产蛋率和孵化率下降。雏鸭缺乏时，初期有鼻渗出液流出，后期可能发生瘫痪；母鸭产蛋量和种蛋受精率下降，胚胎死亡率高，孵化率降低等。雏鸭和青年鸭的需要量为每千克日粮 2 500 国际单位（1 国际单位维生素 A = 0.6 微克胡萝卜素）	存在于青绿多汁饲料、黄玉米、鱼肝油、蛋黄、鱼粉中；维生素 A 和胡萝卜素均不稳定。饲料的加工、调制和储存过程中易被破坏，而且环境温度愈高，破坏程度愈大

续表

名称	主要功能	缺乏症状	备注
维生素D	参与钙、磷的代谢，促进肠道钙、磷的吸收，调整钙、磷的吸收比例，促进骨的钙化，是形成正常骨骼、喙、爪和蛋壳所必需的。	雏鸭生长速度缓慢，软骨症，软喙和腿骨弯曲；成年鸭缺乏时，蛋壳质量下降，产无壳或软壳蛋。产蛋率、孵化率下降。雏鸭和青年鸭的需要量为每千克日粮200国际单位（1国际单位维生素D=0.025微克结晶维生素D_3）	包括维生素D_2（麦角钙化醇）和维生素D_3（胆钙化醇），由植物内麦角固醇和动物皮肤内7-脱氢胆固醇经紫外线照射转变而来，维生素D_3的活性比维生素D_2高约30倍。鱼肝油含有丰富的维生素D_3，日晒的干草中维生素D_2含量较大，市场有维生素D_3制剂出售
维生素E	抗氧化剂和代谢调节剂，与硒和胱氨酸有协同作用，对消化道和体组织中的维生素A有保护作用，能促进鸭的生长发育和繁殖率的提高。鸭的需要量为每千克日粮10毫克	雏鸭生长速度降低，发生肌肉萎缩症。发生渗出性素质病，形成皮下水肿与血肿、腹水，引起小脑出血、水肿和脑软化；成鸭繁殖功能紊乱，产蛋率和受精率降低，胚胎死亡率高。公鸭睾丸退化，配种能力下降	在麦芽、麦胚油、棉籽油、花生油、大豆油中含量丰富，在青饲料、青干草中含量也较大；市场有维生素E制剂出售。鸭处于逆境时需要量增加
维生素K	维生素K催化合成凝血酶原(具有活性的是维生素K_1、维生素K_2和维生素K_3	皮下出血形成紫斑，而且受伤后血液不易凝固，流血不止以致死亡	维生素K在青饲料和鱼粉中均有，一般不易缺乏。市场有维生素K制剂出售

续表

名称	主要功能	缺乏症状	备注
维生素 B_1（硫胺素）	维生素 B_1 参与碳水化合物的代谢，维持神经组织和心肌正常，有助于胃肠的消化功能，促进食欲和生长	易发生多发性神经炎，表现为头向后仰、羽毛蓬乱、运动器官和肌胃肌肉衰弱或变性、两腿无力等，呈“观星”状；食欲减退，消化不良，生长缓慢。雏鸭对维生素 B_1 缺乏敏感	维生素 B_1 在糠麸、青饲料、胚芽、草粉、豆类、发酵饲料和酵母粉中含量丰富，在酸性饲料中相当稳定，但遇热、遇碱易被破坏。市场有维生素 B_1 制剂出售
维生素 B_2（核黄素）	维生素 B_2 构成细胞黄酶辅基，参与碳水化合物和蛋白质的代谢，是鸭体较易缺乏的一种维生素	缺乏时最明显的症状是脚趾向内侧弯曲，以其关节触地行走，生长不良，种鸭产蛋率和种蛋孵化率降低；胚胎发育畸形、萎缩、绒毛短，死胚多，卵黄吸收不良	维生素 B_2 在青饲料、干草粉、酵母、鱼粉、糠麸和小麦中含量丰富。市场有维生素 B_2 制剂出售
泛酸	泛酸为辅酶 A 的组成成分，与碳水化合物、脂肪和蛋白质的代谢有关	生长受阻，羽毛粗糙，食欲下降，骨粗短，眼睑黏着，喙和肛门周围有坚硬痂皮。脚爪有炎症，育雏率降低；蛋鸭产蛋量减少，孵化率低	泛酸在酵母、糠麸、小麦中含量丰富。泛酸不稳定，易吸湿，易被酸、碱和热破坏

续表

名称	主要功能	缺乏症状	备注
烟酸	烟酸为所有活细胞都必需的一种维生素，是某些酶类的重要成分，与碳水化合物、脂肪和蛋白质的代谢有关，并可产生色氨酸。鸭的需要量较大	食欲减退，生长慢，羽毛蓬乱、稀少、缺乏光泽，并有下痢和屈腿内弯现象，膝关节肿大，腿骨弯曲；蛋鸭缺乏时，羽毛脱落，口腔黏膜、舌、食道上皮发生炎症。产蛋减少，种蛋孵化率低	烟酸在酵母、豆类、糠、青饲料、鱼粉中含量丰富。市场有烟酸制剂，雏鸭需要量高
维生素 B_6	维生素 B_6 为蛋白质代谢的一种辅酶，参与碳水化合物和脂肪代谢，在色氨酸转变为烟酸和脂肪酸过程中起重要作用	发生神经障碍，从兴奋而致痉挛，雏鸭生长发育缓慢，食欲减退	维生素 B_6 在一般饲料中含量丰富，又可在体内合成，很少有缺乏现象
生物素	生物素以辅酶形式广泛参与蛋白质和碳水化合物代谢，并与脂肪合成有关	易患皮炎，脚发红，骨骼畸形，运动失调。种蛋孵化率低，胚胎畸形（生蛋清中有一种蛋白易与生物素结合，使生物素失去作用，因此不能让鸭吃生蛋清）	生物素在鱼肝油、酵母、青饲料、鱼粉及糠麸中含量较大

续表

名称	主要功能	缺乏症状	备注
胆碱	胆碱是构成磷脂和卵磷脂的成分，与传递神经冲动和肝脏脂肪转运有关；蛋氨酸等合成时所需的甲基来源	易患脂肪肝和滑腱症。雏鸭生长缓慢，母鸭产蛋率下降；在鸭的日粮中添加适量胆碱，可提高蛋白质的利用率	胆碱在小麦胚芽、鱼粉、豆饼、甘蓝等饲料中含量丰富。市场有氯化胆碱出售
叶酸	叶酸以辅酶形式参与嘌呤、嘧啶、胆碱的合成和某些氨基酸的代谢。与维生素 B_{12} 共同参与核酸和核蛋白的形成	生长发育不良，有色羽中缺乏色素，血红蛋白含量降低，贫血，口腔黏膜苍白，胫骨弯曲骨粗短，出现典型的颈部麻痹；种鸭的产蛋率和孵化率降低，胚胎死亡多	叶酸在青饲料、酵母、大豆饼、麸皮和小麦胚芽中含量较大
维生素 B_{12}（钴胺素）	维生素 B_{12} 以钴酰胺辅酶形式参与各种代谢活动，如嘌呤、嘧啶合成，甲基的转移及蛋白质、碳水化合物和脂肪的代谢；有助于提高造血功能和日粮蛋白质的利用率	雏鸭生长停滞，羽毛蓬乱，种鸭产蛋率、孵化率降低	维生素 B_{12} 在动物肝脏、鱼粉、肉粉中含量丰富，鸭舍内的垫草中也含有维生素 B_{12}

续表

名称	主要功能	缺乏症状	备注
维生素C（抗坏血酸）	维生素C具有可逆的氧化和还原性，广泛参与机体多种生化反应；能刺激肾上腺皮质合成；促进肠道内铁的吸收，使叶酸还原成四氢叶酸	易患坏血病，生长停滞，体重减轻，关节变软，身体各部出血、贫血，适应性和抗病力降低	维生素C在青饲料中含量丰富，生产中多使用维生素C添加剂；抗应激用量一般为50~300毫克/千克饲料。提高抗热应激和抗逆境的能力

（七）能量

饲料中的蛋白质、脂肪和碳水化合物可供给能量。能量对鸭具有重要的营养作用，鸭的生存、生长和生产等一切生命活动都离不开能量。饲料中各种营养物质的热能总值称为饲料总能。在一般情况下，由于鸭的粪尿排出时混在一起，因而生产中只能去测定饲料的代谢能，而不能直接测定其消化能，故鸭饲料中的能量都以代谢能（ME）来表示，其表示方法是兆焦/千克或千焦/千克。能量不足会影响正常的生长发育和生产；能量过多，则引起鸭体过肥，也会影响蛋鸭产蛋。

二、鸭饲料的分类及营养特性

凡是含有鸭所需要的营养物质成分而不含有害成分的物质都称为饲料。鸭的常用饲料有几十种，各有特性，归纳起来主要可以分为五大类。

（一）能量饲料

凡干物质中粗纤维含量不足18%、粗蛋白质含量低于20%的饲料均属能量饲料，能量饲料富含碳水化合物和脂肪。这类饲料主要包括禾本科的谷实饲料及其加工后的副产品，以及块根块茎类、动植物油脂和糖蜜等，是鸭用量最多的一种饲料，占日粮的50%~80%，其功能主要是供给鸭所需要的能量。能量饲料的种类和特性见表4-4。

表4-4　能量饲料的种类和特性

种类		特性	使用说明
谷实类	玉米	能量高，纤维少（2%），无氮浸出物高（74%~80%），主要是易消化的淀粉，其消化率高达90%，适口性好，价格适中，是主要的能量饲料；但玉米蛋白质含量较低，一般为8.6%，蛋白质中的几种必需氨基酸含量少，特别是赖氨酸和色氨酸；钙、磷含量低；玉米中脂肪含量高（3.5%~4.5%），是小麦、大麦的2倍，主要是不饱和脂肪酸，因此，玉米粉碎后易酸败变质。玉米中含有较多的胡萝卜素，有益于蛋黄和鸭的皮肤着色	在饲料中占50%~70%。使用中注意补充赖氨酸、色氨酸等必需氨基酸；培育的高蛋白质、高赖氨酸饲用玉米，营养价值更高，饲喂效果更好。饲料要现配现用，可使用防霉剂
	小麦	能量与玉米相近，粗蛋白质含量高（13%），且氨基酸比其他谷实类完全，氨基酸组成中较为突出的问题是赖氨酸和苏氨酸不足；B族维生素丰富，不含胡萝卜素。用量过大，会引起消化障碍，影响鸭的生产性能，因为小麦内含有较多的非淀粉多糖	一般在配合饲料中用量可占10%~20%，添加β-葡聚糖酶和木聚糖酶的情况下可占30%~40%。小麦价格较高
	高粱	能量和玉米相近，蛋白质含量高于玉米。高粱中钙多磷多，含B族维生素与玉米相当，不含胡萝卜素。含较多单宁（鞣酸），味道发涩，适口性差	一般在鸭配合饲料中用量不超过10%~15%

续表

种类		特性	使用说明
谷实类	大麦	粗蛋白含量高，为12%~13%；能值低，约为玉米的75%，能量比小麦低，但B族维生素含量丰富，纤维含量高达8%左右	因其皮壳粗硬，需破碎或发芽后少量搭配饲喂。喂量以不超过20%~30%为宜
	小米	能量与玉米相近，粗蛋白质含量高于玉米，为10%左右，维生素 B_2 含量高（1.8毫克/千克），而且适口性好	一般在配合饲料中用量以15%~20%为宜
	糙米	为去壳的稻谷，能量高，粗纤维含量低（0.5%~1%），适宜喂鸭	作为主要能量饲料时，应注意补充胡萝卜素或黄色色素
糠麸类	麦麸	包括小麦麸和大麦麸，能量低，但蛋白质含量较高，各种成分比较均匀，且适口性好，是鸭的常用饲料；麦麸的粗纤维含量高，容积大，具有轻泻作用	用量不宜过多。日粮中用量不宜超过15%，20日龄前雏鸭中不宜添加
	米糠	米糠成分随加工大米精白的程度而有显著差异。能量低，粗蛋白质含量高，富含B族维生素，磷、镁和锰含量高，含钙少，粗纤维含量高	由于米糠含油脂较多，故久储易变质，鸭应喂鲜米糠。饲料中用量占10%
	高粱糠	粗蛋白质含量略高于玉米，B族维生素含量丰富，但含粗纤维量高，能量低，且含有较多的单宁，适口性差	一般在配合饲料中不宜超过5%

续表

种类		特性	使用说明
块根块茎类	包括马铃薯、甘薯、木薯、胡萝卜、南瓜等	种类不同，营养成分差异很大，其共同的饲用价值为：新鲜，含水量高，多为75%~90%，干物质相对较低，能值低；粗蛋白含量仅1%~2%，且一半为非蛋白质含氮物；蛋白品质较差。干物质中粗纤维含量低（2%~4%）。粗蛋白7%~15%，粗脂肪低于9%，无氮浸出物高达67.5%~88.15%，且主要是易消化的淀粉和戊聚糖。经晾晒和烘干后能值高（代谢能9.2~11.29兆焦/千克），近似于谷物类籽实饲料。有机物消化率高达85%~90%。钙、磷含量少，钾、氯含量丰富	含水量高，能值低，少数散养使用。在饲料中适量添加，有利于降低饲料成本，提高生产性能和维护鸭体健康
油脂饲料	油脂和脂肪含量高的原料	油脂含量高，其能量为碳水化合物或蛋白质的2.25倍。包括各种油脂（如豆油、玉米油、菜籽油、棕榈油等）和脂肪含量高的原料，如膨化大豆、大豆磷脂等。脂肪饲料可作为脂溶性维生素的载体，还能提高日粮中的能量浓度，能减少料末飞扬和饲料浪费。添加大豆磷脂还能保护肝脏，提高肝脏的解毒功能，保护黏膜的完整性，提高鸭体免疫系统活力和抵抗力	日粮中添加3%~5%的脂肪，可以提高雏鸭的日增重，保证蛋鸭夏季能量的摄入和减少体增热，降低饲料消耗。但添加脂肪，同时要相应提高其他营养素的水平。脂肪易氧化、酸败和变质

（二）蛋白质饲料

凡饲料干物质中粗蛋白含量在20%以上、粗纤维含量低于18%的饲料，均属蛋白质饲料。根据其来源可分为植物性蛋白质饲料和动物性蛋白质饲料两大类。蛋白质饲料的种类及特征见表4-5。

表 4-5 蛋白质饲料的种类及特性

种类	特性	使用说明
大豆粕（饼）	含粗蛋白质 40%～45%，赖氨酸含量高，适口性好。大豆粕（饼）的蛋白质和氨基酸的利用率受到加工温度和加工工艺的影响，加热不足或加热过度都会影响利用率。生的大豆中含有有害物质（如抗胰蛋白酶、皂角素、尿素酶和血球凝集素），榨油过程中，加热不良的饼粕中会含有这些物质，影响蛋白质利用率；加热过度，又会破坏赖氨酸、精氨酸、色氨酸和组氨酸	经加热处理的豆粕（饼）是鸭最好的植物性蛋白质饲料，一般在配合饲料中用量可占 15%～25%。由于豆粕（饼）的蛋氨酸含量低，故与其他饼粕类或鱼粉等配合使用效果更好
花生饼	粗蛋白质含量略高于豆饼，为 42%～48%，精氨酸和组氨酸含量高，蛋氨酸、赖氨酸和色氨酸含量低，适口性好于豆饼。花生饼脂肪含量高，不耐储藏，易染上黄曲霉而产生黄曲霉毒素	饲料中用量可占 15%～20%，与豆饼配合使用效果较好。生长黄曲霉的花生饼不能使用
棉籽饼	带壳榨油的称棉籽饼，脱壳榨油的称棉仁饼，前者含粗蛋白质 17%～28%，后者含粗蛋白质 39%～40%。在棉籽内，含有棉酚和环丙烯脂肪酸，棉酚抑制食欲和生长，环丙烯脂肪酸使蛋清呈粉色	喂前应采用脱毒措施，未经脱毒的棉籽饼喂量不能超过配合饲料的 3%～5%
菜籽饼	含粗蛋白质 35%～40%，赖氨酸含量比豆粕低 50%，硫氨基含酸量高于豆粕 14%，粗纤维含量为 12%，有机质消化率为 70%。可代替部分豆饼喂鸭。但菜籽饼中含有毒物质（芥子酶）	未经脱毒处理的菜籽饼用量控制在 5%～10%
芝麻饼	粗蛋白质含量在 40%左右，蛋氨酸含量较高，适当与豆饼搭配喂鸭，能提高蛋白质的利用率	一般在配合饲料中用量为 5%～10%。芝麻饼含脂肪多而不宜久储，最好现粉碎现喂

续表

种类	特性	使用说明
鱼粉	为鸭的优质蛋白质饲料，其蛋白质含量高达45%~60%，而且在氨基酸组成方面，赖氨酸、蛋氨酸、胱氨酸和色氨酸含量高。鱼粉中含丰富的维生素A和B族维生素，特别是维生素B_{12}，还含有钙、磷、铁等。用它来补充植物性饲料中限制性氨基酸不足，效果很好	饲料中用量不超过10%。由于鱼粉的价格较高，掺假现象较多，使用时应仔细辨别和化验。鱼粉脂肪含量高，在储存中因受热而发生酸败，不宜久储
血粉	含粗蛋白80%以上，赖氨酸含量为6%~7%，但蛋氨酸和异亮氨酸含量较少	血粉的适口性差，日粮用量过多，易引起腹泻，日粮用量不宜高过5%
肉骨粉	粗蛋白质含量达40%以上，蛋白质消化率高达80%，赖氨酸含量丰富，蛋氨酸和色氨酸较少，钙磷含量高，比例适宜；B族维生素含量丰富，但缺乏维生素A、维生素D和泛酸	肉骨粉易变质，不易保存，饲料中用量在5%左右。由于产地和加工方法不同，营养成分差异大，用前要了解营养含量
蚕蛹粉	含粗蛋白质约68%，蛋白质品质好，限制性氨基酸含量高，是鸭的良好蛋白质饲料	脂肪含量高，不耐储藏，配合饲料中用量可占5%~10%
羽毛粉	将洁净羽毛在高压下加工而成。水解羽毛粉含粗蛋白质80%~90%，但蛋氨酸、赖氨酸、色氨酸和组氨酸含量低，营养价值极低	饲料中用量勿超过5%。使用时应该与其他动物性饲料配合使用，提高氨基酸的平衡性
螺蛳	蛋白质和矿物质含量高，是良好的动物性蛋白饲料	螺蛳繁殖能力强、产量高，是南方养鸭的重要蛋白质资源之一

续表

种类	特性	使用说明
河蚌、蚯蚓、小鱼	为肉鸭的优良蛋白质饲料利用。喂前应蒸煮消毒，防止腐败。有些软体动物含有硫胺酶，能破坏维生素 B_1，鸭食用后，所产蛋中维生素缺乏，死胎多，孵化率低	一般可占日粮的 10%～20%

（三）矿物质饲料

矿物质饲料是为了补充植物性和动物性饲料中某种矿物质元素的不足而利用的一类饲料。大部分饲料中都含有一定量的矿物质，在鸭散养和低产的情况下，没有明显的矿物质缺乏症，但在舍饲、笼养、高产的情况下矿物质需要量增多，必须在饲料中补加。矿物质饲料种类及特性见表 4-6。

表 4-6　矿物质饲料种类及特性

种类	特性	使用说明
骨粉或磷酸氢钙	含有大量的钙和磷，而且比例合适，主要用于磷不足的饲料	在配合饲料中用量可占 1.5%～2.5%
贝壳粉、石粉、蛋壳粉	属于钙质饲料。贝壳粉是最好的钙质矿物质饲料，含钙量高，又容易吸收；石粉价格便宜，含钙量高，但鸭吸收能力差；蛋壳粉可以自制，将各种蛋壳经水洗、煮沸和晒干后粉碎即成，吸收率也较好	在鸭配合饲料中的用量，育雏及育成阶段为 1%～2%，产蛋阶段为 5%～7%。使用蛋壳粉严防传播疾病
食盐	食盐主要用于补充鸭体内的钠和氯，保证鸭体正常新陈代谢，还可以增进鸭的食欲	用量可占日粮的 0.3%～0.37%。使用鱼粉时，应将鱼粉中的盐含量计算在内

续表

种类	特性	使用说明
沙砾	有助于肌胃中饲料的研磨，起到“牙齿”的作用	舍饲鸭或笼养鸭要注意补给
沸石	是一种含水的硅酸盐矿物，在自然界中多达40多种。沸石中含有磷、铁、铜、钠、钾、镁、钙、银、钡等20多种矿物质元素，是一种质优价廉的矿物质饲料	在配合饲料中用量可占1%～3%。可以降低鸭舍内有害气体含量，保持舍内干燥

（四）维生素饲料

日粮中主要为鸭提供各种维生素的饲料叫作维生素饲料，包括牧草类、叶菜类、水生类、块茎类等青绿饲料和叶草粉饲料。常用的有白菜、胡萝卜、野菜类和叶草粉（苜蓿草粉、槐叶粉和松针粉）等。青绿饲料中胡萝卜素较多，某些B族维生素丰富，并含有一些微量元素，对于鸭的生长、产蛋、繁殖以及维持鸭体健康，均有良好作用。喂青绿饲料应注意它的质量，以幼嫩时期或绿叶部分含维生素较多。饲用时应防止腐烂、变质、发霉等，并应注意两三种搭配喂给和定时驱虫，一般用量占精料的20%～30%（舍内规模化饲养时，使用这些维生素饲料不方便，可利用人工合成的维生素添加剂来代替）。

1. 青菜　包括白菜、通心菜、牛皮菜、甘蓝、菠菜及其他青菜、无毒的野菜等，均为良好的维生素饲料，用量为10%～30%。

2. 胡萝卜　胡萝卜素含量高，容易储藏，适于秋冬季节饲喂的维生素饲料。胡萝卜洗净后切碎，用量占精料的20%～30%。

3. 水草 生长在池沼和浅水中的藻类等也是肉鸭理想的青饲料，也适宜饲喂育成鸭和种鸭。水草中含有丰富的胡萝卜素，有时还带有螺蛳、小鱼等动物。喂量可占精饲料的50%左右。

4. 草粉、叶粉 含有大量的维生素和矿物质，对鸭的产蛋能力、蛋的品质均有良好的作用。苜蓿干草含有大量的维生素A、维生素B、维生素E等，并含14%左右的蛋白质。树叶粉（青绿的嫩叶）也是良好的维生素饲料，如槐叶粉，我国大面积种植刺槐，有丰富的资源，利用时应和林业生产相辅，选择适合的季节采集，合理利用。饲料中添加2%~5%的槐叶粉，可明显地提高种蛋和商品蛋的蛋黄品质。其他豆科干草粉（如红豆草、三叶草等）与苜蓿干草的营养价值大致相同。干粉用量可占日粮的2%~7%。

5. 青绿多汁饲料 青绿饲料在鸭的饲养中占有很重要的地位，鸭饲喂一定量的青绿饲料可使抗病力增强、肉味鲜美、鸭蛋风味独特。因此，利用青绿饲料饲喂鸭，或在牧草地上放牧鸭，均可收到良好的效果。常用的青绿饲料有豆科牧草（苜蓿、三叶草、沙打旺、红豆草等）、鲜嫩的禾本科牧草和饲料作物鲁梅克斯、聚合草等。

（五）饲料添加剂

饲料添加剂是指在常用饲料之外，为满足动物生长、繁殖、生产等各方面营养需要，或为某种特殊目的而加入配合饲料中的少量或微量的物质。其目的是强化日粮的营养价值或满足鸭的特殊需要，如保健、促生长、增食欲、防霉、改善饲料品质和畜产品质量。饲料添加剂的种类及特点见表4-7。

表 4-7　饲料添加剂的种类及特点

种类		特点
营养性饲料添加剂	维生素添加剂	鸭的舍饲和规模化饲养致青绿饲料不足，需要在饲料中添加含有多种维生素的添加剂，添加时按产品说明书要求的用量。鸭处于逆境时对这类添加剂需要量大
	微量元素添加剂	微量元素添加剂主要是含有鸭生长需要元素的化合物，这些化合物一般有无机盐类、有机盐类和微量元素-氨基酸螯合物。添加微量元素时不考虑饲料中含量，把饲料中的作为“安全裕量”
	氨基酸添加剂	作为饲料添加剂进行大批量生产的是赖氨酸、蛋氨酸、苏氨酸和色氨酸，前两者最为普及。添加蛋氨酸可以节省动物性饲料用量，提高产蛋量；赖氨酸、苏氨酸可促进生长，改善饲料利用率。在杂粕含量较高的日粮中添加赖氨酸和氨基酸，可以提高日粮的消化利用率
非营养性饲料添加剂	抗生素添加剂	预防鸭的某些细菌性疾病，在环境卫生条件差时，加入一定量的抗生素添加剂有良好效果。常用的抗生素有青霉素、链霉素、金霉素、土霉素等
	中草药饲料添加剂	抗生素的残留问题越来越受到关注，许多抗生素被禁用或限用。中草药饲料添加剂毒副作用小，不易在产品中残留，且含有多种营养成分和生物活性物质，兼有营养和防病的双重作用。其天然、多能、营养的特点，可起到增强免疫作用、激素样作用、维生素样作用、抗应激作用、抗微生物作用等

续表

种类		特点
非营养性饲料添加剂	酶制剂	在鸭饲料中添加酶制剂，可以提高营养物质的消化率。目前，在生产中应用的酶制剂可分为两类：一是单一酶制剂。如淀粉酶、脂肪酶、蛋白酶、纤维素酶和植酸酶等。二是复合酶制剂。复合酶制剂是由一种或几种单一酶制剂为主体，加上其他单一酶制剂混合而成，或者由一种或几种微生物发酵获得。复合酶制剂可以同时降解饲料中多种需要降解的底物（多种抗营养因子和多种养分），可最大限度地提高饲料的营养价值
	微生态制剂	微生态制剂是将动物体内的有益微生物经过人工筛选培育，再经过现代生物工程工厂化生产，专门用于动物营养保健的活菌制剂
	低聚糖	由 2~10 个单糖通过糖苷键连接成直链或支链的小聚合物的总称。它们不仅具有低热、稳定、安全、无毒等良好的理化特性，而且由于其分子结构的特殊性，饲喂后不能被人和单胃动物消化道的酶消化利用，也不会被病原菌利用，而直接进入肠道被乳酸菌、双歧杆菌等有益菌分解成单糖，再按糖酵解的途径被利用，促进有益菌增殖和消化道的微生态平衡，对大肠杆菌、沙门杆菌等病原菌产生抑制作用
	糖萜素	糖萜素是从油茶饼粕和菜籽饼粕中提取的，由 30% 的糖类、30% 的萜皂素和有机酸组成的天然生物活性物质。它可促进畜禽生长，提高日增重和饲料转化率，增强机体的抗病力和免疫力，并有抗氧化、抗应激作用，降低畜产品中锡、铅、汞、砷等有害元素的含量，改善并提高畜产品的色泽和品质
	大蒜素	大蒜是餐桌上常备之物，有悠久的调味、刺激食欲和抗菌历史。用于饲料添加剂的有大蒜粉和大蒜素，有诱食、杀菌、促生长、提高饲料利用率和畜产品品质的作用
	驱虫保健剂	主要指一些抗球虫、绦虫和蛔虫等药物。目前常用的有氯胍、敌菌净、磺胺二甲嘧啶、球净、地克珠利等
	防霉剂	配合饲料保存时期较长时，需要添加防霉剂。防霉（腐）剂种类很多，如甲酸、乙酸、丙酸、丁酸、乳酸、苯甲酸、枸橼酸、山梨酸及相应盐

续表

种类		特点
非营养性饲料添加剂	抗氧化剂	饲料存放过程中易氧化变质，不仅影响饲料的适口性，而且降低饲用价值，甚至还会产生毒素，造成鸭的死亡。所以，长期储存饲料，必须加入抗氧化剂。抗氧化剂种类很多，目前常用的抗氧化剂多由人工化学合成，如丁基化羟基甲苯（BHT）、乙氧基喹啉、丁基化羟甲基苯（简 BHA）等，抗氧化剂在配合饲料中的添加量为 0.01%~0.05%
	其他添加剂	除以上介绍的添加剂外，还有调味剂（如乳酸乙酯、葱油、茴香油、花椒油等）、激素类等

使用饲料添加剂应注意的事项如下：

一要正确选择。目前饲料添加剂的种类很多，每种添加剂都有自己的用途和特点。因此，使用前应充分了解它们的性能，然后结合饲养目的、饲养条件、鸭的品种及健康状况等选择使用。使用药物添加剂一定严格遵守《药物添加剂使用准则》。

二要用量适当。用量少，达不到目的；用量过多会引起中毒，增加饲养成本。用量多少应严格遵照生产厂家在包装上所注的说明或实际情况确定。

三要搅拌均匀。搅拌均匀程度与饲喂效果直接相关。具体做法是先确定用量，将所需添加剂加入少量的饲料中，拌和均匀，即为第一层次预混料；然后再把第一层次预混料掺到一定量（饲料总量的 1/5~ 1/3 ）饲料上，再充分搅拌均匀，即为第二层次预混料；最后再次把第二层次预混料掺到剩余的饲料上，拌匀即可。这种方法称为饲料三层次分级拌和法。由于添加剂的用量很少，只有多层分级搅拌才能混合均匀。如果搅拌不均匀，即使是按规定的量饲用，也往往起不到作用，甚至会出现中毒现象。

第二节　鸭的营养需要

所谓营养需要，是指鸭在生长发育、繁殖、生产等生理活动中每天对能量、蛋白质、维生素和矿物质的需要量。在变化的因素中，某一只鸭的营养需要很难知道，但是经过多次试验和反复验证，可以对某一类鸭在特定环境和生理状态下的能量、蛋白质、维生素和矿物质等营养需要得到一个估计值，生产中按照这个估计值，供给鸭的各种营养。

根据营养需要，制定饲养标准。有了饲养标准，可以避免实际饲养中的盲目性，对饲粮中的各种营养物质能否满足鸭的需要，与需要量相比有多大差距，可以做到心中有数，不至于因饲粮营养指标偏离鸭的需要量或比例不当而降低鸭的生产水平。

饲养标准有很多，大致可以分两类：一类是国家颁布或规定的标准，称为国家标准，如美国的 NRC 饲养标准、日本家禽饲养标准，我国也制定了中国家禽饲养标准；另一类是大型育种公司根据其培育的品种特点、生产性能以及饲料、环境条件变化，制定其培育品种或品系营养需要的饲养标准，称为专用标准。按照这一饲养标准进行饲养，便可达到该公司公布的某一优良品种的生产性能指标，在购买各品种雏鸭时索要饲养管理指导手册，按手册上的要求配制饲粮。

我国参照国外标准和借用肉鸭标准制定了“生长鸭、产蛋鸭、种鸭配合饲料”（LS/T 3410-1996）国家标准，见表 4-8、4-9、4-10；另外，也有一些不同类型和不同品种鸭的参考标准，如表 4-11、4-12、4-13、4-14、4-15、4-16、4-17。

表 4-8　生长鸭配合饲料（LS/T 3410-1996）

适用饲喂期	粗脂肪/%	代谢能/（兆焦/千克）	粗蛋白/%	粗纤维/%	粗灰分/%	钙/%	磷/%	食盐/%
前期	≥2.5	≥11.5	≥18	≤6	≤8	0.8~1.5	0.6	0.3~0.8
中期	≥2.5	≥11.5	≥16	≤6	≤9	0.8~1.5	0.6	0.3~0.8
后期	≥2.5	≥10.88	≥13	≤7	≤10	0.8~1.5	0.6	0.3~0.8

表 4-9　肉用仔鸭配合饲料（LS/T 3410-1996）

适用饲喂期	粗脂肪/%	代谢能/（兆焦/千克）	粗蛋白/%	粗纤维/%	粗灰分/%	钙/%	磷/%	食盐/%
前期	≥2.5	≥11.72	≥19	≤6	≤8	0.3~0.8	0.6	0.3~0.8
中期	≥2.5	≥11.72	≥16.5	≤6	≤9	0.8~1.5	0.6	0.3~0.8
后期	≥2.5	≥11.09	≥14	≤7	≤10	0.8~1.5	0.6	0.3~0.8

表 4-10　产蛋鸭、种鸭配合饲料（LS/T 3410-1996）

适用饲喂期	粗脂肪/%	代谢能/（兆焦/千克）	粗蛋白/%	粗纤维/%	粗灰分/%	钙/%	磷/%	食盐/%
高峰期	≥2.5	≥11.51	≥17	≤6	≤13	2.6~3.6	0.5	0.3~0.8
产蛋期	≥2.5	≥11.51	≥15.5	≤6	≤13	2.6~3.6	0.5	0.3~0.8

表 4-11　肉用鸭及蛋用鸭的饲养标准

营养成分	肉用鸭			蛋用鸭		
	0~3 周龄	3 周龄以上	种鸭	雏鸭	育成鸭	产蛋期
代谢能/（兆焦/千克）	12.13	12.55	11.39	11.72	10.88	11.72
粗蛋白质/%	20.0	18	17	20	15	18.0
钙/%	1.0	1.0	2.25	1.0	0.6	3.25
磷/%	0.6	0.5	0.5	0.6	0.6	0.6
食盐/%	0.5	0.3	0.3	0.3	0.3	0.3
蛋氨酸/%	0.3	0.25	0.29	0.4	0.3	0.3

续表

营养成分	肉用鸭			蛋用鸭		
	0~3 周龄	3 周龄以上	种鸭	雏鸭	育成鸭	产蛋期
蛋氨酸+胱氨酸/%	0. 6	0. 53	0. 55	0. 6	0. 5	0. 7
赖氨酸/%	1. 1	0. 95	0. 85	0. 9	0. 7	0. 90
色氨酸/%	0. 27	0. 26	0. 24	0. 26	0. 24	0. 26
每千克饲粮中添加						
维生素 A/国际单位	4 000	4 000	4 000	4 000	4 000	5 400
维生素 D/国际单位	220	220	500	220	220	500
维生素 E/毫克	6	6	8	6	6	8
维生素 B_2/毫克	4	4	4. 5	4	2	4
泛酸/毫克	11	11	7	11	11	10
烟酸/毫克	55	55	40	55	50	40
维生素 B_6/毫克	2. 6	2. 6	3. 0	2. 6	2. 6	3. 0

表 4-12　北京白鸭的营养需要量（美国 NRC）

营养成分	0~2 周龄	3~7 周龄	种鸭
代谢能/（兆焦/千克）	12. 14	12. 56	12. 74
粗蛋白/%	22	16	15
钙/%	0. 65	0. 6	2. 75
有效磷/%	0. 4	0. 3	0. 4
钠/%	0. 15	0. 15	0. 15
氯/%	0. 12	0. 12	0. 12
精氨酸/%	1. 1	1. 0	1
异亮氨酸/%	0. 63	0. 46	0. 38
亮氨酸/%	1. 26	0. 91	0. 76
赖氨酸/%	0. 9	0. 65	0. 6

续表

营养成分	0~2 周龄	3~7 周龄	种鸭
蛋氨酸/%	0.4	0.30	0.27
蛋氨酸+胱氨酸/%	0.7	0.55	0.50
色氨酸/%	0.23	0.17	0.14
缬氨酸/%	0.78	0.56	0.47
维生素 A/（国际单位/千克）	2 500	1 500	4 000
维生素 D_3/（国际单位 /千克）	400	400	900
维生素 E/（毫克/千克）	10	10	10
维生素 K_3/（毫克/千克）	0.5	0.5	0.5
烟酸/（毫克/千克）	55	55	55
泛酸/（毫克/千克）	11	11	11
维生素 B_6/（毫克/千克）	2.5	2.5	3
维生素 B_2/（毫克/千克）	4	4	4
维生素 B_{12}/（毫克/千克）	0.01	0.005	0.01
生物素/（毫克/千克）	0.15	0.1	0.15
氯化胆碱/（毫克/千克）	12 300	1 000	1 000
叶酸/（毫克/千克）	0.5	0.25	0.5
维生素 B_1/（毫克/千克）	2	2	2
铜/（毫克/千克）	8	6	6
碘/（毫克/千克）	0.4	0.4	0.40
铁/（毫克/千克）	80	80	60
锰/（毫克/千克）	50	40	40
锌/（毫克/千克）	60	60	40
硒/（毫克/千克）	0.2	0.15	0.15

表 4-13　我国北京鸭的营养需要量

营养成分	0~3 周龄	4~6 周龄	7~24 周龄	填鸭	种鸭
代谢能/（兆焦/千克）	11.72	11.72	10.88	12.13	11.7
粗蛋白/%	20	18	15	14	19
赖氨酸/%	1.1	0.95	0.72	0.66	0.85
蛋氨酸/%	0.3	0.24	0.26	0.29	0.29
胱氨酸/%	0.3	0.29	0.25	0.18	0.26
色氨酸/%	0.27	0.24	0.24	0.22	0.24
维生素 A/（国际单位/千克）	4 000	4 000	4 000	2 400	5 400
维生素 D_3/（国际单位/千克）	220	220	220	400	500
维生素 E/（毫克/千克）	6	6	—	—	8
烟酸/（毫克/千克）	55	55	55	55	40
泛酸/（毫克/千克）	11	11	11	11	7
维生素 B_6/（毫克/千克）	2.6	2.6	2.6	2.6	3
钙/%	1	1	0.9	2	2.25
磷/%	0.6	0.5	0.5	0.8	0.5
钠/%	0.15	0.15	0.15	0.15	0.15
氯/%	0.12	0.12	0.12	0.12	0.12
锰/（毫克/千克）	60	60	40	10	40

表 4-14　樱桃谷肉鸭的营养需要量

营养成分	种鸭			商品鸭	
	起始期	生长期	产蛋期	起始期	育肥期
粗蛋白（典型的）/%	22	15.5	19.5	22	17.5
油脂（典型的）/%	5	4	4	5	5
纤维素（典型的）/%	3.5	4.5	4	3.5	4
亚油酸/%	0.75	0.75	1.1	0.75	0.75

续表

营养成分	种鸭			商品鸭	
	起始期	生长期	产蛋期	起始期	育肥期
代谢能/（兆焦/千克）	12.13	11.92	11.29	12.13	12.13
赖氨酸（最低的）/%	1.2	0.7	1.1	1.2	0.85
蛋氨酸+胱氨酸（最低的）/%	0.8	0.55	0.68	0.8	0.7
维生素A/（国际单位/千克）	10	10	10	10	10
维生素D_3/（国际单位/千克）	2.5	2.5	2.5	2.5	2.5
维生素E/（毫克/千克）	50	50	50	50	50
维生素B_1/（毫克/千克）	2	2	2	2	2
维生素B_2/（毫克/千克）	10	10	10	10	10
维生素B_6/（毫克/千克）	2	1	2	2	1
维生素B_{12}/（毫克/千克）	10	10	10	10	5
生物素/（毫克/千克）	50	25	100	50	25
烟酸/（毫克/千克）	75	50	50	75	50
泛酸/（毫克/千克）	15	15	15	15	10
维生素K/（毫克/千克）	2	2	2	2	2
叶酸/（毫克/千克）	2	2	2	2	2
氯化胆碱/（毫克/千克）	1 500	1 500	1 500	1 500	1 500
钙/（最低的）/%	1	0.9	3.5	1	0.9
有效磷（最低的）/%	0.5	0.4	0.45	0.5	0.42
钠/%	0.18	0.18	0.18	0.18	0.18
铁/（毫克/千克）	20	20	20	20	20
钴/（毫克/千克）	1	1	1	1	1
锰/（毫克/千克）	100	100	100	100	100
铜/（毫克/千克）	10	10	10	10	10
锌/（毫克/千克）	100	100	100	100	100

续表

营养成分	种鸭			商品鸭	
	起始期	生长期	产蛋期	起始期	育肥期
碘/（毫克/千克）	2	2	2	2	2
硒/（毫克/千克）	250	250	250	250	250

表 4-15　法国番鸭的营养标准

营养成分	商品代		父母代				
	0~3周龄	4~12周龄	0~3周龄	4~8周龄	9~24周龄	25~26周龄	27周以后
颗粒直径/毫米	1.5	1.5~4	1.5	3.5~4	3.5~4	3.5~4	3.5~4
代谢能/（兆焦/千克）	12.13~12.55	11.72~12.55	12.13~12.34	11.51~11.92	11.3~11.92	11.3~11.72	11.72 12.13
粗蛋白/%	19.5~22	17~19	20.0	17~19	14~16.0	14~16.0	16.5~18.0
蛋氨酸最低值/%	0.5	0.40	0.50	0.40	0.3	0.30	0.40
赖氨酸最低值/%	0.85	0.70	0.85	0.70	0.60	0.60	0.70
蛋氨酸+胱氨酸最低值/%	1.00	0.80	1.00	0.80	0.65	0.70	0.80
苏氨酸最低值/%	0.37	0.60	0.75	0.60	0.45	0.45	0.60
色氨酸最低值/%	0.23	0.16	0.23	0.16	0.16	0.16	0.17
粗纤维最高值/%	4.00	5.00	4.00	5.0	6.00	6.00	6.00
脂肪最高值/%	5.00	5.00	4.00	4.00	4.00	4.00	5.00
矿物质/%	6.5	6.0	6.5	6.00	7.00	7.00	11.00
钙/%	1.0	0.90~1.0	1.00~1.20	0.8~0.9	10~1.2	1.00~1.20	3.0~3.20
有效磷/%	0.35	0.45~0.50	0.4~0.50	0.4~0.45	0.35~0.45	0.35~0.45	0.30~0.4

续表

营养成分	商品代		父母代				
	0~3周龄	4~12周龄	0~3周龄	4~8周龄	9~24周龄	25~26周龄	27周以后
维生素A/（国际单位/千克）	15 000	15 000	13 500	13 500	13 500	15 000	15 000
维生素D_3/（国际单位/千克）	3 000	3 000	3 000	3 000	3 000	3 000	3 000
维生素E/（毫克/千克）	20	20	20	20	20	20	20

表 4-16　野鸭的营养标准

营养成分	育雏期		育成期			产蛋期		肉用仔鸭	
	0~10日龄	11~30日龄	31~70日龄	71~112日龄	113~147日龄	盛产期	中产期	0~10日龄	11~30日龄
代谢能	12.54	12.12	11.5	10.45	11.29	11.5	11.29	12.54	11.91
粗蛋白	21	19	16	14	15	18	17	21	18
粗纤维	3	4	6	10~12	8~10	5	5	3	4
钙	0.9	1.0	1.0	1.0	1.0	3.2	3.2	0.9	0.9
磷	0.5	0.5	0.6	0.6	0.6	0.7	0.7	0.5	0.5

注：代谢能单位是兆焦/千克；其他单位是%。

表 4-17　绍兴麻鸭的饲养标准

项目	后备期	产蛋期
代谢能/（兆焦/千克）	10.88	11.5
粗蛋白/%	11~13	18~20
粗纤维/%	5~6	4~5
钙/%	0.9~1.5	2.5~3
磷/%	0.4~0.6	0.8
赖氨酸/%	0.64	0.80
蛋氨酸+胱氨酸/%	0.58	0.60

第三节 鸭饲料的配合、加工和调制

一、鸭的日粮配合技术

（一）饲料配制原则

1. 营养原则

（1）符合鸭的营养需要。配合日粮时，必须以鸭的饲养标准为依据，合理应用饲养标准来配制营养完善的全价日粮。但鸭的营养需要是极其复杂的问题，饲料的品种、产地、保存好坏会影响饲料的营养含量，鸭的品种、类型、饲养管理条件等也能影响营养的实际需要量，温度、湿度、有害气体、应激因素、饲料加工调制方法等也会影响营养的需要和消化吸收。因此，在生产中原则上既要按饲养标准配合日粮，也要根据实际情况做适当的调整。

（2）饲料原料多样化。配合日粮时，尽量多用几种饲料进行配合，这样有利于充分发挥各种饲料中营养的互补作用，提高日粮的消化率和营养物质的利用率。特别是蛋白质饲料，选用2~3种，通过合理的搭配以及氨基酸、矿物质、维生素的添加，既能满足鸭的全部营养需要，又能降低饲料价格。

表4-18 鸭常用饲料原料在配合饲料中的大致比例（单位：%）

饲料	鸭			
	育雏期	育成期	产蛋期	肉仔禽
谷实类				
玉米	35~65	35~60	35~60	50~70
高粱	5~10	15~20	5~10	5~10
小麦	5~10	5~10	5~10	10~20
大麦	5~10	10~20	10~20	1~5
碎米	10~20	10~20	10~20	10~30

续表 （单位:%）

饲料	鸭			
	育雏期	育成期	产蛋期	肉仔禽
植物蛋白类	25	15	20	35
大豆饼	10~25	10~15	10~15	20~35
花生饼	2~4	2~6	5~10	2~4
棉(菜)籽饼	3~6	4~8	3~6	2~4
芝麻饼	4~8	4~8	3~6	4~8
动物蛋白类	10 以下	10 以下	10 以下	10 以下
粗饲料	优质苜蓿草粉 5 左右	优质苜蓿草粉 5 左右	优质苜蓿草粉 5 左右	优质苜蓿草粉 5 左右
糠麸类	5 以下	10~30	5 以下	10~20
青绿青贮类	按日采食量的 10%~30%			
矿物类	1.5~2.5	1~2	6~9	1~2

（3）优先满足能量需要。配合日粮时，首先满足鸭的能量需要，在此基础上，还要注意蛋白质等营养素的含量。日粮中所占数量最多的是能量饲料，首先满足能量需要，其他营养物质容易调整。如果先考虑其他营养的需要，一旦能量不能满足鸭的需要量，则需对日粮构成进行较大的调整。

2. 生理原则

（1）满足鸭的生理特点。配合日粮时，必须根据各类鸭的不同生理特点，选择适宜的饲料。如雏鸭，消化道容积小，消化酶含量少，消化能力弱，应当不用或少用不易消化吸收的杂粕和其他非常规饲料原料；育成鸭的采食增大，消化能力增强，可以增加糠麸类的用量，也可使用一些杂粕来降低饲料成本。鸭对粗纤维的消化能力差，要注意控制日粮中粗纤维的含量，使之不超过 6%为宜。高产鸭和肉鸭需要的饲料营养多，易受应激，要选用优质的饲料原料配制饲粮。

（2）具有良好的适口性。所用的饲料应质地良好，保证日粮无毒、无害、不苦、不涩、不霉、不污染。对某些含有毒有害物质或抗营养因子的饲料，最好进行处理或限量使用。

（3）具有良好的稳定性。日粮的营养含量和所用的饲料种类保持相对稳定，如需改变饲料种类和配合比例，应逐渐变化，给鸭一个适应过程。如果频繁地变动，会使鸭消化不良，引起应激，影响正常的生产。

3. 经济原则 在养鸭生产中，饲料费用占很大比例，一般要占养鸭成本的70%~80%。因此，配合日粮时，充分利用饲料的替代性，就地取材，选用营养丰富、价格低廉的饲料原料来配合日粮，以降低生产成本，提高经济效益。

4. 安全性原则 饲料中含有的物质、品种和数量，必须控制在安全允许的范围内。

（二）鸭饲料配制特点

各品种鸭的营养需要比较接近，与鸭比较相差也不大，尤其是引进的高产品种如康贝尔鸭、狄高鸭等，需要较高的营养。鸭的配方原料的选择面较宽，如次级的咸（淡）鱼粉、糠麸等农副产品可以喂鸭。我国地方品种鸭较耐粗饲，生长阶段可以采食水生动物，成鸭可以放牧与补饲相结合。用于填饲育肥的品种如北京鸭，在肥育期则以玉米为主，配给少量的蛋白质和维生素添加剂即可。

（三）饲料配方设计的方法

配合日粮首先要设计日粮配方，有了配方，然后“照方抓药”。如果饲料配方设计不合理，即使多么精心的制作，也生产不出合格的饲料。蛋鸭日粮配方的设计方法很多，如试差法、四角形法、线性规划法、计算机法等。下面重点介绍试差法。

所谓试差法，就是根据经验和饲料营养含量，先大致确定一下各类饲料在日粮中所占的比例，然后通过计算与饲养标准比较后再进行调整。这种方法简单易学，但计算量大，烦琐，不易筛选出最佳配方。现举例说明。

例：用玉米、豆粕、棉粕、菜粕、食盐、蛋氨酸、赖氨酸、骨粉、石粉、维生素和微量元素添加剂设计蛋鸭全价饲料配方。

第一步，根据饲养对象、生理阶段和生产水平，选择饲养标准，见表4-19。

表4-19　蛋鸭营养标准

营养素	代谢能/（兆焦/千克）	粗蛋白/%	钙/%	磷/%	蛋氨酸/%	赖氨酸/%	蛋氨酸+胱氨酸/%	食盐（%）
含量	11.72	18	3.25	0.60	0.30	0.9	0.70	0.30

第二步，根据饲料原料成分表查所用各种饲料的养分含量，见表4-20。

表4-20　各种饲料的养分含量

饲料	代谢能/（兆焦/千克）	粗蛋白/%	钙/%	磷/%	蛋氨酸/%	赖氨酸/%	蛋氨酸+胱氨酸/%
玉米	14.06	8.6	0.04	0.21	0.13	0.27	0.31
豆粕	11.05	43	0.32	1.50	0.48	2.54	1.08
棉粕	8.16	33.8	0.31	0.64	0.36	1.29	0.74
菜粕	8.46	36.4	0.73	0.95	0.61	1.23	1.48
骨粉			36.4	16.4			
石粉			35.0				

第三步，初拟配方。根据饲养经验，初步拟定一个配合比例，然后计算能量蛋白质营养物质含量。鸭饲料中，能量饲料占50%~70%，蛋白质饲料占25%~30%，矿物质饲料占3%~10%，添加剂饲料占0~3%。根据各类饲料的占用比例和饲料价格，初拟的配方和计算结果见表4-21。

表 4-21　初拟配方及配方中能量蛋白质含量

饲料及比例（%）	代谢能（兆焦/千克）	粗蛋白（%）
玉米，60	8.436	5.16
豆粕，25	2.763	10.75
棉粕，3	0.245	1.014
菜粕，3	0.254	1.092
合计	11.698	18.016
标准	11.72	18.00

第四步，调整配方，使能量和蛋白质符合营养标准。由表 4-21 中可以算出能量比标准少 0.022 兆焦/千克，蛋白质多 0.016%。与标准接近，可以不做调整。

第五步，计算矿物质和氨基酸的含量，见表 4-22。

表 4-22　矿物质和氨基酸含量

饲料及比例/%	钙/%	磷/%	蛋氨酸/%	赖氨酸/%	蛋氨酸+胱氨酸/%
玉米，60	0.024	0.128	0.079	0.165	0.189
豆粕，25	0.008	0.375	0.12	0.635	0.27
棉粕，3	0.009	0.019	0.011	0.039	0.022
菜粕，3	0.022	0.029	0.018	0.037	0.044
合计	0.063	0.551	0.228	0.876	0.525
标准	3.5	0.6	0.39	0.85	0.72
差	−3.437	−0.049	−0.162	0.026	0.195

根据上述配方计算得知，饲粮中钙比标准低 3.437%，磷低 0.049%。因骨粉中含有钙和磷，所以先用骨粉满足钙和磷。增加 0.049%的磷需要添加骨粉 0.29%［0.049÷16.4×100%］；0.29%的骨粉可以提供钙 0.106%的钙，饲粮中还差 3.331%的钙，用石粉来补充，需要添加石粉 9.5%。蛋氨酸与标准差

0.160%，补充0.160%蛋氨酸。赖氨酸和蛋氨酸+胱氨酸比标准多，可以满足需要。维生素和微量元素预混剂添加0.25%，食盐添加0.37%，则配方的总百分比是101.57%，多出1.28%，可以在玉米中减去0.9%，棉粕中减去0.67%。一般能量饲料调整不大于1%的情况下，日粮中的能量、蛋白质指标引起的变化不大，可以忽略。配方中蛋白质、赖氨酸、蛋氨酸+胱氨酸含量高出标准，棉粕减去0.67%，对配方影响不大。

第六步，列出配方。玉米59.1%、豆粕25%、棉粕2.33%、菜粕3%、骨粉0.29%、钙粉9.5%、食盐0.37%、蛋氨酸0.16%、维生素和微量元素添加剂0.25%，合计100%。

三、鸭饲料的调制加工

（一）饲料原料选用

鸭的饲料种类多种多样，不同种类的饲料其营养特点不同，鸭的消化利用率也不同，饲料的成本价格不同，同时饲料的质量变化也会影响到饲养的效果。所以，饲料选择直接影响饲料的科学配制、饲养效果和养殖成本。

饲料原料包括谷物饲料、浓缩料和预混料等。除了注意饲料原料的多样性、适口性和经济性选择外，还要注意饲料原料的优质。各种饲料原料都有其质量标准，应该选择符合质量标准要求的饲料。饲料可以从以下感官方面进行检验：一是色泽，具有鲜明的典型颜色。二是味道，具有独特清新味道，无霉变。三是温湿度。颗粒可以自由流动，无黏性和湿性斑点，无明显的发热现象，湿度在允许的范围内。四是均匀性。颜色、外表均匀一致。五是杂质。不含泥沙、金属物、黏质及其他不宜物质。六是污染物。没有鸟类、鼠类、昆虫类和其他动物粪便。否则，则是不良的饲料原料，不能使用。

饲料添加剂是一种价格高、作用大、添加量少的饲料原料，其使用直接影响到配合饲料的全价性和饲养效果，所以要正确使用。使用饲料添加剂应注意：一是正确选择。目前饲料添加剂的种类很多，每种添加剂都有自己的用途和特点。因此，使用前应充分了解它们的性能，然后结合饲养目的、饲养条件、鸭的品种及健康状况等选择使用。二是用量适当。用量少，达不到目的；用量过多会引起中毒，增加饲养成本。用量多少应严格遵照生产厂家在包装上所注的说明或实际情况确定。三是储存时间不宜过长。大部分添加剂不宜久放，特别是营养添加剂、特效添加剂，久放后易受潮发霉变质或氧化还原而失去作用，如维生素添加剂、抗生素添加剂等。四是配伍禁忌。多种维生素最好不要直接接触微量元素和氯化胆碱，以免减小药效。在同时饲用两种以上的添加剂时，应考虑有无拮抗、抑制作用，是否会产生化学反应等。五是混于干饲料中。饲料添加剂只能混于干饲料（粉料）中，短时间储存待用才能发挥它的作用。不能混于加水的饲料和发酵的饲料中，更不能与饲料一起加工或煮沸使用。六是搅拌均匀。搅拌均匀程度与饲喂效果直接相关。由于添加剂的用量很少，只有多层分级搅拌才能混均。如果搅拌不均匀，即使是按规定的量饲用，也往往起不到作用，甚至会出现中毒现象。

（二）饲料原料的称量

饲料原料的称量准确与否直接影响到配合饲料的质量，配方设计再科学，称量不准，也不可能配出符合要求的全价饲料。准确称量要求：一要有符合要求的称量器具。常用电子秤（规模化饲料加工厂）和一般的磅秤（小型饲料加工场和饲养场），要求具有足够的准确度和稳定性，满足饲料配方所提出的精确配料要求，不宜出现故障，结构简单，易于掌握和使用。二要准确称量。配料人员要有高度的责任心，一丝不苟，认真称量，保证各种原料准确无误；定期检查磅秤的准确程度，发现问题及时解决。

（三）饲料搅拌

饲粮使用时，要求鸭采食的各个部分饲料所含的养分都是均衡的、相同的；否则，将使鸭群产生营养不良、缺乏症或中毒现象，即使你的日粮配方非常科学，饲养条件非常好，饲料搅拌不匀仍然不能获得满意的饲养效果。因此，必须将饲料搅拌均匀，以满足鸭的营养需要。饲料拌和有机械拌和、手工拌和两种方法，只要使用得当，都能获得满意的效果。

1. 机械拌和　采用搅拌机进行。常用的搅拌机有立式和卧式两种类型。立式搅拌机适用于拌和水量低于4%的粉状饲料，含水量过多则不易拌和均匀。这种搅拌机所需动力小，价格低，维修方便，但搅拌时间较长（一般每批需10~20分钟）。搅拌时间过长会使饲料混合均匀后又因过度混合而导致分层现象，同样影响混合均匀度。时间长短可按搅拌机使用说明确定。

2. 手工拌和　这是家庭养鸭时饲料拌和的主要手段。拌和时，一定要细心、有耐心，防止一些微量成分打堆、结块，拌和不均会影响饲用效果。手工拌和时特别要注意的是，一些在日粮中所占比例小但会严重影响饲养效果的微量成分，如食盐和各种添加剂，如果拌和不均匀，轻者影响饲养效果，严重时会造成鸭群产生疾病、中毒，甚至死亡。对这些微量成分。在拌和时，首先，要充分粉碎，不能有结块现象；块状物不能拌和均匀，被鸭采食后有可能发生中毒。其次，由于这类成分用量少，不能直接加入大宗饲料中进行混合，而应采用预混合的方式。其做法是：取10%~20%的精料（最好是比例大的能量饲料，如玉米面、麦麸等）作为载体，另外堆放，然后将微量成分加入其中，用平锹铲起，重新堆放，将后一锹饲料压在前一锹放下的饲料上，即一直往饲料的顶上放，让饲料沿中心点向四周流动成为圆锥形，这样可以使各种饲料都有混合的机会。如此反复3~4次即可达到拌和均匀的目的，预混合料即制成。最后再将这种预混合料加入全部饲料中，用同样方法拌和3~4次即能达到目的。手工拌和时，只有通过这样多层次分级拌和，才能保证配合日粮品质，那种在原地翻动或搅拌饲料的方法是不可取的。

第四节　生态养鸭饲料的生产开发

一、植物性饲料的生产开发

（一）青饲料的利用

青饲料是指水分含量为60%以上的青绿饲料、树叶类及非淀粉质的块根、块茎、瓜果类。青饲料含有丰富的胡萝卜素和B族维生素，并含有一些微量元素，适口性好，对鸡的生长、产蛋及维持健康均有良好作用。

常见的青饲料有白菜、甘蓝、野菜（如苦荬菜、鹅食菜、蒲公英等）、苜蓿草、刺槐叶、胡萝卜、牧草等。冬春季没有青绿饲料，可喂苜蓿草粉、刺槐叶粉、秋针粉或芽类饲料，同样会收到良好效果。芹菜是一种良好的喂鸡饲料，每周喂芹菜3次，每次50克左右。用南瓜作辅料喂母鸭，产蛋量可显著增加，且蛋大、孵化率高。

（二）树叶的开发利用

我国有丰富的林业资源，树叶除少数外，大多数都可以作为饲料。树叶营养丰富，经加工调制后，能作为家禽的饲料。

1. 树叶的饲用价值　树叶的饲用价值决定于如下因素。

（1）树种。树叶的营养成分因树种而异，有的树种，如豆科树种、榆树等叶子及松针中粗蛋白含量较高，按干物质量计，均在20%以上，而且还含有组成蛋白质的18种氨基酸。而槐树、柳树、梨树、桃树、枣树等树叶的有机物质含量、消化率、能值较高；树叶中维生素含量也很高。据分析，柳、桦、榛、赤杨等青叶中，胡萝卜素含量为110~132毫克/千克，紫穗槐青干叶胡萝卜素含量高达270毫克/千克，针叶中的胡萝卜素含量高达197~344毫克/千克，此外还含有大量的维生素C、维生素E、维生素K、维生素D和维生素B_1等；松针粉含有畜禽所需的矿物质元素。有的树叶含有激素，刺激畜禽的生长，或含有抑制病原菌的杀菌素等。

（2）生长期。生长着的鲜嫩叶营养价值高，青落叶次之，可饲喂单胃家畜和家禽；而枯黄叶营养价值最差。

（3）树叶中所含的特殊成分。有些树叶营养成分含量较高，但因含有一些特殊成分，饲用价值降低。如有的树叶含单宁，有苦涩味，如核桃、山桃、橡树、李树、柿树、毛白杨等树叶，必须经加工调制后再饲喂。有的树种到秋季丹宁含量增加，如栗树、柏树等树叶秋季单宁含量达3%，有的高达5%~8%，应提前采摘饲喂或少量饲喂。少量饲喂能够收敛健胃。有的树叶有剧毒，如夹竹桃等。

2. 树叶的采收方法和时间　采收的方式及采收时间对树叶的营养成分影响较大。采集树叶应在不影响树木正常生长的前提下进行，如果为了采集树叶而折枝毁树，不仅影响树木生长，而且破坏生态环境。树叶的采收方法：一是青刈法，适宜分枝多、生长快、再生力强的灌木，如紫穗槐等。二是分期采收法，对生长繁茂的树木，如刺槐树、榆树、柳树、桑树等，可分期采收下部的嫩枝、树叶。三是落叶采集法，适宜落叶乔木，特别是高大不便采摘的或不宜提前采摘的树叶，如杨树叶等。四是剪枝法。对需适时剪枝的树种或耐剪枝的树种，特别是道路两侧的树，可采用剪枝法。

3. 采收时间　树叶的采收时间依树种而异，下面介绍几种代表性树种采集树叶时间：一是松针，在春秋季节松针含松脂率较低的时期采集。二是紫穗槐、刺槐叶，北方地区一般在7月底至8月初采集，最迟不要超过9月上旬。三是杨树叶，在秋末刚刚落叶即开始收集，而不能等落叶变枯黄再收集，还可以收集修枝时的叶子。四是橘树叶。在秋末冬初，结合修剪整枚，采集枯叶和嫩枝。

4. 针叶的加工利用 松针粉中含有多种氨基酸、微量元素，能有效地刺激蛋鸡的排卵功能，提高产蛋率。蛋鸡日粮中添加3%~5%的松针粉，产蛋量提高6.1%~13.8%，饲料利用率提高15.1%，蛋重提高2.9%，受精率提高1.0%，且蛋黄颜色较深；肉鸡日粮中添加3%~5%松针粉，日增重提高8.1%~12.0%，饲料报酬提高8.4%，且肉质鲜嫩可口。同时，松针粉中含有植物杀菌素和维生素，具有防病抗病功效，能有效地抵御鸭病发生，从而提高雏鸭成活率、增重率和饲料转化率。

（1）针叶的加工方法。针叶采集后要保持其新鲜状态，含水量为40%~50%。原料储存时要求通风良好，不能日晒雨淋，采收到的原料应及时运至加工场地，一般从采集到加工不能超过3天，以保证产品质量。对树枝上的针叶，应进行脱叶处理。脱叶分手工脱叶和机械脱叶。手工脱下的针叶含水量一般为65%左右，杂质含量（主要指枝条）不超过35%；机械脱下的针叶含水量为55%左右，杂质的含量不超过45%。用切碎机将针叶切成3~4厘米，以破坏针叶表面的蜡质层，加快干燥速度。可采用自然阴干或烘干。烘干温度为90℃，时间为20分钟。干燥后应使针叶的含水量从40%~50%降到20%，以便粉碎加工和成品的储存运输。用粉碎机将针叶加工成2毫米左右的针叶粉，针叶粉的含水量应低于12.5%。加工好的针叶粉的外观为浅绿包，有针叶香味。

（2）针叶粉的储存。针叶粉要用棕色的塑料袋或麻袋包装，防止阳光中紫外线对叶绿素和维生素的破坏。另外，储存场所应保持清洁、干燥、通风，以防吸湿结块。在良好的储存条件下，针叶粉可保存2~6个月。

（3）针叶浸出液的生产。饲喂针叶浸出液，不仅能促进家禽的生长，而且还能降低畜禽支气管炎和肺炎的发病率，增加食欲和抗病能力。因此，针叶浸出液又称为保健剂。将针叶粉碎，放入桶内，加入70~80℃的温水（针叶与水的比例为1∶10）。搅拌后盖严，在室温下放置3~4小时，便得到有苦涩味的浸出液。

（4）饲喂。针叶粉作为添加饲料适用于各类畜禽，可直接饲喂或添加到混合饲料中。针叶粉应周期性地饲用，连续饲喂15~20天，然后间断7~10天，以免影响禽产品质量。松针粉含有松脂气味和挥发性物质，在畜禽饲料中的添加量不宜过高。一般在肉鸭饲料中的添加量为3%，蛋鸭和种鸭为5%；针叶浸出液可供家畜饮用，也可与精料、干草或秸秆混合后饲喂。家禽对浸出液有一个适应过程，开始应少量，然后逐渐加大到所要求的量。

5. 阔叶的加工利用

（1）糖化发酵。将树叶粉碎，掺入一定量的谷物粉，用40~50℃温水搅拌均匀后，压实，堆积发酵3~7天。发酵可提高阔叶的营养价值，减少树叶中单宁的含量。糖化发酵的阔叶饲料主要用于喂猪、鸡。

（2）叶粉。叶粉可作为配、混合饲料的原料。

（3）蒸煮。把阔叶放入金属筒内，用蒸汽加热（180℃左右）15分钟后，树叶的组织受到破坏，利用筒内设置的旋转刀片将原料切成类似棉花状物。

除上述方法外，还可进行膨化、压制成颗粒和青贮。

二、动物性蛋白质饲料的开发利用

生态养鸭需要优质蛋白质饲料，饲养者可以利用人工方法生产一些昆虫类、蚯蚓等优质动物性蛋白质直接喂鸭，既保证充足的动物性蛋白质供应，促进生长和生产，降低饲料成本，又能够提高产品质量。

（一）诱捕昆虫

傍晚补饲期间，在鸡棚附近安装几个电灯照明，这样，昆虫就会从四面八方飞来，被等候在棚下的鸭群吃掉。鸭吃饱后，关灯让鸭休息。

（二）育虫养鸭

可以在放牧的地方育虫，直接让鸭啄食。简单的育虫方法有：

1. 稀粥育虫法　在放牧地不同区域选择多个小地块作为育虫地，轮流在地上泼稀粥，然后用草等盖好，2 天后草下尽生小虫子，让鸭轮流到各地块上去吃虫子即可。育虫地块注意防雨淋，防水浸。

2. 稻草米糠育虫法　在放牧地挖一宽 0.6 米、深 0.3 米、长度适当的长方形土坑，将稻草切成 6~7 厘米长，用水煮 2 小时，捞出倒入坑内，上面盖 6~7 厘米厚的污泥（水沟泥或塘泥）、垃圾等，再用污泥压实，每天浇 1 盆洗米水。经过 8 天左右坑内即可生虫子，翻开压盖物，让鸭啄食即可。鸭每次吃完后，需再盖好污泥等，再浇 1 盆洗米水，可继续生虫子供鸭食用。

3. 粪便发酵育虫　每 500 千克猪粪晒至七成干，而后加入 20%肥泥和 3%麦糠或米糠拌匀，堆成堆后用塑料薄膜封严发酵 7 天左右。挖一深 50 厘米土坑，将以上发酵料平铺于坑内 30~40 厘米厚，上用青草、草帘、麻袋等盖好，保持潮湿，20 天左右即生蛆、虫、蚯蚓等；在牛粪中加入 10%米糠和 5%麦糠拌匀，倒在阴凉处的土坑里，上盖杂草、秸秆等，最后用污泥密封，经过 20 天即可生虫子；在较潮湿的地块上挖一长和宽各 1~2 米、深 0.3 米的土坑，坑底铺一层碎杂草，草上铺一层马粪，粪上再撒一层麦糠。如此一层一层铺至坑满为止，最后盖一层草。坑中每天浇水一次，经一周左右即可生虫子。在放牧场内利用经杀菌消毒处理发酵的猪粪、鸡粪加 20%的肥土和 3%的糠麸拌匀堆成堆后，覆膜发酵 7 天左右，将发酵料铺在砖砌地面或 50 厘米宽、70 厘米长、30 厘米深的坑中，用草盖好，保持潮湿 20 天左右即可生蛆、虫、蚯蚓等，每天将发酵料翻撒一部分，供鸭食用，可节约饲料 30%。

4. 杂物育虫法　将鲜牛粪、鸡毛、杂草、杂粪等物混合后加水，调成糊状，堆成 1 米高、1.5 米宽、3 米长的土堆，堆顶部及四周抹一层稀泥，堆顶部再用草等盖好，以防阳光晒干。7~15 天后即可生虫子。

5. 腐草育虫法　在较肥沃的地块挖宽约 1.5 米、长 1.8 米、深 0.5 米的土坑，底铺一层稻草，其上盖一层豆腐渣，然后再盖一层牛粪，粪上盖一层污泥，如此铺至坑满为止，最后盖一层草。经 1 周左右即可生虫子。

6. 豆腐渣育虫法　把 1~2 千克豆腐渣倒入缸内，再倒入一些洗米水，盖好缸口。过 5~6 天即可生虫子，再培育 3~4 天即可让鸭采食。用 6 只缸轮流育虫，可满足 40 只鸭食用。

7. 豆饼育虫法　把少量豆饼敲碎后与豆腐渣一起发酵。再与秕谷、树叶等混合，放入 20~30 厘米深的土坑内，上面盖一层稀污泥，再用草等盖严实，经过 6~7 天即可生虫子。

8. 酒糟育虫法　酒糟 10 千克加豆腐渣 50 千克混匀，在距离房屋较远处堆成长方形，过 2~3 天即可生虫子，5~7 天后可让鸭采食。

9. 麦(米)糠育虫法　在庭院角落处堆放两堆麦糠，分别用草泥（碎草与稀泥混合而成）糊起来，数天后即可生虫子。或在鸭舍附近堆放及堆米糠，分别用草泥（碎草与稀泥巴混合而成）糊起来，数天后即生虫，轮流让鸭采食虫，食完后再将麦糠等集中成堆照样糊草泥，又可生虫。

（三）人工养殖蝇蛆

蝇蛆是营养成分全面的优质蛋白资源。分析测试结果表明，蝇蛆含粗蛋白59%~65%、脂肪2.6%~12%，无论是从原物质或是干粉方面看，蝇蛆的粗蛋白含量都与鲜鱼、鱼粉及肉骨粉相近或略高。蝇蛆的营养成分较全面，含有动物所需要的17种氨基酸，并且每种氨基酸的含量均高于鱼粉；必需氨基酸的蛋氨酸含量分别是鱼粉的2.3倍和2.7倍，赖氨酸含量是鱼粉的2.6倍。同时，蝇蛆还含有多种生命活动所需要的微量元素，如铁、锌、锰、磷、钴、铬、镍、硼、钾、钙、镁、铜、硒、锗等。蝇蛆是代替鱼粉的优良动物蛋白饲料。

1. 建造蛆棚　选择光线明亮、通风条件好的地方建造蛆棚，根据养殖规模，蛆棚的面积一般为30~100平方米。棚内挖置数个5~10平方米的蛆池，池四周砌放20厘米高的砖，用水泥抹光。蛆池四角处各挖一个小坑放置收蛆桶，桶与坑的间隙用水泥抹平。棚内还要设置多条供苍蝇停息的绳子和多个供苍蝇饮水的海绵水盘。

2. 驯化种蝇　把新鲜鸭粪放入蛆池，堆放数个长400厘米、宽40厘米的小堆。蛆棚的门在白天打开，让苍蝇飞入产卵，傍晚时关闭棚门让苍蝇在棚内歇息。野生蝇在产卵后要将其用药剂杀死。蝇蛆化蛹后，把蛹放在5%的EM（有益微生物群）菌液中浸泡10~20分钟，当蛹变成苍蝇时，再堆制新鲜鸡粪，诱使新蝇产卵，产卵后将苍蝇杀死。如此重复三五次，即可将野生蝇驯化成产卵量高、孵出蝇蛆杂菌少、个头大的人工种蝇。

3. 收取蝇蛆　进入正常生产后，每天要取走养蛆后的残堆，更换新鲜鸡粪。经人工驯化的苍蝇产卵后10小时即可孵化出蝇蛆，3~4天成熟的蝇蛆就会爬出粪堆，当它们沿着池壁爬行寻找化蛹的地方时，会全部掉入光滑的塑料收蛆桶内。每天可分两次取走蝇蛆，并注意留足1/5蝇蛆，让其在棚内自然化蛹，以保证充足的产卵种蝇。实践证明，用此方法养殖蝇蛆，每1 000千克新鲜鸡粪可产活蛆400千克以上，成本极其低廉。

（四）养殖蚯蚓

蚯蚓含有丰富的蛋白质，适口性好、诱食性强，是畜、禽、鱼类等的优质蛋白饲料；蚯蚓粪中有22.5%的粗蛋白、丰富的粗灰分、钙、磷、钾、维生素和17种氨基酸。据报道，把90%蚯蚓粪、10%蚯蚓粉和少量微生物配对成生物饲料，按1%~5%的最佳添加量，可减少家禽球虫病和呼吸道、消化道疾病的发生率。

1. 蚯蚓的习性　蚯蚓由于长期生活在土壤的洞穴里，其身体的形态结构对穴居生活环境具有相当的适应性。在自然界，蚯蚓以生活在土壤上层15~20厘米深度以内者居多，越往下层越少；蚯蚓喜欢温暖、潮湿和安静的环境。一般蚯蚓的活动温度为5~30℃，生长繁殖最适温度为15~25℃，在0~5℃则停止生长发育，进入休眠状态，0℃以下或40℃以上常导致死亡。蚯蚓还喜居安静的环境，怕噪声或震动。蚯蚓对光线非常敏感，喜阴暗，怕强光，常逃避强烈的阳光、紫外线的照射，但不怕红光，趋向弱光。蚯蚓的活动表现为昼伏夜出，即黄昏时爬出地面觅食、交尾，清晨则返回土壤中。

2. 蚯蚓品种　目前已知地球上有蚯蚓2 500余种，在我国分布的有160余种。适合人工养殖的有如下几种，我们可根据需要来选择蚯蚓品种。

（1）威廉环毛蚓。一般长90~250毫米，宽5~10毫米，背面青黄、灰绿或灰青色，背中线青灰色，环带14~16节。目前在江苏、上海一带养殖较多，在自然界中常栖于树林草地较深土层和村庄周围肥土中。

（2）湖北环毛蚓。体细长，长70~220毫米，宽3~6毫米，体节110~133节，全身草绿色，背中线紫绿或深绿色，常见一红色的背血管。腹面灰色，尾部体腔液中常发出宝蓝色光。环带3节，乳黄或棕黄色，是繁殖率较高和适应性较广的品种。常栖于湿度较大的沟渠近水处和山沟阴湿处，较耐低温，秋后可在落水的绿肥田中放养。

(3) 参环毛蚓。个体较大，长120~400毫米，宽6~12毫米，背面紫灰，后部颜色较深，刚毛圈稍白，为中药材常用蚯蚓。分布于湖南、广东、广西、福建等地，较难定居，在优质土壤的草地和灌溉条件较好的果园和苗圃中养较好。

(4) 白颈环毛蚓。长80~150毫米，宽2.5~5毫米，背色中灰色或栗色，后部淡绿色。环带3节（位于第14~16节），腹面无刚毛。分布于长江中下游一带，具有分布较广、定居性较好的特点，宜在菜地、甘薯等作物地里养殖。

(5) 赤子爱胜蚓。长60~130毫米，宽3~5毫米，成熟体重0.4~1.2克，全身80~110个环节，环节带位于第25~33节。背孔自4、5节开始，背面及侧面橙红或栗红色，节间沟无色，外观有明显条纹，尾部两侧姜黄色，愈老愈深，体扁而尾略成鹰嘴钩，喜在厩肥、烂草堆、污泥、垃圾场生活，具有趋肥性强、繁殖率高、定居性好、肉质肥厚及营养价值高等优点。

3. 养殖方法

(1) 简易养殖法。这种方法包括箱养、坑养、池养、棚养、温床养殖等，其具体做法就是在容器、坑或池中分层加入饲料和肥土，料土相同，然后投放种蚯蚓。这种方法可利用鸡舍前后空地以及旧容器、砖池、育苗温床等，来生产动物性蛋白质废饲料，加工有机肥料，处理生活垃圾。其优点是就地取材、投资少、设备简单、管理方法简便，并可利用业余或辅助劳力，充分利用有机废物。

(2) 田间养殖法。选用地势比较平坦，能灌能排的桑园、菜园、果园或饲料田，沿植物行间开沟槽，施入腐熟的有机肥料，上面用土覆盖10厘米左右，放入蚯蚓进行养殖，经常注意灌溉或排水，保持土壤含水量在30%左右。冬天可在地面覆盖塑料薄膜保温，以促进蚯蚓活动和繁殖能力。由于蚯蚓的大量活动，土壤疏松多孔，通透性能好，可以实行免耕。适合于放养鸭的牧地内养殖蚯蚓。

4. 饲料的处理　凡无毒的植物性有机物质，经发酵腐熟均可作为蚯蚓的饲料。作物秸秆或粗大的有机废物应切碎，垃圾则应分选过筛，除去金属玻璃、塑料、砖石和炉渣，再经粉碎；家畜粪便和木屑，则可不进行加工，直接进行发酵处理。把经过处理的有机物质混合均匀，其中以粪料占60%、草料占40%左右的粪草混合物为最好。而后加水拌匀，含水量控制在40%~50%，即堆积后堆底边有水流出为止。堆成梯形或圆锥形，最后堆外面用塘泥封好或用塑料薄膜覆盖，以保温保湿。经4~5天，堆内的温度可达50~60℃，待温度由高峰开始下降时，要翻堆进行第二次发酵，将上层的料翻到下层，四周翻到中间，使之充分发酵腐熟，达到无臭味、无酸味，质地松软不沾手；颜色为棕褐，然后摊开放置。使用前，先检查饲料的酸碱度是否合适，一般pH值为6.5~8.0都可使用。酸度过大可添加适量石灰，碱度过大可用水淋洗，这样有利于过多盐分和有害物质的排除。饲用前，先用少量蚯蚓试验饲养，如无不良反应，即可应用。

第五节　生态养鸭的参考配方

一、蛋鸭的饲料配方

蛋鸭的饲料配方见表4-23~表4-25。

表 4-23 蛋鸭饲料配方（1）

	0~6 周龄		6~12 周龄		12~18 周龄		产蛋期	
	1	2	1	2	1	2	1	2
饲料组成/%								
玉米	52.8	53.0	57.8	55.4	54.5	54.7	57.5	64.5
大麦	0	10	10	0	0	0	0	0
稻谷	7	0	0	12.4	15.4	15.4	10	0
豆粕	21.2	21.2	18.20	18.20	15.2	15.2	20.0	15.0
麸皮	5.4	5.4	0	0	0	0	0	0
棉粕	3.0	0	3	4	5	5.4	0	4.0
菜粕	4.0	4	5	5	3	3	0	4.0
石粉	0.8	0	1	0	1	0	4.2	4.2
磷酸氢钙	0	1.8	0	1.1	0	1.6	0	0
骨粉	2.2	0	1.6	0	1.3	0	1.0	1.0
贝壳粉	0	1	0	1.3	0	1.1	2.5	2.5
鱼粉（进口）	2.0	2	1.8	1	3	2.0	3.3	3.3
食盐	0.4	0.4	0.4	0.4	0.4	0.4	0.4	0.4
赖氨酸盐	0.1	0.1	0.1	0.1	0.1	0.1	0	0
蛋氨酸	0.1	0.1	0.1	0.1	0.1	0.1	0.1	0.1
添加剂	1.0	1.0	1.0	1.0	1.0	1.0	1.0	1.0
代谢能/（兆焦/千克）	11.11	11.13	11.42	11.7	11.76	11.80	11.63	11.4
粗蛋白/%	17.58	17.6	16.92	17.6	17.3	16.85	16.3	16.8
钙/%	1.1	0.97	0.98	0.9	0.94	0.96	2.9	2.94
有效磷/%	0.51	0.53	0.4	0.39	0.41	0.48	0.37	0.37
赖氨酸/%	0.98	0.98	0.99	0.9	0.96	0.92	0.85	0.81
蛋氨酸/%	0.41	0.41	0.4	0.41	0.43	0.4	0.4	0.42
蛋氨酸+胱氨酸/%	0.72	0.73	0.71	0.71	0.71	0.7	0.69	0.7

表 4-24　蛋鸭饲料配方（2）

	0~2 周龄		3~8 周龄		9~20 周龄		产蛋期		
	1	2	1	2	1	2	1	2	3
饲料组成/%									
玉米	36	36.6	40.0	40.0	37	39.9	57.5	55	49.1
大麦	19.0	0	18.3	0	11.0	0	0	0	22
稻谷	0	13.1	0	11.7	0	4.5	0	0	0
粗米	7.0	12.0	6.0	11.3	10	12.5	0	0	0
豆饼	17.3	7.0	10.3	0	6.5	0	8.3	16.7	15.0
花生饼	0	11.8	0	11.3	0	6.5	5.0	0	0
棉籽饼	0	0	4.0	4.0	3.0	3.5	5.0	0	3.0
菜籽饼	4.5	4.6	4.2	4.5	5.0	4.0	4.0	5.0	4.0
米糠	3.5	3.0	4.9	5.4	11.6	14.7	0	0	0
麸皮	6.0	5.0	4.0	4.0	0	0	5.0	5.0	5.0
鱼粉	5.0	5.0	4.0	4.0	0	0	5.0	5.0	5.0
骨粉	0.95	0	1.2	0	0.9	0.8	1.5	1.0	1.5
碳酸氢钙	0	0.8	0	0.8	1.1	1.2	6.5	7.0	4.2
石粉	0.35	0.7	0.1	0.6	0.2	0.2	0.2	0.3	0.3
食盐	0.2	0.2	0.2	0.2	0.2	0.2	0.2	0.2	2.0
预混料	0.2	0.2	0.1	0.1	0.1	0.1	0.1	0.1	0.1
代谢能/（兆焦/千克）	11.51	11.51	11.51	11.51	11.3	11.3	11.46	11.3	11.35
粗蛋白/%	20	20	18	18	15	15	17.8	18.4	19
钙/%	0.91	0.92	0.81	0.8	0.81	0.81	3.30	3.14	2.74
磷/%	0.46	0.46	0.46	0.45	0.46	0.54	0.5	0.64	0.5
赖氨酸/%	0.92	0.62	0.78	0.69	0.56	0.55	0.85	1.09	0.87
蛋氨酸+胱氨酸/%	0.73	0.70	0.60	0.60	0.50	0.50	0.62	0.57	0.63

表 4-25　蛋鸭饲料配方（3）

	0~2 周龄	3~8 周龄	9~18 周龄	产蛋中峰	产蛋高峰
饲料组成/%					
玉米	60.0	58.44	53.67	51.90	59.80
麸皮	4.20	7.0	12.5	0	0
米糠	0	8.0	15.0	15.00	6.20
豆饼	22.6	14.5	6.6	11.40	12.10
棉籽饼	3.0	4.0	4.0	4.0	4.04
菜籽饼	3.0	4.0	4.0	4.0	4.00
进口鱼粉	3.0	0	0	4.00	5.00
骨粉	2.20	2.0	2.00	1.60	1.50
石粉	0.70	0.70	0.90	6.80	6.00
食盐	0.30	0.30	0.30	0.30	0.30
蛋氨酸	0	0.06	0.03	0	0.10
添加剂	1.00	1.00	1.00	1.00	1.00
代谢能/（兆焦/千克）	11.715	11.297	11.088	10.879	11.297
粗蛋白/%	18.0	16.0	14.00	16.5	17.00
钙/%	0.90	0.85	0.85	3.00	2.80
有效磷/%	0.44	0.35	.035	0.40	0.38
赖氨酸/%	0.81	0.70	0.57	0.80	0.83
蛋氨酸+胱氨酸/%	0.66	0.61	0.51	0.60	0.70
蛋氨酸/%	0.34	0.31	0.25	0.31	0.41

二、肉鸭的饲料配方

肉鸭的饲料配方见表 4-26。品种鸭的饲料配方见表 4-27、表 4-28。

表 4-26　肉鸭饲料配方

	0~4 周龄			4~8 周龄			种鸭	
	1	2	3	1	2	3	1	2
饲料组成/%								
玉米	47.5	56	52	58.2	65	63	62	63
豆粕	37	30	35	23.8	25	21	20	21
麸皮	1.4	6.1	2.5	4.2	0	3	5.1	0
菜粕	5.47	4.3	2	5.8	4	5.9	0	3
石粉	0.03	0.2	0.7	0.2	1.3	1.3	7.0	6.7
磷酸氢钙	2.3	1.5	1.5	2.5	1.4	1.5	1.5	1.3
油脂	5.0	0.6	5.0	4.0	2.0	3.0	1.0	1.6
鱼粉（进口）	0	0	0	0	0	0	2.0	2
食盐	0.3	0.3	0.3	0.3	0.3	0.3	0.3	0.3
DL-蛋氨酸	0	0	0	0	0	0	0.1	0.1
添加剂	1.00	1.00	1.00	1.00	1.00	1.00	1.00	1.00
代谢能/（兆焦/千克）	12.57	12	12.4	12.4	12.13	12.1	11.5	11.7
粗蛋白/%	22	20	20.2	18	17.43	16.7	15.73	16.5
钙/%	0.75	0.6	0.74	0.8	0.91	0.93	2.96	2.83
有效磷/%	0.57	0.44	0.43	0.5	0.4	0.42	0.45	0.42
赖氨酸/%	1.14	1	1.07	0.85	0.88	0.79	0.79	0.83
蛋氨酸/%	0.35	0.32	0.29	0.29	0.3	0.28	0.38	0.4
蛋氨酸+胱氨酸/%	0.73	0.68	0.68	0.62	0.62	0.6	0.66	0.7

表 4-27 北京肉鸭饲料配方

	1~25日龄	26~50日龄	51~60日龄	种鸭			
				初产期	中产期	盛产期	停产
饲料组成/%							
玉米	38	30	40	44	42	42	44
高粱	10	0	15	10	10	16	10
麸皮	15	35	10	20	13.5	8.0	33
大麦	0	16.5	23.5	0	0	0	0
豆饼	25	11	7	18	22	25	10
鱼粉	7	4	0	5	6	8	0
石粉	2.6	32	4	1	4	4	1
骨粉	2	2	0	1.5	2	2.5	1.5
食盐	0.4	0.4	0.5	0.5	0.5	0.5	0.5

表 4-28 北京填鸭饲料配方

	配方 1	配方 2	配方 3	配方 4	配方 5	配方 6
饲料组成/%						
黄玉米	49.5	51	55	52.5	45	55
高粱	5	0	5	0	7	5
麸皮	7	12	8	5	8	10
大麦渣	0	0	0	10.0	5	0
小麦渣	0	10	0	0	0	15
米糠	0	0	10.0	0	8	0
豆饼	10	12	10.0	12	11	9
鱼粉	5	2	5	3	3	5
石粉	1.0	0.5	0.5	1.0	1.0	0
骨粉	1.6	2.0	1.5	1.5	1.5	0.6
食盐	1.0	0.5	0	0	0.5	0.4
面粉	10.0	10.0	5.0	0	0	0
土面	10.0	0	0	15.0	10.0	0

第五章　生态养鸭中鸭的饲养管理

鸭的生长阶段不同，对饲料、环境等条件要求不同，饲养管理方法也有较大差异。只有根据鸭的不同生长阶段的要求，进行科学的饲养管理，提供适宜的环境条件，才能保证鸭群生产性能的充分发挥而获得较好经营效果。

第一节　雏鸭的饲养管理

雏鸭是指0~4周龄的小鸭。雏鸭培育是蛋鸭高产养殖过程中一项艰巨而细致的工作，不但关系到雏鸭的成活率和生长速度，而且直接影响到以后的生产性能和养殖效益。因此，必须细心饲养，科学管理。

一、雏鸭的特点

（一）体温调节功能弱

雏鸭体温低，绒毛属于针形胎毛，不保温，神经和体液系统功能发育尚不健全，调节体温能力弱。因此，难以适应外界环境温度的急剧变化（变温状态）。当外界温度低于25℃时，会冻得发抖，堆叠成堆，互靠体温取暖，俗称“烧堆”，易引起感冒或低层雏鸭窒息死亡。15~20日龄后，雏鸭体内温度调节功能日趋完善（恒温状态）。所以，需要人为提供适宜的环境温度。

（二）消化功能差

刚出壳的雏鸭，其消化器官尚未经过饲料的刺激和锻炼，消化道容积很小，食道的膨大部很不明显，其储存食物的能力有限，消化功能尚未发育完全，消化能力弱。因此，要求饲料营养浓度高、营养全面易于消化吸收。另外雏鸭对饥渴比较敏感，贪食，调节采食能力差，出壳头几天喂得过饱易发生涨嗉、消化不良、便秘或拉稀等消化系统疾病。要勤喂料和喂水，任何时候都不可少水，夏天更应注意。

（三）生长发育快

雏鸭 4 周龄体重为出生时 24 倍，7 周龄体重为出生时的 60 倍。所以，必须供给营养全面充足的日粮，满足其生长发育的需要。刚出壳的雏鸭，在其肠道中段外侧有一个 5~7 克的卵黄囊。出壳后的雏鸭如果腹部温度适宜及入舍后及早饮水和开食，可极大增强雏鸭的体质和抗病力，促进雏鸭的生长。

（四）敏感性强，抵抗力弱

饲料中各种营养成分缺乏或有毒药物过量，都会出现病理症状，注意预防药物中毒。雏鸭娇嫩，对外界环境的抵抗力差，加上免疫器官发育尚不完善，易受到病原菌侵袭，因此，育雏时要特别重视防疫卫生工作。

二、育雏条件

（一）温度

温度是培育鸭的首要条件，温度不仅影响雏鸭的体温调节、运动、采食、饮水及饲料营养消化吸收和休息等生理环节，还影响机体的代谢功能、抗体产生和体质状况等。只有适宜的温度才有利于雏鸭的生长发育和成活率的提高。育雏温度分为高温、低温和适温，见表 5-1。

表 5-1　育雏室温度随日龄的变化

育雏天数/天	高温育雏/℃	适温育雏/℃	低温育雏/℃
1~3	31~33	27~30	23~25
4~6	29~31	24~27	20~22
7~10	26~29	21~24	18~20
11~15	23~26	18~21	17~18
16~20	20~23	16~18	16~17
21 天以上	18℃左右	16℃左右	14℃以下

注：表中温度为地面上 20 厘米处的温度。

高温育雏，雏鸭生长迅速，饲料报酬高，但体质较弱，而且房舍保温条件高，成本较大；低温育雏，雏鸭生长较慢，饲料报酬低，但体质强壮，对饲养管理条件要求不高，相对成本较少；适温育雏介于高温和低温之间，从目前饲养效果看，以适温育雏最好。由于温度适宜，雏鸭感到舒服，发育良好且均匀，生长速度也较快，体质健壮。育雏温度是否适宜，应以雏鸭的表现为标准：如果表现三五成群静卧无声，有规律地吃食、饮水、排便、休息，说明温度正常。如表现缩颈耸翅，互相堆挤，或步态不稳并发出吱吱的尖叫声，说明温度过低或过高，需及时调整。若雏鸭张口喘气，散离热源，烦躁不安，张开翅膀，饮水量增加，说明温度过高。

笼养育雏时，一定要注意上、下层之间的温差。采用加温育雏取暖时，除了在笼层中间观察温度外，还要注意各层间的雏鸭动态，及时调整育雏温度和密度。育雏期间温度要稳定，切忌忽高忽低。

保温时间的长短要根据品种、季节和雏鸭的强弱等灵活掌握。夏季育雏时，雏鸭一般在育雏室保温 2~3 天后，然后降温，1 周后就可以完全脱温。此时也要注意防暑。若室温超过 35℃或 1 周龄以上的雏鸭室温超过 30℃时，要注意做好通风和喷水降温等防暑工作。冬季育雏时，要延长保温时间，雏鸭应在保温室育雏保温 14 天左右。

（二）湿度

育雏前期，室内温度较高，水分蒸发快，此时相对湿度要高一些。如空气中湿度过低，雏鸭易出现脚趾干瘪、精神不振等轻度脱水症状，影响健康和生长。此时，可以向育雏室喷些水雾，或是在火炉上烧些开水，增加空气湿度。但垫料仍然要保持干燥，千万不能将水洒在垫草上。湿度也不能过高，高温、高湿易诱发多种疾病。所以，育雏室内开始 1 周的相对湿度应为 70%，其后降低为 60%，3 周龄后保持 55%为宜。

（三）通风

新鲜的空气有利于雏鸭的生长发育和健康。鸭的体温高，呼吸快，代谢旺盛，呼出二氧化碳多（鸭每千克体重每小时呼出的二氧化碳量为 1.5~2.3 升）。雏鸭日粮营养含量丰富，消化吸收率低，粪便中含有大量的有机物，有机物发酵分解产生的氨气和硫化氢多。加之人工供温燃料不完全燃烧产生的一氧化碳，都会使舍内空气污浊，有害气体含量超标，危害鸭体健康，影响生长发育。加强通风换气可以驱除舍内污浊气体，换进新鲜空气。同时，通风换气还可以减少舍内的水汽、尘埃和微生物，调节舍内温度。

育雏舍既要保温，又要通风换气，保温与通气是一对矛盾，应在保持温度的前提下，进行适量通风换气。通风换气的方法有自然通风和机械通风两种。自然通风的具体做法是：在育雏室设通风窗，气温高时，尽量打开通风窗（或通气孔），气温低时把它关好（冬季，朝南的窗户可以适当打开，但任何时候都要防止贼风直吹雏鸭）；机械通风多用于规模较大的养鸭场，可根据育雏舍的面积和所饲养雏鸭数量，选购和安装风机。育雏舍内空气以人进入舍内不刺激鼻、眼，不觉胸闷为适宜。通风时切忌间隙风，以免雏鸭着凉感冒。

（四）光照

雏鸭特别需要日光照射。太阳光能提高雏鸭的体表温度，促进血液循环，经紫外线照射能将存在于鸭体皮肤、羽毛和血液中的7-脱氢胆固醇转变为维生素 D，促进骨骼的生长，并能增加食欲，刺激消化系统，促进雏鸭的采食和运动，提高新陈代谢，增强鸭体健康。在不能利用自然光照或自然光照时数不足时，可用人工光照补充。育雏期内，1 周龄每昼夜光照可达 20～23 小时，2 周龄可缩短至 18 小时，3 周龄起，要区别不同情况。若夏季育雏，白天利用自然光照，夜间用较暗的灯光通宵照明，只在喂料时用较亮的灯光照明 0.5 小时。如晚秋季节育雏、由于日照时间较短，可在傍晚适当增加光照 1～2 小时，其余时间仍用较暗的灯光通宵照明。在人工照明时，注意光照不要太强，控制在每平方米 5 瓦，灯泡离地面 2～2.5 米。

（五）饲养密度

饲养密度因品种、日龄、饲养方式和环境而不同。密度过大，会造成雏鸭活动不开，采食、饮水困难，空气污浊，不利于雏鸭的生长；密度过低，房舍利用率低，能源消耗多，不经济。以下提供肉雏鸭和蛋雏鸭的不同饲养密度以供参考，见表 5-2、表 5-3。

表 5-2　肉雏鸭的饲养密度

饲养方式	1 周龄	2 周龄	3 周龄
地面平养/（只/米^2）	25	15～20	8～12
网上饲养/（只/米^2）	35	20～25	10～15
笼养/（只/米^2）	60～65	30～40	20～25

表 5-3　蛋雏鸭地面平养的饲养密度

季节	1 周龄/(只/米^2)	2 周龄/(只/米^2)	3 周龄/(只/米^2)	4 周龄/(只/米^2)
夏季	30~35	25~30	20~25	15~20
冬季	35~40	20~35	20~25	15~20

(六) 卫生

雏鸭体小质弱，对环境的适应力和抗病力都很差，容易发病，特别是传染病。所以，入舍前要加强对育雏舍的消毒，加强对环境和出入人员、用具设备的消毒，经常带鸭消毒，并封闭育雏育成，做好隔离，减少污染和感染。随着雏鸭逐渐长大，排泄物不断增多，极易使小鸭绒毛沾湿弄脏，必须及时打扫干净，保持干燥、清洁、卫生的良好环境。

三、育雏方式和供温方式

(一) 育雏方式

1. 平面饲养　平面饲养包括地面平养育雏、网上育雏和地面-网上混合育雏。

(1) 地面平养育雏。在育雏前，在雏鸭舍地面上铺上清洁干净的垫料，接雏后将雏鸭直接放在育雏舍的垫料上。雏龄越小垫草越厚（初生雏第一次垫料厚 6~8 厘米），使雏鸭熟睡时不受凉，但在饮水和采食区不垫料。鸭舍最好是水泥地面，如为土地地面，地势应当高；否则，地下水位高，又无隔湿措施，则垫草易受潮腐烂，会造成不良后果。采用土地面饲养时，一般应先在地面铺上一层生石灰，然后再在地面上铺上一层 5~10 厘米厚的垫料。垫料可重复利用。对垫料的要求是：重量轻、吸湿性好、易干燥、柔软有弹性、廉价、适于作肥料。常用的垫料有稻壳、花生壳、松木刨花、锯屑、玉米芯、秸秆等。以后在垫料即将潮湿时，在上面继续局部或全部增加垫料，直至垫料厚度达到 20

厘米左右；也可局部或全部更换垫料。冬季养鸭更换垫料时，要防止雏鸭感冒。为了防止雏鸭进入水槽，弄湿羽毛，造成鸭体受凉及引起育雏舍地面潮湿，可以采用乳头式饮水器。这种方式的优点是劳动强度小，简单易行，雏鸭舒适（由于原料本身能发热，雏鸭腹部受热良好），并能为雏鸭提供某些维生素（厚垫料中微生物的活动可以产生维生素 B_{12}，有利于促进雏鸭的食欲和新陈代谢，提高蛋白质利用率）。缺点是雏鸭经常与粪便接触，容易感染疾病，饲养密度小，占地面积大，管理不够方便。

（2）网上育雏。网上平育即利用网面代替地面。网的材料可以是铁丝网或是塑料网，还可用木条、竹条制作。一般网面距地面为60~70厘米。木条地面用的板条宽1.25~2.0厘米，空隙宽1.5~2.0厘米，板条走向要与鸭舍的长轴平行。竹子产区也有竹竿或竹片做竹条地面，竹材的直径与空隙一般均为1.5~2.5厘米。网上育雏的饲养密度可稍高于地面散养，通常1~2周龄内，每平方米可达20~25只，2~3周龄时为10~15只。网上育雏的优点是粪便直接落入网下，雏鸭不与粪便接触，减少了病原感染的机会，尤其是大大减少了球虫病暴发的危险；同时，由于养在网上，提高了饲养密度，减少了鸭舍建筑面积，可减少投资，提高经济效益。

（3）地面-网上混合育雏。将地面育雏与网上育雏结合起来，称为混合育雏。其做法是将育雏舍地面分为两部分，一部分是高出地面的高床，另一部分是铺垫料的地面。这两部分之间有水泥坡地面连接。饮水器放在网上，可使舍内垫草保持干燥。

2. 立体育雏 立体饲养是指笼养，就是把雏鸭养在多层笼内，这样可以增加饲养密度，减少建筑面积和土地占用面积，提高管理定额，便于机械化操作，适合规模化饲养。育雏笼由笼架、笼体、料槽、水槽和托粪盘构成。规模不等，一般笼架长100厘米，宽60~80厘米，高150厘米。从离地30厘米起，每

40厘米为一层，可设三层，笼底与托粪盘相距10厘米。笼育可充分利用鸭舍空间，增加饲养数量；同时，笼养可减少鸭的运动，有利于肉鸭的快速生长。

（二）供温方式

1. 电热供温 电热供温在电源充足、供电稳定、价格便宜的地区可采用。常用的加热设备有电热育雏笼、电热育雏伞和红外线灯等。

（1）电热育雏笼。电热育雏笼多为4层层叠拼装式，笼内一半配有供温装置。雏鸭根据温度感受情况，可从笼的一边随意到另一边去活动。电热育雏笼加温效果较好，可用于鸭的育雏阶段，但喂料、饮水不太方便，饲养中还要根据鸭体不断长大的情况经常分群，管理较麻烦。

（2）电热育雏伞。电热育雏伞形状像伞样，撑开吊起，伞内侧安装有加温和控温装置（如电热丝、电热管、温度控制器等），伞下一定区域温度升高，达到育雏温度。雏鸭在伞下活动，采食和饮水。伞的直径大小不同，养育的雏鸭数量不等。现在伞的材料多是耐高温的尼龙，可以折叠，使用比较方便。其优点是育雏数量多，雏鸭可以在伞下选择适宜的温度带，换气良好；不足是育雏舍内还需要保持一定的温度（需要保持24℃），当室温低于15℃以下时，保温效果不太好。这种育雏法适用于地面平养、网上平养。

（3）红外线育雏。红外线育雏是利用红外线灯发出的热量来供给雏鸭温度。市售的红外线灯为250瓦，红外线灯一般悬挂在离地面35~40厘米的高度，在使用中，红外线灯的高度应根据具体情况调节。雏鸭可自由选择离灯较远或较近处活动。红外线灯育雏温度均匀，室内清洁，使用方便，但热效果差，灯泡易损，成本较高。

2. 煤炭供温 煤炭来源丰富的地区，可以采用锅炉暖气、热风炉、煤炉和地炕供温等。此法加温效果比电热加温要好，育雏环境较干燥，育雏效果好，费用低，但温度的掌握和管理较麻烦。

（1）煤炉供温。煤炉供温指在育雏室内设置煤炉和排烟通道，燃料用炭块、煤球、煤块均可，保温良好的房舍，每20~30平方米设置一个煤炉即可。为了防止舍内空气污染，可以紧挨墙砌煤炉，把煤炉的进风口和掏灰口设置在墙外。这种方法的优点是省燃料、温度易上升，缺点是费人力、温度不稳定，适用于专业户、小规模鸭场的育雏。

（2）烟道供温。根据烟道的设置，可分为地下烟道育雏和地上烟道育雏两种形式。①地下烟道育雏：在育雏室，顺着房的后墙地下修建两个直通火道，烟道顶端面与地面平，火门留在育雏室中央，烟道最后从育雏室墙上用烟囱通往室外。为了保温在烟道上设有护板，并靠墙挖一斜坡，护板下半都是活动的，可以支起来，便于打扫。这种地下烟道，可以使用当地任何燃料，经济实用，根据舍内温度，昼夜烧火，这是一种经济、简便、有效的供温设备，可广泛采用。②地上烟道育雏：烟道设在育雏室的地面上，雏鸭活动在烟道下，这种烟道可使用任何燃料，也可根据舍温调整烧火次数，以保证适宜的舍温需要。

3. 热水热气供温　大型鸭场育雏数量较多，可在育雏舍内安装散热片和管道，利用锅炉产生的热气或热水使育雏舍内温度升高。此法可保证育雏舍清洁卫生，育雏温度稳定，但投入较大。

4. 热风炉供温　将热风炉产生的热风引入育雏舍内，使舍内温度升高。

四、育雏前的准备和试温

（一）育雏前的准备

1. 育雏舍的准备和清洁消毒　雏鸭饲养量的多少，要根据鸭舍的面积和饲养方式来定。一般地面平养时按每平方米饲养20~25只来准备育雏室。每间鸭舍的进口处，要有一间更衣室，以备所有工作人员使用，并备有浴室和成套的衣服鞋帽；育雏舍门口应有消毒池，内放消毒药水。即使条件不许可的鸭场或养鸭户，也应有备用的衣、鞋更换。育雏室在使用前应做彻底清扫消毒。清洁消毒的方法和步骤如下：

（1）清理、清扫、清洗。先清理鸭舍内的设备、用具和一切杂物，然后清扫鸭舍。清扫前在舍内喷洒消毒液，可以防止尘埃飞扬。把舍内墙壁、天花板、地面的角角落落清理清扫得干干净净，清扫后用高压水冲洗机清洗育雏舍。不能移动的设备用具也要清扫消毒。

（2）墙壁、地面消毒。育雏舍的墙壁可用10%石灰乳+5%氢氧化钠溶液抹白，新建育雏舍可用5%的氢氧化钠溶液或5%的福尔马林溶液喷洒。地面用5%的氢氧化钠溶液喷洒。

（3）设备用具消毒。把移出的设备、用具，如料盘、料桶、饮水器等清洗干净，然后用5%的福尔马林溶液喷洒或在消毒池内浸泡3~5小时。地面饲养所用垫料如锯木屑、刨花或稻草，使用前放在日光下暴晒1~2天。用稻草作垫料时，要用晒干的新鲜稻草，防止曲霉菌对雏鸭的侵害。然后将其移入育雏舍。

（4）熏蒸消毒。把育雏使用的设备用具移入舍内后，封闭门窗进行熏蒸消毒。常用的药品是福尔马林和高锰酸钾（表5-4）。熏蒸步骤：

第一步，封闭育雏舍的窗和所有缝隙，根据育雏舍的污浊程度，选用不同的熏蒸浓度（表5-4），根据育雏舍的空间分别计算福尔马林和高锰酸钾的用量。

第二步，把高锰酸钾放入陶瓷或瓦制的容器内（育雏舍面积大时可以多放几个容器），将福尔马林溶液缓缓倒入，迅速撤离，封闭好门。

表 5-4　不同熏蒸浓度的药物使用量

药品名称	Ⅰ	Ⅱ	Ⅲ
福尔马林（毫升/米^3）	14	28	42
高锰酸钾（克/米^3）	7	14	21

第三步，熏蒸效果最佳的环境温度是24℃以上，相对湿度75%~80%，熏蒸时间24~48小时。熏蒸后打开门窗通风换气1~2天，使其中甲醛气体逸出。不立即使用的可以不打开门窗，待用前再打开门窗通风。

第四步，熏蒸时要注意盛装药品的容器尽量大一些，熏蒸后注意检查药物反应情况。

（5）育雏舍周围环境消毒。最后将鸭舍周围环境的杂物也彻底清除干净，用10%的甲醛或5%~8%的氢氧化钠溶液喷洒育雏舍周围和道路。

2. 育雏用具等设备的准备

（1）设备准备。准备好保温设备、通风换气设备、光照设备。

（2）饲喂饮水用具准备。育雏期的饲喂用具有开食盘（或竹席、草席、塑料薄膜，每100只鸭占用面积0.3平方米左右）、无毒塑料盆（每15只鸭用1个）。饮水用具有壶式饮水器（育雏期每50只鸭用1个小号或中号饮水器）、乳头饮水器或勺式饮水器。浅水盆（每群鸭1个）。

（3）防疫消毒用具。防疫用具有滴管、连续注射器、气雾机等；消毒用具有喷雾器。

3. 药品准备　准备的药品包括：疫苗等生物制品；防治白痢、球虫的药物（如球痢灵、杜球、三字球虫粉等）；抗应激剂（如维生素C、速溶多维）；营养剂（如糖、奶粉、多维电解质等）；消毒药（酸类、醛类、氯制剂等，准备3~5种消毒药交替使用)。

4. 人员准备 饲养人员应提前参加培训，掌握基本的饲养管理知识和技术。育雏人员在育雏前1周左右到位并着手工作。

5. 饲料准备 不同的饲养阶段需要不同的饲料。育雏料在雏鸭入舍前1天进入育雏舍，每次配制的饲料不要太多，能够饲喂5~7天即可，饲料存放时间长易变质或营养损失。

（二）温度调试

安装好供温设备后要调试，观察温度能否上升到要求的温度，需要多长时间达到。如果达不到要求，要采取措施尽早解决。为了更好地进行温控，育雏室必须配备温度计，悬挂位置适宜。测定室内温度，温度计挂在远离热源的地方，距离地面1.5米左右；测定育雏温度，温度计应离地面或网面5~6厘米，即温度计的感应部分应该与鸭背相平。另外，为了减少加热空间，可以把育雏舍的一头用塑料布或其他材料暂时隔离开来，作为育雏区，待雏鸭长大后再疏散扩大。育雏舍的温度要求因加温设备的不同而有差异。如采用保姆伞加温，1日龄伞下的温度控制在34~36℃，伞边缘区域温度控制在30~32℃，育雏舍的温度在20~24℃即可。如采用整室（热风炉、地炕等），1日龄的舍温要求保持在29~31℃。随着雏鸭日龄的增大温度逐渐降低。

育雏前2天，要使温度上升到育雏温度且保持稳定。根据供温设备情况提前升温，尤其是寒冷季节，温度升高比较慢，如果不及早升温，可能出现雏鸭入舍时温度达不到要求而影响育雏效果。

五、雏鸭的饲养管理

（一）优质雏鸭的选择和运输

雏鸭品质好坏和运输情况直接影响育雏率和生长速度，也影响生长成熟后的生产性能，所以必须严格选择和精心运输。

1. 优质雏鸭的选择　选择优质雏鸭，必须考虑种鸭的品种、种蛋的孵化条件、雏鸭本身的质量等因素。

（1）根据种鸭的质量选择。选择苗鸭前，最好实地了解种鸭场的饲养情况。一是要有种蛋种禽经营许可证，饲养的是优质品种。二是饲养条件良好。如采用水陆结合饲养方式饲养的种鸭场，陆上运动场清洁、干净，水地运动场水质清洁。三是饲养管理良好，如饲料配制科学、日常管理严格等。

（2）根据孵化条件选择。优质的种蛋，必须在条件良好的孵化厂才有可能孵化出优质的雏鸭。应到规划布局合理、配套设施齐备、孵化操作规范的孵化厂选购鸭苗。如果孵化厂建筑及孵化器具十分简陋，甚至连基本的消毒设施都没有，这样的孵化厂不可能孵化出优质的雏鸭。

（3）根据鸭苗的质量选择。选购鸭苗，一定要挑选健壮的优质雏鸭。优质雏鸭的标准：①适时出壳，出壳整齐。先进的孵化设施，只有在科学的孵化操作技术下，才能孵出优质的鸭苗。优质鸭苗的基本条件之一，必须是适时出壳，出壳整齐。过早或推迟出壳，出壳持续时间很长，都会影响雏鸭的质量。一般来说，种鸭蛋的孵化时间应为 28 天，即当天下午入孵的种蛋，应在第 28 天的上午拿到。如果到时拿不到雏鸭，说明种蛋的孵化时间推迟，胚胎的生长发育在某一时间受到影响，因而雏鸭的质量就有可能受影响。如种蛋保存时间过长、孵化设施达不到要求、种蛋在孵化期间的受热不均（导致不同部位的种蛋胚胎发育不一致，其特征是整个孵化机内的雏鸭从开始至出雏结束的时间延长）或孵化温度不适宜等，都可能影响出雏时间。凡推迟出雏的雏鸭一般脐部血管收缩不良，容易在出雏时受到有害细菌的影响，因而选择雏鸭时出雏过迟的鸭苗不能选购。②外形健康活泼。眼睛灵活而有神；全身绒毛整洁光亮，个体大、重，体躯长而阔，臀部柔软；脚高、粗壮，站立行走姿势正直有力；肛门周围没有粪便沾污。③卵黄吸收良好，腹部柔软，大小适中。脐部愈合良好，无出血或干硬突出痕迹。④趾爪无弯曲损伤，无畸形。

2. 雏鸭的运输 雏鸭出雏后24小时之内应运到目的地，如果时间过长，因雏鸭开饮、开食过迟会影响正常的生长发育，特别是对卵黄吸收不利。运输时最好选用特制的纸箱装运，如用竹筐、塑料箱装运时，底部须垫好柔软的垫料，如干禾草、布或纸等，天气冷时还要用厚布或毯子等盖好顶部和周围，但要注意适当通风换气，以防雏鸭呼吸困难，甚至闷死。装运时要注意密度，密度太大时雏鸭互相挤压，应激多，死伤多；密度太小时箱内温度低，运输车摇晃时雏鸭到处跌撞滚动，应激大，受伤多。天热时密度可小些，天冷时密度可大些。运输途中要注意防寒、防晒、防热、防淋、防颠簸摇摆，以及保持适当的通风换气等。雏鸭运到后，应立即搬进育雏舍，减少外界环境的影响。

（二）雏鸭的饲养管理

雏鸭阶段是鸭一生中相对生长最快的阶段，是整个生长期中的重要阶段。但由于雏鸭具有补偿生长功能，雏鸭时期稍有生长不足，只要没有严重影响发育，以后可慢慢追补回来，并达到标准体重。所以，雏鸭的饲料营养水平可以低一些。

1. 雏鸭的入舍 运回来的雏鸭应立即搬入育雏舍内，让其安静休息片刻后进行分群。一般应根据出壳时间的早迟、体质的强弱和体重的大小，把强雏和弱雏分别挑出，组成小群饲养，每群雏鸭以400~500只为宜。然后放入保温区内。对于那些弱雏，要把它们放在靠近热源（即室温较高）的区域饲养。另外，最好采用厚垫料饲养，这样可使脐部闭合不良的弱雏，在垫料作用下使脐部尽早愈合，有利于提高成活率。笼养时，将弱雏放在笼的上层温度较高的地方。

2. 雏鸭的饮水饲喂 饮水饲喂育雏时，应注意“早开饮、早开食，先饮水、后开食”。

（1）饮水。运来或购来的雏鸭，分群后放入保温区域内，设法让其尽快学会饮水。刚孵出的小鸭，第一次饮水称“开饮”。雏鸭有边吃料边喝水的习性，可用浅盘或饮水器饮水。水要保持清洁，并要避免溅湿垫料及雏鸭身体。饮水可以是0.1%的高锰酸钾溶液或5%的葡萄糖溶液。“开饮”时也可将雏鸭连同鸭篓慢慢浸入水中，使水没过脚趾，但不能超过跖关节，让雏鸭在水中站立5~10分钟（天热时站的时间久些，天冷时站的时间短些），即通常所说的“点水”。这时，雏鸭受到水的刺激，十分活跃，一边饮水，一边嬉戏，使生理上处于兴奋状态，促进新陈代谢，促使粪便排泄，增强食欲，刺激尾脂腺的分泌等，如果再在水面上撒点绿浮萍，则效果更佳。春末至秋初，当气温超过15℃时，可直接在冷水中“开饮”，气温低于14℃时，容器内要加点热水，适当提高水温。

雏鸭在出壳后24小时内一定要饮到水，以防出现虚脱和脱水现象。水质必须新鲜、清洁，水温接近室温，而且饮水器数量要足够，分布要均匀，且高度要适中，这些都需随雏鸭日龄的增加而加以调整。高度应同鸭背持平，若水位过低，鸭在饮水时会反吐饲料。饮水器数量不够或摆放位置不均匀时，弱雏和部分雏鸭难以饮到水，对生长不利；对不会饮水、呆立的雏鸭，应采取多次“点水”或人工摄取的训练方法，让其学会饮水。随着日龄的增加，雏鸭的饮水量加大，而且嬉水性充分表现出来，这时须逐渐增加饮水器数量，或改用大饮水器和大水盆，水深以从鸭鼻孔到喙端距离为准，并经常清洗饮水用具和更换掉脏的饮水，装入新鲜的水。水质要求酸碱适度，细菌含量符合要求，含盐量低。若鸭舍装有自动饮水器，需1周龄后才逐渐换用，并视鸭的适应情况采取相应措施。如果饮水量突然下降，往往预示着雏鸭群开始发生异常，可能有疾病感染或饲料饮水有问题，须马上调查，找出原因，加以补救。

（2）饲喂。饮水后1小时左右就可以喂食了。雏鸭出壳后第一次吃料称“开食”。合理的开食可满足雏鸭生长发育的需要。要保证供应完善的营养，尤其是蛋白质、维生素和无机盐等。开食时间主要取决于雏鸭胃肠的发育情况，若开食过早，雏鸭胃肠较软弱，不利于消化器官的健康发育；开食过晚，会大量消耗雏鸭体力，影响其生长发育和成活率。

雏鸭出壳后24~28小时让其开食，最迟不能超过36小时。为便于雏鸭学会采食，最初几天可采用浅平的饲料盆，饲料放于其中，或直接将饲料撒在干净的编织袋或深颜色塑料布上，也有将饲料拌湿喂几天的，让其互相啄食，经过2~3次调教，雏鸭即可“自食”。饲养员喂料要撒得均匀，撒得开，同时务必细心观察，要使每只鸭子都能吃进饲料，但也不能吃得太多，六七成饱就可以了。发现吃得较猛、较多的雏鸭，要提前捉出，关到鸭篓内，以免过饱伤食；发现吃得很少或没有进食的雏鸭，也要捉出，单独圈在一个地方，圈得密一点，专门喂饲料。对于个别仍不吃食的雏鸭，要单独喂点糖水或葡萄糖水，喂糖水的工具最好是注射器，注射器头上套一根细胶皮管（可用自行车气门芯），将它插入食道内，以免糖水流入气管致死，或者用滴管套上胶皮管代替注射器喂糖水。第二遍撒料时，要注意找空隙处投撒，使雏鸭采食时不拥挤，以免互相践踏，同时让体质较弱的雏鸭也有机会吃到饲料。对于不知道吃食的雏鸭，应对其进行训练，采取人工强饲的方法，反复调教，直至学会吃食为止。等雏鸭都会采食后，才逐渐换用5升装饲料桶饲喂或用料槽饲喂，槽的边高3~4厘米，长50~70厘米，这样可以防止混入鸭粪污染饲料。饲料桶或料槽下面一定要放有干净的塑料布或稍大于饲料桶的面盆，用来承接雏鸭采食时撒出的饲料，然后定期将撒出的饲料再放回饲料桶或饲料槽，让雏鸭采食，并适时清洗更换此塑料布或面盆，以减少饲料浪费。

雏鸭喂食的基本原则是“少喂多餐”和“定时定餐”。由于雏鸭的消化功能较弱，为防止其消化不良，要多餐少食。晚上要喂2次，最初3天的饲养非常关键，对不会自动走向料槽的弱雏，要耐心引诱它去采食，使每只都能吃到饲料，吃饱而不吃过头。6日龄起就可以采用定时喂食，每隔2小时喂1次；8~12日龄每隔3小时喂1次，每昼夜喂8次；13~15日龄每隔4小时喂1次，每昼夜喂6次；16~20日龄每昼夜喂5次，白天每隔4小时喂1次，夜间每隔6小时喂1次；21日龄以后，每隔6小时喂1次，每昼夜喂4次。采用定时定量饲喂雏鸭，不仅可以保持雏鸭旺盛的食欲，也可以及时发现采食不正常的雏鸭。

“开食”的适宜时间，春鸭出壳后24小时左右，夏鸭出壳后18~20小时，秋鸭出壳后24~30小时。“开食”过早，雏鸭身体软弱，采食活动能力差，收不到“开食”的效果；“开食”过迟，不能及时补充所需的养分，使雏鸭体内养分消耗过多，过分疲劳，降低了胃肠的消化吸收能力，即成为“老口”雏鸭，比较难养。如果在“开食”前不知道雏鸭的准确出壳时间，或者将不同时间出壳的小鸭混养，这时要根据情况，进行一次分群挑选。

挑选的依据是：一是看精神状态，雏鸭活泼好动，神态老练，并有求食行为者，可以先“开食”；二是看雏鸭脚上表皮，凡脚胫和蹼上的表皮干燥收缩，说明出壳时间已久，可以先“开食”。凡表皮细嫩，似在水中浸过一样湿润，说明出壳不久，可暂缓“开食”。

饲养量少的或育雏期不是采用全价颗粒料来喂养的小型鸭场（户），应及时给雏鸭饲喂一些青饲料和动物性蛋白饲料，如将青草、菜叶、蚯蚓、泥鳅、蝇蛆、黄鳝等斩碎喂鸭，以满足雏鸭的快速生长需要。并注意多放牧让其吃活食。

饲喂沙砾。为满足雏鸭生理功能的需要，应在中雏鸭的运动场上，专门放几个沙砾小盘，或在精料中加入一定比例的沙砾，这样不仅能提高饲料转化率，节约饲料，而且能增强其消化功能，有助于提高鸭的体质和抗逆能力。

3. 雏鸭的管理

（1）保持适宜的环境条件。控制好温度、湿度、通风、光照、密度、营养等环境条件，特别要做好保温和脱温工作。

（2）建立稳定的管理程序。鸭喜集群生活，合群性很强，神经类型较敏感，极易形成条件反射。在雏鸭阶段培养的生活习性可保持终生。例如每天定时定地饮水、吃料、下水游泳、上滩理毛、入圈歇息等。一旦形成习惯，不要轻易改变。如果需要改变，也要逐步改变，使雏鸭逐步适应新的生活秩序。饲料品种和调制喂养方法的改变，也要采取循序渐进的方式，不能随心所欲，频繁改变，要使雏鸭有一个适应过程。如果频繁改变饲料和生活秩序，不仅不能使雏鸭形成良好而有规律的生活习惯，而且还会影响生长，引起疾病，降低育成率。

（3）让雏鸭尽快熟悉环境。用育雏伞育雏时，伞内要安装一个小的白光灯或红光灯以调教雏鸭熟悉环境。2~3 天雏鸭熟悉热源后方可去掉。育雏器周围最好加上护栏（冬季用板材，夏季用金属网），以防雏鸭远离热源，随着日龄增加，逐渐扩大护栏所围面积或移去护栏。

暖房式（整个舍内温度达到育雏温度）加温的育雏舍，在育雏前期可以把雏鸭固定在一个较小的范围内，这样可以提高饲槽和饮水器的密度，有利于雏鸭学会饮水和采食。同时，育雏空间较小，有利于保持育雏温度和节约燃料。

笼养时，育雏的前 1 周内笼底要铺上厚实粗糙并有良好吸湿性的纸张，这样笼底平整，易于保持育雏温度，使雏鸭活动舒适。

（4）垫料管理。地面平养一般要使用垫料，开始时垫料厚度为5厘米，3周内保持垫料稍微潮湿，不能过于干燥，否则易引起脱水，以后保持垫料干燥，其相对湿度为25%。随着雏鸭日龄增大、排泄物不断增多。育雏区的垫料极易潮湿、污秽，这种环境会使雏鸭绒毛沾湿、弄脏，病原生物易于繁殖，必须及时打扫干净，勤换垫料，保持育雏区干燥清洁。特别要注意的是靠近热源的垫料的管理，因鸭只容易在此逗留，更易污浊潮湿。在未发生传染病的情况下，换下的垫料经过翻晒晾干，可以再用，但晒热的垫料要晾凉后才可供鸭用，热料关鸭易引起雏鸭中暑。圈窝的垫料干燥松软，雏鸭才能得到充分休息，睡得舒服安稳。

（5）分群、稀群和转群。鸭群不要过大，一般每群以300~500只为宜。入舍的第一次分群后，随着日龄的增加，鸭群会出现大小、强弱差异，所以分群工作要经常进行，可以在8日龄和15日龄时，结合密度调整和防疫、饲喂等机会进行分群。按大小分群、强弱分群，有利于鸭群生长发育整齐，减少死亡。

在“开食”后3天左右，逐只检查，将吃食少或不吃食的放在一起饲养，适当增加饲喂次数，并比其他雏鸭的环境温度提高1~2℃，同时查看是否存在疾病。此外，可根据雏鸭各阶段的体重和羽毛生长情况分群，各品种都有自己的标准和生长发育规律，及时淘汰体重过小的、瘦弱的、残疾的、畸形的等无饲养价值的鸭，可降低育成鸭的培育费用。

随着日龄的增加，鸭的体形增大，需要不断扩大饲养面积，疏散鸭群。根据不同日龄和不同饲养方式的密度要求，合理地扩大饲养面积，避免鸭群拥挤，影响生长发育和均匀整齐。

育雏结束，需要转入育成舍或部分转入育成舍。转群时，抓鸭要抓鸭脚，提鸭腿。捕捉鸭时动作要柔和，避免动作粗暴引起损伤和严重应激。转群前要在料槽和水槽中放上料和水，保持鸭舍明亮，在饲料和饮水中加入多种维生素，以减少应激。

(6) 适时下水，保证运动。出壳后第3天可让小鸭下水，先下小水，可采用竹篮或鸭笼端下水，以打湿小鸭脚板为宜，每天2次，每次不超过10分钟。5天以后下大水自由活动就可以实现放牧。

蛋用鸭神经敏感，胆子较小，从育雏期开始，饲养员就要进行训练调教，使它在接近陌生人或放牧、下水时都不会心惊胆战，以免受惊。

下水要从小开始训练，千万不要因为雏鸭怕冷、胆小、怕下水而停止。开始1~5天，可以与雏鸭“点水”（有的称“潮口”）结合起来，即在鸭篓内“点水”。早春天气冷，晴天时可以在室外铺一张尼龙薄膜，四边垫高，中间倒上清水，水深2厘米左右，水倒好后在太阳下晒一会儿，待水稍温后，再把鸭放进去。用这种方法锻炼下水，鸭不感到冷，连续几天后，雏鸭就习惯下水了。注意每次下水上来，都要让它们在无风温暖的地方梳理羽毛，使身上的湿毛尽快干燥，千万不可带着湿毛入窝休息。下水活动，夏季不能在中午烈日下进行，冬季不能在阴冷的早晚进行。雏鸭下水还要根据天气和气温而定，天气晴朗，气温较高时应坚持每天下水；天气下雨，气温低时，不下水或下水时间短一些，以免鸭子受冷生病。放鸭的时间要由短到长，逐步锻炼。

除水浴外，雏鸭的运动还有两种形式。一种是室内运动，即每隔20分钟左右，将躺睡着的雏鸭徐徐轰赶，沿鸭舍四周缓慢而行。避免雏鸭久卧在潮湿的垫草上，引发胸部及腿部疾患。如果此时垫草已经潮湿，可一边驱赶，一边撒上一层平整、干净的新鲜垫草，并将雏鸭徐徐赶到运动场上，接触阳光和呼吸新鲜空气。1周龄左右的雏鸭，在室内外温差不超过3~5℃时，即可把它放到运动场上。初放时，以中午为好，每次活动15~20分钟，随日龄增加，逐步延长室外活动时间。雨雪天气，切不可外放。

夏季气温高，阳光强烈，室外运动场要搭凉棚遮阳，以免中暑。运动场的前方，最好有水面（池塘或河流），或人工挖一水池，天热时，稍大的雏鸭能自由到池中洗澡，可以防暑降温。人工挖的水池要有一定的深度和坡度，最浅处水深 5～10 厘米，最深处可达到 30～40 厘米。池水必须清洁，最好是活水，否则必须每天更换，以免被污染后感染雏鸭。

（7）加强对弱雏的管理。随着日龄增加，雏鸭群内会出现体质瘦弱的个体。注意及时挑出小鸭和病弱鸭，隔离饲养，可在饲料中添加糖、奶粉等营养剂，或加入维生素 C 或速溶多维等抗应激剂，也可使用土霉素、链霉素、呋喃唑酮等抗菌药物，精心管理，促进生长发育。

（8）注意观察鸭群。观察鸭群能及时发现问题，把疾患消灭于萌芽状态。所以每天都要细致地观察鸭群。主要观察如下方面：

一是采食情况。正常的鸭群采食积极，食欲旺盛，触摸嗉囊饱满。个别鸭不食或采食不积极应隔离观察。若有较多的鸭不食或不积极，应该高度重视并找出原因。

其原因一般有：突然更换饲料，如两种饲料的品质或饲料原料差异很大，突然更换，鸭只没有适应引起不食或少食；饲料的腐败变质，如酸败、霉变等；环境条件不适宜，如育雏期温度过低或过高、温度不稳定，育成期温度过高等；疾病，如鸭群发生了较为严重的疾病。

二是精神状态。健康的鸭活泼好动；不健康的鸭会呆立一边或离群独卧、低头垂翅等。

三是呼吸系统情况。观察有无咳嗽、流鼻、呼吸困难等症状，在晚上夜深人静时，蹲在鸭舍内静听雏鸭的呼吸音，正常应该是安静，听不到异常声音。如有异常声音，应引起高度重视，做进一步的检查。

四是粪便检查。粪便的性状变化可反映畜禽的健康状况，在生产中可通过观察鸭粪的变化来及时掌握鸭群的健康状态。正常鸭的粪便软硬适中，形状多呈圆柱形或条形，棕灰色，一端附有白色的尿酸盐，没有恶臭。每天早晨第一次排出的粪便呈糊状，棕绿色，属正常现象，但粪便的颜色也常因饲料成分和各种混合物不同而异。喂过多青绿饲料时，粪便多为淡绿色；而饲料不含青绿饲料，粪便多呈黄褐色、较软；碳水化合物饲料较多而蛋白蛋饲料较少时，鸭粪便呈茶褐色，并带有特殊的臭味；鸭饲料中蛋白质含量过多时，鸭粪便呈白色。如绿色粪便，粪便黏稠恶臭呈现黑绿色，这是由于胆汁和肠道脱落的组织细胞相混而成，多见于鸭霍乱、鸭传染性浆膜炎、鸭病毒性肝炎等；肉红色粪便，形如烂肉，由脱落的肠黏膜形成，多见于患球虫病、绦虫病、蛔虫病和肠炎恢复期的鸭；稀薄粪便，鸭消化正常但粪便含水量多而不成形，多因天气炎热时饮水量骤然增加、饲料中含盐过多、轻度的大肠杆菌侵染、饲料中含轻微有毒物质所致；黄色硫黄粪便，是由于肝小叶受损从而影响胆汁排泄，导致胆红素进入血液，经尿排出而形成表面黄色或淡黄色的尿覆盖，多见于盲肠炎、肝炎；黄白色稀粪便，黏稠，常黏糊于肛门，多见于鸭流感、鸭传染性浆膜炎；铁锈色水样粪便，呈铁锈色水样并混有尿酸盐，有时还掺有消化不彻底的饲料，是由肠道严重出血造成的，多见于禽流感早期及中毒等引起的消化道出血等。

（9）卫生防疫。一是加强隔离卫生。育雏期间应封闭，避免闲杂人员入内。饲养管理人员进入要进行严格的消毒。设备、用具、饲料等进入也要消毒；保持育雏舍和育成舍的清洁卫生，垃圾和污物放在指定地点，不要随意乱倒；定期清理粪便。饲养人员保持个人卫生。保持饲喂用具、饮水用具的卫生，育雏舍周围的环境也要经常打扫，四周的排水沟必须畅通，以保持干燥、清洁、卫生的良好环境。二是注重消毒。除了进入的人员、设备及用具要严格消毒外，还要定期进行鸭舍和环境消毒。育雏期每周带鸭消毒2~3次，育成期每周1~2次；鸭舍周围环境每周消毒1次。饲喂用具每周消毒1次，饮水用具每周消毒2~3次，同时对水源也要定期进行消毒。三是制定严格的免疫接种程序，并进行确切的操作。

(10) 记录和统计计算。做好记录有利于了解鸭群状况和发育情况，有利于经济核算和降低饲养成本，有利于总结经验和吸取教训，提高饲养管理和技术水平。记录包括每日记录如雏鸭的日龄、周龄、鸭数变动情况、喂料量、温度、湿度、通风换气、外界气候变化、鸭群精神状态，用药记录如药品名称、产地、含量、失效期、剂量、用药途径及用药效果，防疫记录如防疫时间、疫病种类、疫苗名称、来源、失效期、防疫方法和财务记录如各种消耗、支出以及收入等。

根据记录情况，进行统计计算可以了解育雏成本。育雏成本计算公式：

$$\text{每只雏鸭成本}=\frac{(\text{雏鸭的饲养费用}-\text{副产品价值})}{\text{育雏期末成活的雏鸭数}}$$

第二节　圈养鸭的饲养管理

一、育成鸭的饲养管理

育成鸭一般是指5~16周龄或18周龄开产前的青年鸭。育成鸭饲养管理的好坏，直接影响到育成新母鸭的质量，直接影响到以后生产性能的发挥。所以，必须加强饲养管理，培育优质的育成新母鸭。

(一) 育成鸭的特点

根据青年鸭生理特点采取饲养管理措施，使其发育整齐，为以后稳产、高产奠定基础。

1. 体重增长快 育成阶段是鸭体重增长较快的一个时期。以绍兴麻鸭为例，28 日龄以后体重的绝对增长加快，42~44 日龄达到高峰，56 日龄起逐渐降低，然后趋于平稳增长，至 16 周龄的体重已接近成年体重。

2. 羽毛生长迅速 育成阶段也是鸭羽毛生长迅速的一个时期。仍以绍兴麻鸭为例，育雏期结束时，雏鸭身上还掩盖着绒毛，棕红色麻雀羽毛才将要长出；而到 42~44 日龄时胸腹部羽毛已长齐，平整光滑，达到“滑底”；48~52 日龄青年鸭已达“三面光”；52~56 日龄已长出主翼羽；81~91 日龄蛋鸭腹部已换好第二次新羽毛；102 日龄蛋鸭全身羽毛已长齐，两翅主翼羽已“交翅”。

3. 性器官发育快 育成 10 周龄后，在第二次换羽期间，卵巢上的卵泡也在快速长大，12 周龄后，性器官的发育尤其迅速。为了保证青年鸭的骨骼和肌肉的充分生长，避免鸭的性器官发育过快，体发育与性发育一致，必须严格控制青年鸭的饲料和光照，防止过早性成熟，影响产蛋性能的充分发挥。

4. 适应能力强 随着日龄的增长，青年鸭羽毛逐渐丰满（御寒能力也逐步加强），体温调节功能健全，对外界气温变化的适应能力也随之加强，可以在常温下甚至可以在露天饲养；随着青年鸭体重的增长，消化器官也随之增大，储存饲料的容积增大，消化能力增强。此期的青年鸭杂食性强，可以充分利用天然动植物性饲料。

（二）育成鸭的指标要求

育成鸭在 16~18 周龄时，健康无病，整个鸭群的体重要求较为一致，要求每只鸭体重在平均体重的 10%上下范围以内，并且肥瘦情况、骨骼大小、肌肉发达程度都要求整齐。体重一致的鸭群，一般性成熟期也一致，达 50%产蛋率后即迅速进入产蛋高峰，且持续时间长；反之，体重不整齐的鸭群，容易出现体形大的越来越大，体形小的则发育越趋迟滞，其结果是开产后产蛋率上升很慢，常常不能达到应有的产蛋高峰，即使达到，时间也很短，并急速下降。

（三）育成鸭的饲养方式

1. 放牧饲养 育成鸭的放牧饲养是我国传统的饲养方式。由于鸭的合群性好，觅食能力强，能在陆上平地、山地和水中的浅水、深水中潜游觅食各种天然的动植物性饲料。因此，可利用农田、湖泽、河塘、沟渠放牧和海滩放牧饲养，以节约大量的饲料，降低成本，同时使鸭群得到很好的锻炼，增强鸭的体质。大规模生产时，采用放牧饲养的方式已越来越少。

2. 全舍饲饲养 育成鸭的整个饲养过程始终在鸭舍内进行的方式称为全舍饲圈养或关养。鸭舍内采用厚垫草（料）饲养，或是网状地面饲养，或是栅条地面饲养。由于吃料、饮水、运动和休息全在鸭舍内进行，因此饲养管理较放牧饲养严格。例如舍内必须设置饮水和排水系统；采用垫料饲养的，垫料要厚，要经常疏松，必要时要翻晒，以保持垫料干燥；若采用网状地面或栅状地面饲养，其地面要比鸭舍地面高 60 厘米以上，鸭舍地面用水泥铺成，并有一定的坡度（每米落差 6~10 厘米），以便于清除鸭粪。网状地面饲养最好用涂塑铁丝网，网眼为 24 毫米×12 毫米，栅状地面可用宽 20~25 毫米、厚 5~8 毫米的木板条或 25 毫米宽的竹片，或者是用竹子制成相距 15 毫米空隙的栅状地面。这些结构都要制成组装式，以便冲洗和消毒。

全舍饲饲养方式可以人为地控制饲养环境，有利于科学养鸭，达到稳产、高产的目的；集中饲养便于向集约化生产过渡，同时可以增加饲养量，提高劳动效率。此法饲养成本较高。

随着养鸭业的规模化、集约化，全舍饲饲养成为必然的发展趋势，特别是缺乏水源的北方地区。

3. 半舍饲饲养 鸭群饲养在鸭舍、陆上运动场和水上运动场，不外出放牧，称为半舍饲饲养。半舍饲饲养时吃食、饮水可在舍内，也可在舍外，一般不设饮水系统，饲养管理不如全舍饲那样严格。其优点与全舍饲一样，便于科学饲养。这种方式一般是与鱼塘结合在一起，形成一个良性循环。它是目前我国养鸭生产中采用的主要方式之一。

（四）育成鸭的饲养

1. 营养需要 根据育成鸭的饲育特点，其营养要求相应低些，目的是使成鸭得到充分锻炼，使蛋鸭长好骨架，而不求长得肥胖。育成鸭的能量和蛋白质水平宜低不宜高，饲料中代谢能11.0~11.5兆焦/千克，蛋白质为15%~18%，钙为0.8%~1%，磷为0.45%~0.50%。日粮以糠麸为主，动物性饲料不宜过多。舍饲的鸭群在日粮中添加5%的沙砾，以增强肠胃功能，提高消化能力。有条件的养殖场，可用青绿饲料代替精料和维生素添加剂，青绿饲料占整个饲料的30%~50%。青绿饲料可以大量利用天然饲草，蛋白质饲料占10%~15%。若采用全舍饲或半舍饲，运动量不如放牧饲养，为了抑制育成鸭性腺过早成熟，防止沉积过多的脂肪，影响产蛋性能和种用性能，在育成期饲养过程中应采用限制饲喂。限制饲喂一般从8周龄开始，到16~18周龄结束。

2. 饲养

（1）饲料更换。育雏结束，鸭的体重达标，可以更换育成鸭料，但更换必须有一个过渡期，使鸭逐渐适应新的饲料。更换的方法为：第1天用4/5的雏鸭料、1/5的育成鸭料，第2天用3/5的雏鸭料、2/5的育成鸭料，第3天用2/5的雏鸭料、3/5的育成鸭料，第4天用1/5的雏鸭料、4/5的育成鸭料，第5天仅喂1/5的育成鸭料。

（2）饲喂。根据育成鸭的消化情况，一昼夜饲喂4次，定时定量。若投喂全价配合饲料，可做成直径4~6毫米、长8~10毫米的颗粒状，或者将混合均匀的粉料用水拌湿，然后将饲料分在料盆内或塑料布上，分批将鸭赶入进食。鸭在吃食时有饮水洗喙的习惯，鸭舍中可设长形的水槽或在适当位置放几只水盆，及时添换清洁饮水。

（3）限制饲养。后备鸭限制饲养的目的在于控制鸭的发育，不使其太肥，在适当的周龄达到性成熟，集中开产（开产体重控制在该品种标准体重的中上为好）。这样，既可以降低成本，又可以使其食量增大、耐粗饲而不影响产蛋性能。全舍饲和半舍饲鸭则要重视限制饲喂，否则会造成不良后果（如果放牧，放牧鸭群由于运动量大，能量消耗也较大，且每天都要不停地找食吃，整个过程就是很好地限饲过程）。限制饲养方法是用低能量日粮饲喂后备鸭，一般从 8 周龄开始到 16~18 周龄止。当鸭的体重符合本品种的各阶段体重时，可不需要限饲；如发现鸭过于肥大，则可以进行限制饲养。可降低饲料中的营养水平，适当多喂些青饲料和粗饲料，或按培育后备鸭的正常日粮（代谢能 11.0~11.5 兆焦/千克，蛋白质为 15%~18%）的 70%供给。

（4）饲喂沙砾。为满足育成鸭生理功能的需要，应在育成鸭的运动场上，专门放几个沙砾小盘，或在精料中加入一定比例的沙砾，如此不仅能提高饲料转化率，节约饲料，而且能增强其消化功能，有助于提高鸭的体质和抗逆能力。

（五）育成鸭的日常管理

1. 脱温　育雏结束，要根据外界温度情况逐渐地脱温。如冬季和早春育雏时，由于外界温度低（需要采用升温育雏饲养），待育雏结束时，外界温度与室温相差往往较大（一般超过 5~8℃），盲目地去掉热源，舍内温度会骤然下降，导致雏鸭遭受冷应激，轻者引发疾病，重者甚至引起死亡。所以，脱温要逐渐进行，让鸭有适应环境温度的过程。

2. 转群移舍　育雏结束后要扩大育雏区的饲养面积，即转群；育雏结束后要将鸭移入育成舍或部分移入育成舍，即移舍。转群移舍对鸭有较大的应激作用，操作不良会影响鸭的生长发育和健康。转群移舍必须注意：一是要准备好育成舍。转群前对育成舍进行彻底的清洁和消毒，安装好各种设备和用具。二是要空腹转舍，转群前必须空腹方可运出。三是逐步扩大饲养面积。若采用网上育雏，则雏鸭刚下地时，地上面积应适当圈小些，待中鸭经过 2~3 天的锻炼，腿部肌肉逐步增强后，再逐渐增大活动面积。因为育成舍的地上面积比网上大，雏鸭一下地，活动量突然增大，一时不适应，容易导致鸭子气喘、拐腿，重者甚至引起瘫痪。

3. 保持适宜的环境 育成鸭容易管理，虽然要求圈舍条件比较简易，但要尽量维持适宜的环境。一要做好防风、防雨工作。二要保持圈舍清洁干燥。三要保持适宜的温度。冬天要注意保温，夏天要注意防暑降温，运动场要搭凉棚遮阳。四要保持适宜密度。随鸭龄增大，不断调整密度，以满足中鸭不断生长的需要，不至于过于拥挤而影响其摄食生长，同时也要充分利用空间。其饲养密度因品种、周龄而异，5~8 周龄每平方米 15 只左右，9~12 周龄每平方米 12 只左右，13 周龄起每平方米 10 只左右。

4. 分群饲养 分群可以使鸭群生长发育一致，便于管理。在育成期分群的另一个原因是，育成鸭对外界环境十分敏感，尤其是在长血管时期，群体过大或饲养密度较高时，互相挤动会引起鸭群骚动，使刚生长出的羽毛轴受伤出血，甚至互相踩踏，导致生长发育停滞，影响今后的产蛋。因而，育成鸭要按体重大小、强弱和公母分群饲养。对体重较小、生长缓慢的弱中鸭应强化培育，集中喂养，加强管理，使其生长发育能迅速赶上同龄强鸭，使鸭群均匀整齐。一般放牧时，每群为 500~1 000 只，而舍饲鸭每栏 200~300 只。

5. 控制光照　光照是控制性成熟的方法之一。育成鸭的光照时间宜短不宜长。有条件的鸭场，育成鸭从 8 周龄起，每天光照 8~10 小时，光照强度 5 勒克斯。如利用自然光照，以下半年培育的秋鸭最为合适。但是，为了便于鸭子夜间饮水，防止老鼠或鸟兽走动时惊群，鸭舍内应通宵弱光照明。30 平方米的鸭舍，可以亮一盏 15 瓦的灯泡。遇到停电时，应立即用其他照明用具代替，绝不可延误，否则会造成很大伤亡。

6. 建立稳定的工作程序　圈养鸭的生活环境比放牧鸭稳定，要根据鸭子的生活习性，定时作息，制定操作规程。形成作息制度后，尽量保持稳定，不要经常变更，减少鸭群应激。

另外，注意观察育成鸭的行为表现、精神状态、采食、饮水及粪便情况，及时发现问题；注意鸭舍和环境的卫生、消毒及鸭群的防疫，避免疾病的发生；搞好记录工作，填写各种记录表格，加强育成成本的核算。

二、产蛋鸭的饲养管理

母鸭从开始产蛋直到淘汰的时期，均称产蛋期。一般蛋用型麻鸭从 150 天至 500 天，为第一个产蛋年，经过换羽后可以再利用第二年、第三年，但生产性能逐年下降，所以生产中一般多利用一个产蛋年。

（一）产蛋鸭的生理特点和要求

1. 胆大而性情温驯　与青年鸭相比，开产以后，鸭的胆子逐渐大起来，敢于接近陌生人。开产后的鸭性情温驯，喜欢离群独处。开产后的鸭子，进鸭舍后就独个儿伏下，安静地休息，不乱跑乱叫，放牧出去，喜欢单独活动。

2. 采食量大　蛋鸭产蛋强度大，产蛋量高，因此食欲好、食量大，机体代谢旺盛，消耗的营养物质特别多，所以对饲料要求条件高。如果饲料中营养物质不足或营养不全，会影响产蛋量、蛋壳质量和鸭的健康。

3. 生活规律性强 蛋鸭一般在深夜1~2时产蛋，此时夜深人静，没有任何吵扰，最适合鸭类的特殊要求。此时如果遭到应激，如突然停止光照或有人员走近，易引起骚乱，出现惊群，影响产蛋。在管理上，何时放鸭，何时喂料，何时休息，都会形成一定次序，如果次序被打破（如改变喂料餐数，大幅度调整饲料品种或改变光照、休息等时间），都会引起蛋鸭生理功能紊乱，造成减产或停产。所以，要保持鸭舍环境稳定，操作规程相对固定。

（二）影响产蛋的因素

1. 育成鸭的品质 优质育成鸭是蛋鸭高产的基础，只有培育出优质的育成鸭，才能使其生产潜力充分表现。优质育成鸭的标准：一要品种优良。蛋鸭产蛋首先是由其品种决定的。品种是取得高产的先决条件，所以应根据饲养条件和管理技术，选择适于本地饲养的高产品种。二是鸭群要健康。只有健康的育成新母鸭，才具有较强的生活力、适应力和抵抗力。培育过程中要加强饲料饲养和环境卫生等管理，减少病原感染和各种疾病的发生。三是鸭群要均匀整齐。鸭群的均匀整齐性直接关系到鸭群开产的一致性、高峰产蛋率上升的幅度和蛋品的大小，即影响蛋鸭的产蛋性能。培育过程中，要进行科学的饲养管理，保持适宜的饲养密度，注意分群，减少疾病的发生，并加强体重管理，保证每一只鸭都能良好地发育，培育出体重均匀一致的优质鸭群。

2. 营养因素 进入产蛋期以后，蛋鸭对营养物质的需求量较高，除用于维持生命活动必需的营养物质外，还需要大量产蛋所必需的各种营养物质，如蛋白质、钙等营养物质必须充分供应。要达到持续高产的水平，除优良品种先天因素外，日粮中营养物质全面和平衡，数量满足需要，这是保持高产稳产的必需条件。这既要经过科学的分析和计算，又要善于观察鸭群的状态，提供适于该群体需要的日粮，才能创造高产成绩，获得良好的经济效益。

3. 环境因素　环境因素较复杂，对产蛋影响最大的因素是温度和光照。

（1）温度。为了充分发挥优良蛋鸭品种的高产性能，除营养、光照等因素外，还要创造适宜的环境温度。鸭虽然对外界温度的变化有一定的适应能力，但超过一定的限度，就会影响产蛋量、蛋重、蛋壳厚度和饲料的利用率，也会影响受精率和种蛋孵化率。鸭没有汗腺散热，当环境温度超过30℃时，体热散发慢，尤其在圈养而又缺乏深水活水运动场的情况下，由于高温影响，采食量减少，正常生理功能受到干扰，蛋重减轻，蛋白变稀，蛋壳变薄，产蛋率下降，严重时会引起中暑；若环境温度过低，鸭体为了维持体温，势必导致能量使用率明显下降。当外界环境处在冰冻（0℃以下）的情况时，鸭群行动迟钝，产蛋率明显下降。

成鸭适宜的环境温度是5~27℃。产蛋鸭最适宜的温度是13~20℃，此时产蛋率和饲料利用率都处在最佳状态。因此，要尽可能创造条件，特别要做好冬季的防风保温工作，提供理想的产蛋环境温度，以获得最高的产蛋率。

（2）光照。光照时间长短、光照强度的大小以及光照制度等都影响蛋鸭的生产性能。合理的光照，能使青年鸭适时开产，使产蛋鸭提高产蛋量；不合理的光照，会使青年鸭的性成熟提前或推迟，使产蛋鸭减产停产，甚至造成换羽。

光照时间的长短，影响鸭的性器官发育和卵泡的成熟排卵。较长的光照时数可促进性器官发育和卵泡的成熟排卵。所以在培育期内，为了防止青年鸭过于早熟（早熟的鸭性器官发育与鸭体发育不协调，即鸭体发育没有成熟，产蛋率上升慢，产蛋高峰不高，维持时间短），要控制光照时间；即将进入产蛋期时，为促进卵巢发育和卵泡的成熟排卵，要逐步增加光照时间（光照时间逐渐增至16~17小时，然后稳定），提高光照强度，达到适时开产；进入产蛋高峰期后，要稳定光照制度（光照时间和光照强度），目的是使鸭群保持连续高产。

产蛋期的光照强度以5~8勒克斯为宜。如灯泡高度离地2米，一般每平方米鸭舍按1.3~1.5瓦计算，大约30平方米的鸭舍装一盏45瓦的灯泡。灯与灯之间的距离要相等，悬挂的高度要相同。大灯泡挂得高，距离宽，小灯泡则相反。实际使用时，通常不用60瓦以上的灯泡，因为大灯泡光线分布不均匀、费电；日光灯受温度影响较大，一般也不使用。灯泡必须加罩，使光线照到鸭的身上，而不是照着天花板。鸭舍灰尘多，灯泡要经常擦拭，保持清洁，以免蒙上灰尘，影响亮度。

光照管理要注意：一是逐渐增加光照。进入产蛋期（17~18周龄以后），逐渐增加光照，每次增加0.5~1小时，维持1周后再增加，直至达到每昼夜光照稳定在16~17小时。光照强度逐渐增强，直至达到每平方米8勒克斯。二是光照要与饲养密切结合。进入产蛋期前后，要改变日粮配方，提高营养水平和增加饲喂量，也应该相应增加光照时数，否则生殖系统发育慢，易使鸭体积聚脂肪，影响产蛋率。同样，增加光照时，也应提高日粮营养水平和增加喂饲量，否则会造成生殖系统与整个体躯的发育不协调，也会影响产蛋率。所以，两者要结合进行，在改变日粮的同时或提前1周，增加光照时间。三是光照效果的显示一般需要7~10天，故在产蛋期内，不能因为达不到立竿见影的效果，而突然增加光照时数或提高光照强度。四是光照制度要稳定。每日的光照时数要一定，每天的开关灯时间要固定，光照强度要稳定。切不可忽照忽停，忽早忽晚，忽强忽弱，否则，将使产蛋的生理机能受到干扰，影响产蛋率。五是保证光照系统正常使用和洁净安全，及时更换损坏的光源，定期清理光照系统的灰尘。

（3）通风。根据不同季节保持适宜的通风量。特别要注意冬季的通风，处理好保温和通风的关系，防止一味保温、忽视通风导致舍内空气污浊、引起呼吸道疾病的发生。

4. 饲养管理因素　鸭的活动具有很强的规律性，如果经常改变，势必会引起产蛋率的下降。如喂料不定时定量、饮水不足、运动场太小、垫料潮湿，受惊骚动、饲料突变、突然的噪声等，都会使产蛋减少。

5. 健康因素　只有健康的鸭群才能充分发挥出生产潜力。鸭群处于亚健康状态或发生疾病，必然影响产蛋量。因此，产蛋期要搞好环境卫生和饲养管理，增加抗病能力，尽量减少疾病的发生，保持鸭群的高产稳产。

（三）产蛋鸭的转群入舍

1. 做好入舍前的准备

（1）检修鸭舍和设备。转舍前对鸭舍进行全面检查和修理。认真检查喂料系统、饮水系统、供电照明系统、通风排水系统以及各种设备用具，如有异常立即维修，保证鸭入舍后正常使用。

（2）清洁消毒。淘汰鸭后或新鸭入舍前2周，应对鸭舍进行全面清洁消毒。其清洁消毒步骤是：①清扫。清扫干净鸭舍地面、屋顶、墙壁上的粪便和灰尘，清扫干净设备上的垃圾和灰尘。②冲洗。用高压水枪把地面、墙壁、屋顶和设备冲洗干净，特别是地面、墙壁和设备上的粪便。③彻底消毒。如鸭舍能密封，可用福尔马林和高锰酸钾熏蒸消毒。如果鸭舍不能密封，用5%~8%氢氧化钠溶液喷洒地面、墙壁，用5%的甲醛溶液喷洒屋顶和设备。对料库和值班室也要熏蒸消毒。用5%~8%氢氧化钠溶液喷洒距鸭舍周围5米以内的环境和道路，运动场可以使用5%的氢氧化钠溶液或5%的甲醛溶液进行喷洒消毒。

（3）物品用具准备。所需的各种用具、必需的药品和器械、和饲料要在入舍前准备好，进行消毒；饲养人员安排好，定人定舍（或定鸭）。

2. 转群入舍

（1）入舍时间。蛋鸭开产日龄一般为150天，在110天左右就已见蛋，最好在90~100天时转入蛋鸭舍。提前入舍可使青年鸭在开产前有一段时间熟悉环境，适应环境，互相熟悉，形成和睦的群体，并留有充足时间进行免疫接种和其他工作。如果入舍太晚，会推迟开产时间，影响产蛋率上升；已开产的母鸭由于受到转群惊吓等强烈应激也可能停产，甚至造成卵黄性腹膜炎，增加产蛋期死淘数。

（2）选留淘汰。选留精神活泼、体质健壮、发育良好、均匀整齐的优质鸭，剔除过小鸭、瘦弱和无饲养价值的残鸭。

（3）分类入舍。即使育雏育成期饲养管理良好，由于遗传因素和其他因素使鸭群里仍会有一些较小鸭和较大鸭，如果都淘汰掉，成本必然增加，造成设备浪费。所以入舍时，可分类入舍，将较小的鸭和较大鸭分别放在不同的群体内，采取特殊管理措施。如将过小鸭放在温度较高、阳光充足和易于管理的区域，适当提高日粮营养浓度或增加喂料量，促进其生长发育；过大鸭可以进行适当限制饲养。入舍时每个群体一次入够，避免先入为主而打斗。

（4）减少应激。转群入舍、免疫接种等工作时间最好安排在晚上，捉鸭、运鸭等动作要轻柔，切忌太粗暴。入舍前在料槽内放上料，水槽中放上水，并保持适宜光照，使鸭入舍后立即能饮到水，吃到料，有利于尽快熟悉环境，减弱应激；饲料更换有过渡期，即将70%前段饲料与30%后段饲料混合饲喂2天后，50%前段饲料与50%后段饲料混合饲喂2天，30%前段饲料与70%后段饲料混合饲喂2天，然后全部使用后段饲料，避免突然更换饲料引起应激；舍内环境安静，工作程序相对固定，光照制度稳定；地面要铺细沙，设产蛋窝。开产前后应激因素多，可在饲料或饮水中加入抗应激剂。开产前后每千克饲料添加维生素C 25~50毫克或加倍添加多种维生素；入舍和防疫前后2天在饲料中加入氯丙嗪，剂量为每千克体重30毫克，或前后3天内在饲料中加入延胡索酸，剂量为每千克体重30毫克，或前后3天在饮水中加入速补-14、速补-18等抗应激剂。

（四）产蛋鸭的一般饲养管理

优良的蛋鸭品种，如绍兴麻鸭、金定鸭、麻鸭、卡基-康贝尔鸭等，在150日龄时产蛋率已达50%，至200日龄时，可达到90%（产蛋高峰）。这时，如饲养管理得当，高峰可维持到200天（到450日龄）以上，才开始有所下降。根据蛋的变化情况和鸭的体重变化情况将产蛋期分为产蛋初期（150~200日龄）、产蛋前期（201~300日龄）、产蛋中期（301~400日龄）和产蛋后期（401~500日龄）四个阶段，各个阶段的饲养管理方法各有侧重。

1. 产蛋初期和前期的饲养管理　新鸭开产以后，此时身体健壮，精力充沛。这是蛋鸭一生中较为容易饲养的时期。产蛋初期和前期产蛋率逐渐上升到高峰（一般到200日龄左右，产蛋率可以达到90%，以后继续上升到90%以上），蛋重逐渐增加（初产蛋只有40克，到2 000日龄可以达到全期蛋种的90%，250日龄可以达到标准蛋重），鸭的体重稍有增加，对营养和环境条件要求比较高，饲养管理的重点是保证充足的营养、维持适宜的环境，使鸭的产蛋率尽快上升到最高峰（产蛋周期一定的情况下，一般是高峰上得越高，总产蛋量就越多），避免由于饲养管理而影响产蛋率上升。

（1）及时更换产蛋饲料。15~16周将青年鸭饲料更换为产蛋鸭饲料。饲料中蛋白质含量为18%~22%，补足矿物质饲料。

每天饲喂3~4次，让蛋鸭自由采食，吃好吃饱，并注意喂夜餐。喂料时，一定要同时放盛水的水槽，并及时清理水槽中的残渣，做到吃食、饮水、休息分开，保证饮水充足洁净。

（2）注意观察。观察蛋鸭十分重要，通过观察及时发现饲养和管理中的问题，随时解决。常见的观察内容、问题及解决措施见表 5–5。

表 5–5　观察内容、问题及解决措施

内容	问题和解决措施
蛋重	产蛋初期和前期，蛋重处在不断增加中，越产越大，蛋重增加快，说明饲养管理好；增重慢或下降，说明饲养管理有问题
蛋形	正常蛋是卵圆形的，蛋壳光滑厚实，蛋壳薄而透亮。如果蛋的大端偏小，是欠早食；小头偏小是偏中食。有砂眼或粗糙，甚至软壳，说明饲料质量不好，特别是钙质不足或维生素 D 缺乏，应添喂骨粉、贝壳粉和维生素 D
产蛋时间	正常产蛋时间为清晨 2~8 时，推迟产蛋时间，甚至白天产蛋，蛋产得稀稀拉拉，说明营养不足，应及时补喂精料
体重	一般来说，体重变动是蛋鸭产蛋状况的晴雨表，因此观察蛋鸭体重变化，根据其生长规律控制体重是一项重要的技术措施。一般开产日期体重要求在 1 400~1 500 克的占 85% 以上。对刚开产的鸭群，产蛋至 210 日龄、240 日龄、270 日龄以及 300 日龄的鸭群进行称重。称重在早晨空腹进行，每次抽样应占全群的 10%。若体重维持原状或变化不大，说明饲养管理得当；若体重较大幅度地增加或下降，都说明饲养管理有问题
产蛋率	产蛋前期的产蛋率是不断上升的，早春开产的鸭，上升更快，最迟到 200 日龄时，产蛋率应达到 90% 左右。如产蛋率高低波动，甚至出现下降，要从饲养管理上找原因
羽毛	羽毛光滑、紧密、贴身，说明饲料质量好；羽毛松乱，说明饲料差，应提高饲料质量
食欲	无论是圈养还是放牧，产蛋鸭（尤其是高产鸭）都勤于觅食，早晨醒得早，放牧时到处觅食，喂料时最先抢食，表现食欲强，宜多喂；否则，若食欲减退，应查明原因，采取措施，促其恢复正常

续表

内容	问题和解决措施
精神	健康高产的蛋鸭精神活泼，行动灵活，放牧出去，喜欢离群觅食，单独活动，进鸭舍后就逐个卧下，安静地睡觉。如果精神不振、反应迟钝，则是体弱有病，应及时从饲料管理上进行补救和采取适当治疗措施，使其恢复健康
嬉水	如有水上运动场，健康的、高产的蛋鸭，下水后潜水时间长，上岸后羽毛光滑不湿。鸭怕下水，不愿洗浴，下水后羽毛沾湿甚至沉下，上岸后双翅下垂、行动无力，是产蛋下降的预兆，应立即采取措施，增加营养。如加喂动物性饲料，并补充鱼肝油，以喂水剂鱼肝油较好，或拌入粉料中喂，按每只每日给 1 毫升，喂 3 天停 3 天，或按每只每日喂 0.5 毫升，连续喂 10 天，以挽救危机，使蛋鸭保持较高的产蛋率

（3）细心管理。一是对鸭群每日采食量做到心中有数。一般产蛋鸭每日喂配合料 150 克左右，外加 50~150 克青绿饲料，如采食量减少，应分析原因，采取措施，不然连续 3 天采食量下降，第 4 天就会影响产蛋量。二是对粪便的多少、形状、内容物、气味等也应该熟悉。如拉出的粪便全为白色，说明动物性饲料没被吸收。把粪便放在水中洗一下呈蓬松状，白的不多显示动物性饲料喂量恰当。三是检查产蛋状况更为重要。早上捡蛋时留心观察鸭舍内产蛋窝的分布情况，鸭子每天产蛋窝的多少一般有规律可循，每天产蛋的个数和重量要心中有数，最好记录在册，并绘成图表与标准相对照，以便掌握鸭群的产蛋动向。

（4）增加光照。改自然光照为人工补充光照。从产蛋开始，每日增加光照 20 分钟，直至每日光照达 16 小时或 17 小时；光照强度 5 勒克斯，每平方米鸭舍 1.4 瓦或每 18 平方米鸭舍装一盏 25 瓦以上有灯罩的电灯（安装高度 2 米）；灯泡分布均匀，交叉安置，且经常擦洗清洁；晚间点灯只需采用朦胧光照即可。不要突然关灯或缩短光照时间，以免引起惊群和产畸形蛋；如果经常断电，要预备煤油灯或其他照明用具。

（5）保证饲养管理稳定。蛋鸭生活有规律，但富神经质，性急胆小，易受惊扰。因此在饲养过程中要注意：一是饲料品种不可频繁变动，不喂霉变、质劣的饲料；二是操作规程和饲养环境尽量保持稳定，养鸭人员也要固定，不常更换；三是舍内环境要保持安静，尽力避免异常响声，不许外人随便进出鸭舍，不使鸭群突然受惊，特别是刚产头几枚蛋时，使之如期达到产蛋高峰；四是饲喂次数与饲喂时间相对不变，如本来一天喂 4 次，突然减少饲喂次数或改变饲喂时间均会使产蛋量下跌。

（6）要尽力创造条件，提供理想的产蛋环境，特别注意由气候剧变所带来的影响。因此，要留心天气预报，及时做好准备工作；每天要保持鸭舍干燥，地面铺垫稻草，鸭子每次放水归巢之前，先让其在外梳理羽毛，待毛干后再放入舍内；保持光照制度的稳定。

（7）在产蛋期间不随便使用对产蛋率有影响的药物，如喹乙醇等，也不注射疫苗，不驱虫。

（8）公母合理搭配。搭配合理的公鸭，每天入群嬉水促“性”，鸭“性”头越大，产蛋越多。一般的种鸭，公、母应为 1：(15~20)，用于产蛋的商品鸭群按 2%~5% 比例投入公鸭。尽管公鸭不下蛋，但对母鸭有性刺激作用，可促进母鸭高产。

2. 产蛋中期的饲养管理　当产蛋率达 90% 以上时，即进入盛产期，经过 100 多天的连续产蛋后，体力消耗非常大，健康状况已经不如产蛋初期和前期，所以对营养的要求很高。若营养满足不了需求，产蛋量就要减少，甚至换毛。这是比较难养的阶段。本阶段饲养管理的重点是维持高产，力求使产蛋高峰达到 400 日龄以后。

在此期间应提高饲料质量，增加日粮营养浓度，喂给含 19%~20%蛋白质的配合饲料；每只鸭每日采食量为 150 克左右，并适当增喂颗粒型钙质和青饲料。此时蛋鸭用料可通过观察蛋鸭所排出的粪便、蛋重、产蛋时间、壳势、鸭身羽毛等变化进行调整。盛产期间蛋鸭保持产蛋率不变，蛋重 8 枚达 500 克且稍有增加，体重基本不变，说明用料合理。若此时体重有减轻，应增喂动物性饲料；体重增大，可将饲料的代谢能降下来，适当增喂青饲料，控制采食量，但动物性饲料保持不变。为降低饲料成本，应积极利用当地工业副产品，如啤酒糟、味精糟等；鱼粉要注意质量，向信誉较好、质量稳定的卖主购入，防止饲料掺假掺杂，影响产蛋变化。

另外，如有条件应加强鸭群的放牧，让其在田间、沟渠、湖泊中觅食小鱼、小虾、河蚌、螺蛳和蚯蚓等动物性饲料。然后再适当补喂植物性饲料，以满足蛋鸭对各种营养成分的需要。如果舍饲，需给蛋鸭补喂 10%的鱼粉和适量的“蛋禽用多种维生素”。

3. 产蛋后期的饲养管理　经过 8 个多月的连续产蛋以后，到了后期产蛋高峰就难以保持下去了，但对于高产品种（如绍兴麻鸭），如饲养管理得当，仍可维持 80%左右的产蛋率。具体说，450 日龄以前产蛋率达 85%左右，470 日龄时产蛋率为 80%左右，500 日龄时产蛋率为 75%左右。要达到这样的水平，后期的饲养管理工作要认真做好，如稍不谨慎，产蛋量就会减少，并换毛。此后要停产 3 个月，甚至更长，短期内就无法提高产蛋率。

（1）要根据体重和产蛋率确定饲料的质量和喂料量。如果鸭群的产蛋率仍在 80%以上，而鸭子的体重却有减轻的趋势，此时应在饲料中适当增加动物性饲料；如果鸭子体重增加，身体有发胖的趋势，但产蛋率还有 80%左右，这时可将饲料中的代谢能降下来或适当增喂粗饲料和青饲料，或者控制采食量；如果体重正常，产蛋率亦较高，饲料中的蛋白质水平应比上阶段略有增加；如果产蛋率已降到 60%左右，此时已难以上升，无须加料。

（2）每天保持 16 小时的光照时间，不能减少。如产蛋率已降至 60%时，可以增加光照时数到 17 小时直至淘汰为止。

（3）操作规程要保持稳定，避免一切突然刺激而引起应激反应。

（4）注意天气变化，及时做好准备工作。

（5）观察蛋壳质量和蛋重的变化。如出现蛋壳质量下降，蛋重减轻，可增补鱼肝油和无机盐添加剂。

（五）产蛋鸭的季节管理

鸭舍内的温度、湿度和光照直接受到外界气候的影响而变化，因此，要养好产蛋鸭，必须结合季节的变化，采取相应的饲养管理措施，才能达到产蛋鸭高产高效的生产目的。

1. 春季饲养管理　春季气温逐渐回升，日照时间逐日延长，气候条件对产蛋很有利，要充分利用这一有利因素，创造稳产、高产的环境。春季首先要加足饲料，从数量上和质量上都要满足需要，这个季节里优秀的个体，产蛋率有时会超过百分之百。其次还要注意保温，该季节的前期偶有寒流侵袭，春夏之交，天气多变，会出现早热天气，或出现连续阴雨，要因时制宜，区别对待，保持鸭舍内干燥、通风，搞好清洁卫生工作，定期进行消毒。如逢阴雨天，要适当改变操作规程，缩短放鸭时间。舍内垫料不要蓄积得过厚，要定期进行清除，每次清除垫草时，要结合进行一次消毒。

2. 梅雨季节的饲养管理　春末夏初，南方各省大都在6月末和6月出现梅雨季节，常常阴雨连绵，温度高、湿度大，有些低洼地常有洪水发生，此时稍不谨慎会出现掉蛋、换毛。梅雨季节管理的重点是防霉、通风。

（1）注意通风。敞开鸭舍的门窗（草舍可将前后的草帘卸下），充分通风，排除舍内的污浊空气；高温高湿时，要特别注意防止氨中毒。

（2）保持干燥。要勤换垫草，保持鸭舍内干燥；要疏通排水沟，保持运动场干燥，不可积存污水。

（3）饲料要优质。严防饲料发霉变质，每次进料不要太多，饲料应保存在干燥之处，运输途中要防止雨淋，发霉变质的饲料绝对不可用来喂鸭。

（4）加强消毒。鸭舍应定期进行消毒，舍内地面最好铺砻糠灰，既能防潮，又有一定的消毒作用。

（5）应及时修复围栏等。运动场如出现凹坑，要及时垫平。

3. 夏季的饲养管理　6 月底至 8 月，是一年中最热的时期，此时管理不好，不但造成产蛋率下降，而且还会造成鸭的死亡。但此时若能精心饲养，鸭子的产蛋率仍可保持在 90%以上。这个时期的管理重点是防暑降温。

（1）减少屋顶的辐射热。可将鸭舍刷白，或种植丝瓜、南瓜，让藤蔓爬上屋顶遮阳，隔热降温。在运动场（鸭滩）搭凉棚遮阳。

（2）加强通风。将鸭舍内的门窗敞开，草屋的前后墙上的草帘全部卸下，以加速空气流通，有条件的可安装排风扇或吊扇通风降温。

（3）改善管理制度。早放鸭，迟关鸭，增加中午休息时间和下水次数。傍晚不要赶鸭入舍，夜间让鸭露天乘凉，但需在运动场中央或四周点灯照明，防止老鼠、野兽等危害鸭群。

（4）充足供水。供水不能中断，全天保持有充足、洁净的饮水，最好饮凉井水。

（5）保证营养。提高饲料的营养浓度。应当多喂些水草等青饲料，提高精饲料中的蛋白质含量。饲料要保持新鲜，现吃现拌，以防腐败变酸。

（6）降低饲养密度。适当疏散鸭群，以降低舍温。

（7）保持卫生。鸭舍及运动场要勤打扫，水盆、料盆吃一次洗一次，保持卫生和地面干燥。

（8）防止雷阵雨袭击鸭群。

4. 秋季饲养管理 进入9月和10月，正是冷暖空气交替的时候，此时气候多变，如果养的是上一年孵出的秋鸭，经过大半年的产蛋，鸭子的身体较疲劳，稍有不慎，就要停产换毛，故群众有“春怕四、秋怕八，拖过八，生到腊”的谚语。所谓“秋怕八”，就是指农历八月是个难关，既有保持80%以上产蛋率的可能性，也有急剧下降的危险，此时的饲养管理要点如下。

（1）补充光照。每日光照时间（自然光照加补充光照）不少于16小时。

（2）舍内环境稳定。要克服气候变化的影响，使鸭舍内的小气候变化幅度不要太大。

（3）适当增加营养。注意补充动物性蛋白质饲料；注意适当补充无机盐饲料，最好在鸭舍内另置无机盐盆，任鸭自由采食。

（4）操作规程和饲养环境应当尽量保持相对稳定。

5. 冬季的饲养管理 从11月底至翌年2月上旬，是一年中最冷的季节，也是日照时数最少的时期。如果蛋鸭群管理不善，则产蛋减少，耗料增加，甚至诱发疾病，影响生产性能和经济效益。冬季饲养管理的重点是防寒保温和保持一定的光照时数。

（1）加强防寒保暖。产蛋鸭最适宜的温度是14~20℃，最低不低于6℃，因此冬季搞好保暖防寒是至关重要的。

一是减少鸭舍散热。冬季舍内外温差大，鸭舍内热量易散失，散失的多少与鸭舍墙壁和屋顶的保温性有关，加强鸭舍保温管理有利于减少舍内热量散失和舍内温度稳定。入冬前后，应对鸭舍进行一次全面检查修整，鸭舍要用隔热材料如塑料布封闭敞开部分，北墙窗户可用双层塑料布封严。鸭舍所有的门最好挂上棉帘或草帘。屋顶可用塑料蒲膜制作简易天花板，墙壁特别是北墙窗户晚上挂上草帘可增强屋顶和墙壁的保温性能，可提高舍温3~5℃。可建一座与鸭舍相连的塑料大棚，这是保温防寒的一条切实可行的措施。如果鸭舍的保温层厚、密闭性能好，塑料大棚的采光面积大，即使夜间室外气温达10℃，鸭舍和塑料大棚内的温度也可保持在10℃以上。塑料大棚与鸭舍应连接紧密，而且内部要畅通，这样有利于蛋鸭采食、饮水和运动。塑料大棚的面积应是鸭舍面积的2/3以上。在塑料大棚内的南边设置水槽和食槽；如是大棚养鸭的棚外四周可用稻草或麦秸编成的草毡围实，外围再围上一层尼龙薄膜。鸭群活动场可筑高墙等挡风屏障。

二是铺设垫草。利用厚垫草的发酵热来提高舍温，创造蛋鸭生理需要的适宜温度环境。具体可在鸭舍内墙四周产蛋区内垫约33厘米厚的软草料，早晨收蛋后将窝内的旧草撒铺在鸭舍内，每天晚上鸭群入舍前添些新草做成产蛋窝，这样垫草逐渐积累，数日出一次，既保温又可节省人力。

三是增加饲养密度。每平方米可饲养鸭8~9只，以利用体热保暖。

（2）科学的饲养管理。

一是调整日粮营养浓度。冬季外界温度低，鸭体对维持需要的能量增多，必须提高饲料中能量含量，还要供给青饲料或补充维生素A、维生素D和维生素E。“喜腥”是鸭的重要食性，缺乏动物性饲料会影响鸭群的产蛋率，在冬季必须定期额外补饲一些动物性饲料，如使用一些屠宰厂下脚料，煮熟后连肉带汤拌饲料让鸭群采食等。

二是合理喂饲。冬季可以使用干粉料，如果采用湿拌料时，应该用温水拌料以促进鸭的采食。但是，要注意每次用温水拌料的量要合适，不能一次拌得太多使鸭在较长时间内吃不完。如果使用井水或自来水拌料，则要考虑严寒天气的早晚低温问题，湿料温度过低会影响鸭的采食。夜间补饲也十分重要，据试验，补夜饲的鸭群比不补夜饲的鸭群可多产蛋10%左右。夜间补饲应供足饮水，而且所补饲料的粗蛋白含量不可过高。适当喂饲一些青绿饲料有助于保持鸭的健康和高产，可以在每天中午为鸭群提供一些切碎的青菜、白菜叶、胡萝卜缨等。

三是保证洁净饮水。鸭在采食过程中经常是吃几口饲料后马上去饮水，饮几口水后再回来吃料。这种行为表现主要是因为鸭在采食的时候总是大口吞咽，而鸭的唾液腺不发达，需要在吞咽后饮水以帮助食物进入食道中后段。如果饮水不足会严重影响鸭的采食量，进而影响鸭群的产蛋性能。低温季节如果水温过低会降低鸭的饮水量，进而导致采食量的下降。因此，在严寒的天气里，尽量让鸭群饮用温水，以帮助提高采食量。寒冷的时候让鸭群饮用温水，还有助于减少鸭体热损失和消化道疾病的发生。降雪后要及时清扫运动场的积雪，防止鸭吃雪和饮雪水。

四是光照管理。冬季自然光照少，鸭脑垂体内分泌腺活动减少，导致产蛋率大幅下降，这就要求必须进行人工补充光照。一般要求每天的光照时数不能少于 18 小时。补光用的灯要用白炽灯，不能用节能灯或日光灯。可在鸭舍内每 10~20 平方米安装一盏 40~60 瓦的灯泡，灯泡距鸭背 2 米，并装上灯罩，使光线集中照射在鸭体上，即光照均匀。深夜为便于蛋鸭饮水和采食，鸭舍内可点灯到天亮，但光照强度不必太强，仅看得见即可。如遇停电等，要用应急灯代替。

五是注意加强运动。冬季高产蛋鸭只在鸭舍和塑料大棚内进行少量运动是远远不够的。必须在塑料大棚外建一个大于鸭舍面积 1 倍以上的运动场，在天气暖和时可放鸭群在舍外运动场进行活动。鸭属水禽，只有入水后方能发挥其全部活动功能。因此，可在鸭场内建造一个供蛋鸭戏水的人工水池。人工水池有几个优点：一是无污染，水质好；二是冬暖夏凉；三是引水和排水完全由人工控制，水位稳定。

（3）保持空气新鲜。冬季粪便发酵分解虽然缓慢，但由于鸭舍密封严密，舍内有害气体易超标，空气污浊，因此要按时清粪，每 3~4 天要清粪一次；在保温前提下应注意通风，特别要处理好通风和保温的关系。生产中易出现重视保温忽视通风的情况，结果致使舍内空气污浊，氧气含量降低，有害气体含量过高，对鸭群产生强烈应激，甚至诱发呼吸道疾病，所以通风是十分必要的。舍内温度高时可适当增加通风量，舍内温度不高但空气污浊时也要适量通风，必要时可采暖提高舍温通风。密闭舍可根据舍内空气污浊情况定时、定量开启风机，做到适量通风换气；保证排水系统畅通，及时排除舍内污水。饮水系统不漏水。

（4）做好疫病防治工作。保持鸭舍清洁，食槽、水槽要经常洗刷消毒，每周可用20%的生石灰乳或2%的氢氧化钠对圈舍、运动场进行消毒。饲料一定要新鲜，切忌饲喂霉变饲料，饮水要清洁。垫草要确保干净、干燥。对鸭群要定期进行药物预防，发现病鸭及时进行治疗。对难以治愈或病程长的病鸭，应及时予以淘汰处理。做好鸭瘟、鸭霍乱等常见病的免疫接种，成鸭每只胸肌注射鸭瘟弱毒疫苗1毫升、禽霍乱氢氧化铝菌苗2毫升。入冬后，应给蛋鸭驱1次寄生虫，可用驱蛔灵粉碎后拌在饲料内喂服，可有效减少寄生虫对蛋鸭的危害。

三、肉鸭的饲养管理

目前的肉仔鸭多是使用几个品种进行杂交生产的杂交商品代肉鸭，采用集约化方式饲养，批量生产，这是当代肉鸭生产的主要方式。我国已选育出北京鸭、天府肉鸭配套系，并在20世纪80年代先后引入了樱桃谷超级肉鸭、狄高肉鸭父母代，20世纪60年代引入了樱桃谷超级肉鸭祖代。肉用仔鸭分为育雏期（0~3周龄）和育肥期（4周龄至上市），不同时期的饲养管理要求不同。

（一）肉用仔鸭的特点

1. 生长迅速，出肉率高，肉质好　大型商品肉鸭的生长速度是家禽中最快的一种。大型商品肉鸭8周龄可达3.0~3.5千克，为其初生重的50倍以上。上市体重一般在3千克或3千克以上（表5-6），远比麻鸭类型品种或其杂交鸭重。而且大型商品肉鸭的胸腿肌特别发达，据测定8周龄的大型商品肉鸭的胸腿肌可达600克以上，占全净膛屠体重的25%以上，胸肌可达300克以上。这种肉鸭的鸭肌肉肌间脂肪多，肉质细嫩，是烤鸭和煎、炸鸭食品的上乘材料。

表5-6　樱桃谷鸭生长情况

项目	0~14日龄		15~28日龄		29~40日龄		0~40日龄	
	1	2	1	2	1	2	1	2
耗料/kg	0.606	0.70	2.305	2.467	2.986	3.040	5.951	6.132
增重/kg	0.384	0.48	1.264	1.310	1.029	0.975	2.623	2.819
料肉比	1.578	1.458	1.824	1.883	3.061	3.118	2.269	2.175

注：1为两个阶段饲养；2为三个阶段饲养。

2. 饲料转化率高，经济效益好　大型商品肉鸭在较好的营养条件下，一般饲养到8周龄上市的肉料比约为1∶3，到7周龄上市则可降到1∶(2.6~2.7)。

3. 性情温驯，易管理　大型肉鸭性情温驯，合群性强，不会飞，潜水能力也较差。因此，它既可适于农村家庭庭院式饲养，更适宜于工厂集约化饲养。在有规律的管理条件下，很容易建立条件反射。如鸭子进出圈、下河、饲喂等工作，只要工作定时，秩序井然，并配合相应的信号，群鸭一呼百应，管理起来非常方便。

4. 生产周期短，可全年批量生产　大型商品肉鸭由于生长特别迅速，从出雏到上市全程饲养期仅需42~56天，生产周期极短，资金周转快，这对经营者十分有利。大型商品肉鸭采用全舍饲（房舍内饲养）饲养方式，因此打破了生产的季节性，可以全年批量生产。在稻田放牧生产肉用仔鸭季节性很强的情况下，饲养大型商品肉鸭正好可在当年，12月份到翌年5月份这段市场肉鸭供应淡季的时间内提供优质肉鸭上市，可获得显著经济效益。这是近年来大型商品肉鸭在大中城市迅速发展的一个重要原因。

（二）肉用仔鸭的饲养方式

肉用仔鸭大多采用全舍饲，即鸭群的饲养过程始终在舍内。饲养方式有以下三种。

1. 地面平养　水泥或砖铺地面撒上垫料即可。若出现潮湿、板结，则局部更换厚垫料。一般随鸭群的进出全部更换垫料，可节省清圈的劳动量。这种方式因鸭粪发酵，寒冷季节有利于舍内增温。采用这种方式饲养，舍内必须通风良好，否则垫料潮湿、空气污浊、氨浓度上升，易诱发各种疾病。这种管理方式的缺点是需要大量垫料，舍内尘埃多、细菌也多。各种肉用仔鸭均可采用这种饲养方式。

2. 网上平养　在地面以上 60 厘米左右铺设金属网或竹条、木栅条。采用这种饲养方式，粪便可由空隙中漏下去，省去日常清圈的工序，防止或减少由粪便传播疾病的机会，而且饲养密度比较大。网材采用铁丝编织网时，网眼孔径：0~3 周龄为 10 毫米×10 毫米，4 周龄以上为 15 毫米×15 毫米。网下每隔 30 厘米设一条较粗的金属架，以防网凹陷；网状结构最好是组装式的，以便装卸时易于起落。网面下可采用机械清粪设备，也可用人工清理。采用竹条或栅条时，竹条或栅条宽 2. 5 厘米，间距 1. 5 厘米。这种方式要保证地面平整，网眼整齐，无刺及锐边。实际应用时，可根据鸭舍宽度和长度分成小栏。饲养雏鸭时，网壁高 30 厘米，每栏容 150~200 只雏鸭。食槽和水槽设在网内两侧或网外走道上。饲养仔鸭时每个小栏壁高 45~50 厘米，其他与饲养雏鸭相同。应用这种结构必须注意饮水结构不能漏水，以免鸭粪发酵。这种饲养方式适合饲养大型肉用仔鸭，0~3 周龄的其他肉鸭也可采用。

3. 笼养 目前在我国，笼养方式多用于养鸭的育雏阶段，并正在大力推广之中。改平养育雏为笼养，在保证通风的情况下，可提高饲养密度，一般每平方米饲养60~65只。若分两层，则每平方米可养120~130只。笼养可减少禽舍和设备的投资，减少清理工作，还可采用半机械化设备，减轻劳动强度；饲养员一次可养雏鸭1 400只，而平养只能养800只。笼养鸭不用垫料，既免去垫草开支，又使舍内灰尘较少，粪便纯。同时笼养雏鸭完全处于人工控制下，受外界应激小，可有效防止一些传染病与寄生虫病。加之又是小群饲养，环境特殊，通风充分，饲粮营养完善，采食均匀。因此，笼养鸭生长发育迅速、整齐，比一般放牧和平养生长快，成活率高。比如北京鸭2周龄可达250克，比平养时体重高35.4%，成活率高达96%以上。笼养育雏一般采用人工加温，因此舍上部空间温度高，较平养节省燃料，且育雏密度加大，雏鸭散发的体温蓄积也多。一般可节省燃料80%。目前笼养有单层笼养，也有采用两层重叠式或半阶梯式笼养。

我国笼养育雏的布局采用中间两排或南北各一排，两边或当中留通道。笼子可用金属或竹木制成，长2米，宽0.8~1米，高20~25厘米。底板采用竹条或铁丝网，网眼1.5平方厘米。两层叠层式，上层底板离地面120厘米，下层底板离地面60厘米，上下两层间设一层粪板。单层式的底板离地面1米，粪便直接落到地面。食槽置于笼外，另一边设长流水。

（三）0~3周龄肉用仔鸭的饲养管理

0~3周龄是大型肉鸭的育雏期，习惯上把这段时间的肉鸭称为雏鸭。这是肉鸭生产的重要环节，因为雏鸭刚孵出，各种生理功能尚不完善，还不能完全适应外部环境条件，必须从营养上、饲养管理上采取措施，促使其平稳、顺利地过渡到生长阶段，同时也为以后的生长奠定基础。无论采用地面平养、网上平养或笼养，其饲养技术都基本一致。

1. 育雏前的准备　在雏鸭运到之前应根据所引进的雏鸭数目做好足够的房舍、饲料、供暖、供水和供食用具的准备工作，并准备好料槽、水槽等。一般料槽长度为 7.6 厘米/只。室内墙壁、地面、房顶和一切用具全部消毒并晾干。消毒方法见蛋用雏鸭部分。门窗、墙壁、通风孔等均应检查，如有破损则及时修补，防止贼风。采用网上平养或笼养，要仔细检查网底有无破损，如铁丝接头不要露出平面，竹片或木片不得有毛刺和锐边，以免刺伤鸭脚或皮肤。雏鸭入舍前 12～24 小时，把保温伞或育雏室调到合适的温度。

2. 保持适宜的环境条件

（1）温度。大型肉鸭是长期以来用舍饲方式饲养的鸭种，不像蛋鸭那样比较容易适应环境温度的变化。因此，在育雏期间，特别是在出壳后第一周内要保持适当高的环境温度，这也是育雏能否成功的关键所在。育雏的温度随供温方式的不同而不同。

采用保温伞供温时，伞可放在房舍的中央或两侧，并在保温伞周围围一圈高约 50 厘米的护板，距保温伞边缘 75～90 厘米。护板可保温防风，限制幼雏活动范围，防止雏鸭远离热源。待幼雏熟悉到保温伞下取暖后，从第三天起向外扩大，7～10 天后取走护板。保温伞和护板之间应均匀地放置料槽和水槽。保温伞直径 2 米可养雏鸭 500 只，直径 2.5 米可养 750 只。保温伞育雏，1 日龄的伞下温度控制在 34～36℃，伞周围区域为 30～32℃，育雏室内的温度为 24℃。我国北方常用火炕或烟道供热，热源利用较为经济；若用地下烟道和电热板室内供温，则 1 日龄时的室内温度保持在 29～31℃即可，2 周龄到 3 周龄末降至室温。无论何种供温方式，育雏温度都应随日龄增长，由高到低而逐渐降低。至 3 周龄，即 20 天左右时，应把育雏温度降到与室温相一致的水平。一般室温为 18～21℃最好。降温每周应分为几次进行，使雏鸭容易适应，不要等到育雏结束时突然脱温，这样容易造成雏鸭感冒和体弱。每天应检查或调节温度，使温度保持适当和稳定。保温伞的温度计应在伞边缘距离垫料与底网 5 厘米处，舍内温度计应挂在墙上距地面约 1 米高处。笼养育雏时，一定要注意上下层之间的温差。

采用加温育雏取暖时，除了在笼层中间观察育雏温度外，还要注意各层间的雏鸭动态，及时调整育雏温度和密度。若能在每层笼的雏鸭背高水平线上放一温度计，然后根据此处温度来控制每层的育雏温度，则效果会更好。

育雏温度是否合适，除根据温度计外，还可以从雏鸭的动态表现出来，这是最简易实用的方法。当育雏温度合适时，雏鸭活泼好动，采食积极，饮水适量，过夜时均匀散开；若温度过低，则雏鸭密集聚堆，靠近热源，并发出尖厉叫声；若温度过高，则雏鸭远离热源，张口喘气，饮水量增加，食欲降低，活动减少；若有贼风（缝隙风、穿堂风等）从门窗吹进，则雏鸭密集在热源的一侧。饲养人员应该根据雏鸭对温度反应的动态，及时调整育雏温度。做到“适温休息、低温喂食、逐步降温”，以提高雏鸭的成活率。

（2）湿度。雏鸭体内含水量大，约 75%。若舍内高温、低湿会造成干燥的环境，很容易使雏鸭脱水，羽毛发干。若群体大、密度高，活动不开，会影响雏鸭的生长和健康，加上供水不足，甚至会导致雏鸭脱水而死亡。湿度也不能过高，高温、高湿易诱发多种疾病，这是养禽业最忌讳的环境，也是雏球虫病暴发的最佳条件。地面垫料平养时特别要防止高温。因此，育雏第一周应该保持稍高的湿度，一般相对湿度为 65%，以后随日龄的增加，要注意保持鸭舍的干燥，避免漏水，防止粪便、垫料潮湿。第二周相对湿度控制在 60%，第三周以后为 55%。

（3）密度。密度是指每平方米地面或网底面积上养的雏鸭数。密度要适当，密度过大，雏鸭活动不开，采食、饮水困难，空气污浊，不利于雏鸭成长；密度过小，则房舍利用率低，消耗能源多，不经济。适当的密度既可以保证高的成活率，又充分利用育雏面积和设备，从而达到减少肉鸭活动量、节约能源的目的。育雏密度依品种、饲养管理方式、季节的不同而异，一般最大收容量为每平方米 25 千克活重。不同饲养方式雏鸭的饲养密度见表5-7。

表 5-7　雏鸭的饲养密度

周龄	地面垫料平养/（只/米^2）	网上饲养/（只/米^2）	笼养/（只/米^2）
1	20~30	30~50	60~65
2	10~15	15~25	30~40
3	7~10	10~15	20~25
4~5	4~6	6~8	12~15
6~8	3~4	4~6	8~10

（4）光照。光照可以促进雏鸭的采食和运动，有利于雏鸭的健康生长。出壳后的头 3 天内采用 23~24 小时光照，以便于雏鸭熟悉环境，寻食和饮水；关灯 1 小时保持黑暗，目的在于使鸭能够适应突然停电的环境变化，防止一旦停电造成的集堆死亡。光的强度不可过高，过于强烈的照明不利于雏鸭生长，通常光照强度在 10 勒克斯。一般开始时白炽灯每平方米应有 5 瓦强度（10 勒克斯，灯泡离地面 2~2. 5 米）。以后逐渐降低。在 4 日龄以后，可不必昼夜开灯。白天利用自然光照，早、晚喂料时，只提供微弱的灯光，只要能看见采食即可，这样既省电，又可保持鸭群安静，不会降低鸭的采食量。但值得注意的是，采用保温伞育雏时，伞内的照明灯要昼夜亮着，因为雏鸭在感到寒冷时要到伞下去，伞内照明灯有引导雏鸭进伞的作用。

（5）通风。雏鸭的饲养密度大，排泄物多，育雏室容易潮湿，积聚氨气和硫化氢等有害气体。因此，保温的同时要注意通风，以排除潮气等，其中以排出潮湿气最为重要，舍内相对湿度以保持在 55%～65%为宜。适当的通风可以保持舍内空气新鲜，夏季通风还有助于降温，良好的通风对于保持鸭体健康、羽毛整洁、生长迅速非常重要。开放式育雏时维持舍温 21～25℃，尽量打开通气孔和通风窗，加强通风。如在窗户上安装纱布换气窗，既可使室内外空气对流，纱布过滤空气使室内空气清新，又可防止贼风，效果更好。

（6）营养。刚出壳雏鸭的消化器官消化功能较弱，同时消化器官的容积很小，但生长速度很快，育雏期末的体重是初生重的 10 倍以上。因此，只有满足雏鸭的营养需要，日粮中的能量、蛋白质、氨基酸和维生素、矿物质等营养全面，而且要平衡，比例适当，所配的饲料要容易消化，在饲喂上要少喂多餐，才能满足雏鸭快速生长的需要。

3. 雏鸭的饲养管理

（1）“开水”。教初生雏鸭第一次饮水称为“开水”。一般雏鸭出壳后 24～26 小时，在“开食”前先“开水”。由于雏鸭出壳的时间较长，且出雏器内的温度较高，体内的水分散发较多，因此，必须适时补充水分。雏鸭一边饮水，一边嬉戏，雏鸭受到水的刺激后，生理上处于兴奋状态，促进新陈代谢，促使胎粪的排泄，有利于“开食”和生长发育。常用的方法有以下几种。

一是用水盘“开水”。用白铁皮一张做成两个高 4 厘米的水盘，盘中盛 1 厘米深的水，将雏鸭放在盘内饮水、理毛 2～3 分钟后，抓出放在垫草上理毛、休息后“开食”。以后随着日龄的增大，盘中的水可以逐渐加深，并将盘放在有排水装置的地面上，任其饮水、洗浴。

二是用饮水器“开水”。①在雏鸭饮水器内注满干净水，放在保温器四周，让其自由饮水。②起初要进行调教，如用手敲打饮水器的边缘，引导雏鸭来饮水。③可将个别雏鸭的喙浸入水中，让其饮到少量的水，只要有个别雏鸭到饮水器边来饮水，其他雏鸭就会跟上。以后随着日龄的增大，饮水器逐步撤到有利于排水的地方。以上4种方法，前一种适用于小群的自温育雏，后两种适用于大群的保温育雏。“开水”后，必须保证不间断供水。

三是在雏鸭绒毛上洒水。草席或塑料薄膜上“开食”之前，在雏鸭绒毛上喷洒些水，使每只雏鸭的绒毛上形成小水珠，雏鸭互相啄食小水珠，以达到“开水”目的。

四是用鸭篮“开水”。通常每只鸭篮放40~50只雏鸭，将鸭篮慢慢浸入水中，使水浸没脚面为止，这时雏鸭可以自由地饮水、洗毛，2~3分钟后就将鸭篮连雏鸭端起来，让其理毛，放在垫草上休息片刻就可“开食”。

（2）“开食”。雏鸭的第一次喂食称为“开食”。传统喂法是用焖热的大米饭或碎米饭，或用蒸熟的小米、碎玉米、碎小麦粒，食物往往较为单一。提倡用配合饲料制成颗粒料直接开食，最好用破碎的颗粒料，更有利于雏鸭的生长发育和提高成活率。雏鸭“开食”过早不行，过迟也不行。“开食”过早，一些体弱的雏鸭，活动能力差，本身无吃食要求，往往被吃食好的雏鸭挤压、受伤，影响今后“开食”；而“开食”过迟，因不能及时补充雏鸭所需的营养，致使雏鸭因养分消耗过多、疲劳过度，降低雏鸭的消化吸收能力，造成雏鸭难养，成活率也低。雏鸭一般训练“开食”2~3次后，自己就会吃食，吃上食后一般掌握雏鸭吃至七八成饱就够了，不能吃得太饱。

（3）喂料。第1周龄的雏鸭应让其自由采食，经常保持料盘内有饲料，随吃随添加。一次投料不宜过多，否则堆积在料槽内，不仅造成饲料的浪费，而且饲料容易被污染。1周龄以后还是让雏鸭自由采食，不同的是为了减少人力投入，可采用定时喂料方法。次数安排：2周龄时昼夜共6次，1次安排在晚上；3周龄时昼夜4次。每次投料若发现上次喂料到下次喂料时还有剩余，则应酌量减少；反之，则应增加一些。最初第一天投料量以每天每只鸭30克计算饲喂量。第一周平均每天每只鸭35克，第二周105克，第三周165克，在21日龄和22日龄时喂料内加入25%和50%的生长育肥期饲粮。

(4) 分群。雏鸭群过大不利于管理，水槽、食槽温度不易控制，易出现挤压死亡。为了提高育雏率，必须分群管理，一般每群300~500只。

(5) 搞好清洁卫生。雏鸭抵抗力差，要创造一个干净卫生的生活环境。随着雏鸭日龄的增大，排泄物不断增多，鸭舍或鸭篮的垫料极易潮湿。因此，垫料要经常翻晒、更换，保持生活环境干燥，所使用的食槽、饮水器每天要清洗、消毒，鸭舍要定期消毒等。

(6) 搞好免疫防病工作。由于雏鸭生长周期短，一旦发病，往往到出售也来不及恢复，因此应坚持做好预防工作。良好的免疫程序可提高鸭群的育成率。雏鸭在2周龄内，要每隔1天喂1次浓度为0.1%的高锰酸钾水，以后每隔3~5天喂适量土霉素片；在1日龄进行病毒性肝炎的免疫；在3周龄后进行1次“鸭瘟-禽霍乱”二联苗的预防注射。

(四) 4~8周龄肉用仔鸭的饲养管理

肉鸭的4~8周龄培育期也称为生长肥育期，习惯上将4周龄到上市这段时间的肉鸭称为仔鸭。这段时期，鸭的体温调节机制已趋完善，骨骼和肌肉生长旺盛，是绝对增重处于最高峰的时期，采食量大大增加，消化功能已经健全，体重增加很快。所以，在此期要让其尽量吃饱吃好，精心管理，使其快速生长，达到上市体重要求，缩短饲养时间。

1. 饲养方式 4~8周龄大型肉鸭目前多采用舍内地面平养或网上平养，育雏期地面平养或网上平养的，可不转群，既避免转群给肉鸭带来的应激，也节省劳力。但育雏期结束后采用自然温度肥育的，应撤去保温设备或停止供暖。对于由笼养转为平养的，则应在转群前1周，对平养的鸭舍、用具须做好清洁卫生和消毒工作。地面平养的准备好5～10厘米厚的垫料。

2. 饲养管理

（1）过渡期的饲养。从育雏结束转入生长肥育期的前2～3天，将雏鸭料逐渐调换成生长期料。切忌突然更换饲料，以防因饲料改变降低鸭子的采食量而影响增重。鸭群转入生育肥舍前，应停料3小时转群，否则易造成鸭子损伤。初转群时，饲养面积不宜过大，应适当圈小些，待2～3天后逐渐扩大饲养面积。转入肥育舍时应强弱分群饲养，每群不超过500只（用50厘米高的围子隔开），群体过大不便管理。育雏结束后一般不保温，如自然气温与育雏末期室温相差5℃以上时，开始几天应适当保温。转群前12～24小时，育肥舍内饲槽加满饲料，保证饮水不断。

（2）日常饲喂。可用常备料箱自由采食，也可用自制的饲料槽，每100只鸭占1.5～2米饲槽长度。后者一次性加料不能太多，占饲槽深度的1/3即可，吃完勤添以防浪费。这种不定时的自由采食，鸭子有充足时间吃料，鸭群大小均匀。饲喂颗粒料时，每个鸭群放置3～4个沙砾盘，如喂粉料，应在粉料中加1%的沙砾。沙砾宜硬，直径2～5毫米，有助于大型肉用仔鸭对饲料的消化，提高饲料消化率，节约饲料，而且还能促进大型肉用仔鸭增重快和新陈代谢。

地面平养和半舍饲时也可用粉料拌湿饲喂。白天3次，晚上1次。喂料量原则与育雏期相同，以刚好吃完为宜。为防止饲料浪费，可将饲槽宽度控制在10厘米左右。每只鸭饲槽占有长度在10厘米以上。

（3）饮水。供给充足的饮用水，对仔鸭的日增重和健康都很有利。用饮水器（盆）或自制的饮水槽均可，但水深应淹过鸭眼，以便鸭把头浸入水中清洗眼的分泌物。

(4) 保持适宜的环境。室温以15~18℃最宜，冬季应加温，使室温达到最适温度（10℃以上）；相对湿度控制在50%~55%，应保持地面垫料或粪便干燥。光照强度以能看见吃食为准，每平方米用5瓦白炽灯，白天利用自然光，早晚加料时才开灯。地面垫料饲养，每平方米地面养鸭数为：4周龄7~8只，5周龄6~7只，6周龄5~6只，7~8周龄4~5只。具体视鸭群个体大小及季节而定。冬季密度可适当增加，夏季可减少，气温太高，可让鸭群在室外过夜。地面的垫料要充足，随时撒上新垫料，且经常翻晒，保持干燥。垫料厚度不够或板结，易造成胸囊肿，影响屠体品质。

(5) 卫生。仔鸭采食多，饮水多，粪多且潮湿，易腐臭和滋生蚊蝇，若不经常清扫冲洗，保持干净卫生，会使鸭群应激大，生长发育不良，甚至暴发疾病。因此，鸭粪需常清除，地面常扫，垫料常换，饲养工具也要常洗，保持清洁干净。执行严格的卫生防疫制度和预防接种制度，做好经常性的灭蚊、灭鼠和防兽害等工作，保持环境优良、安静。

(6) 防止啄羽。如果鸭群密度太大，地面垫料潮湿，通风不好，或者饲料营养不全面，特别是含硫氨基酸缺乏时，都会引起鸭互相啄羽。这在集约化饲养时尤须注意。啄羽使鸭的羽毛被动脱落，严重时容易使鸭受伤出血，影响屠体的外观，甚至胃肠内脏被啄出而致死。鸭是不断喙的，所以，必须在饲养管理中给予特别注意，使其密度适中，地面和垫料保持干燥，舍内通风良好，饲料营养全面等。

(7) 疾病预防。肉用大鸭身体肥胖，体重增加快，而腿部发育跟不上，极易发生腿病。除保证饲料中钙、磷及其他矿质元素需足够外，在管理上也应小心仔细，尽量不惊扰鸭群，不要踩鸭，对久卧不起的鸭应适时轻轻轰赶，使其行走，以免腿部和其他部位瘀血或瘫软，胸、腹部出现挫伤等。舍内舍外地面、运动场、网面等要平整，便于鸭只行走，防止跌伤。另外，要防暑降温，因为鸭会因热而中暑，因热而不想活动，这会增加腿病发生的机会和猝死现象。若发现鸭因炎热高温而中暑，站不起来或昏迷，可将其放于阴凉地面，用风扇吹其身，并喂些解暑药和维生素。

（五）肉鸭的夏季管理要点

夏季是饲养肉鸭的黄金时期，但高温的环境对仔鸭的生长非常不利，高温高湿鸭舍粪便易腐烂发酵，鸭舍内有害气体含量过高，有利于病原微生物的滋生繁殖，不利于鸭体热量散失而发生热应激。所以，夏季饲养肉用仔鸭的关键是防止鸭舍内气温过高，尤其是防止高温期舍内高湿带来的严重后果。

1. 调整饲料营养

（1）调整饲料配方。因为鸭采食量随环境温度的升高而下降（温度每升1℃，采食量下降1.5%），高温期间由于鸭的采食量下降，用其他季节配方就难以保证鸭每日的营养摄取量，所以夏季养仔鸭应调整饲料配方。在调整配方时可考虑用脂肪代替部分糖类，因为消化脂肪的体增热较少。在满足所有必需氨基酸的前提下，使蛋白质水平尽可能处于最低值，因为消化蛋白质的体增热较消化糖类和脂肪时要多。

（2）饲料要新鲜优质。在高温、高湿期间，自配或购回的饲料放置过久或饲喂时在料槽中的料放置过长，均会引起饲料发酵变质，甚至出现严重霉变。因而夏季养仔鸭时，应减少每次从饲料厂购回的饲料量，保证每次购回的饲料新鲜，最好是刚配好的饲料在1周左右用完。在饲喂时应采用少量多次，尤其是采用湿拌粉料喂中鸭时更应少喂勤添，即在每次吃完后再添加。上述措施将有助于保证饲料质量和许多营养素的利用率，尤其是防止饲料中维生素因存放过久或在料槽中暴露于空气中过久造成氧化失效，并且有助于降低真菌和毒素繁殖的机会。

（3）添加抗热应激添加剂。夏季高温时，饲料中的营养物质易被氧化，且高温等逆应激因素造成鸭生理紧张，不仅降低鸭机体有些营养物质（如维生素C）的合成能力，同时鸭对维生素C等营养物质的需要量提高。所以，夏季应在每千克饲料中补加50~200毫克维生素C，有利于减轻逆应激因素对鸭机体的不利影响，同时适当添加维生素C可使其他营养物质免遭损失。

（4）适当调整供料时间。早晨可提早1~2小时，即在清晨4时开始喂料，这是一天中最凉爽的时间，晚上也应适当延长喂时间，这样可避开高温对采食的影响。白天应让鸭多休息，休息时可降低鸭的代谢水平，从而减少鸭的排热量。

2. 防暑降温 处于急性热应激时，大多数鸭聚集在棚舍内较阴凉的地方或四周通风处，开始时饮水量猛增。环境温度过高时，鸭蹲伏在地面，躯体紧贴在垫料或网上，不愿走动，甚至不愿走到饮水器旁饮水。鸭伸颈张口，两翼下垂，出现热性喘息，呼吸加快，明显看到胸廓快速剧烈地收缩和扩张。在下午3~6时，往往有较多的鸭急性死亡。为了防止热应激，必须做好以下工作。

（1）减少太阳辐射热对鸭的影响。建造高而宽敞的鸭舍是减少太阳辐射热影响的较为有效的长远办法。在开放型鸭舍的水、陆上运动场应架设遮阳的凉棚，屋顶应加厚覆盖层，高温期间可在屋顶淋水或喷水雾化，也可在内屋顶刷上白水泥浆（加胶），并做好鸭舍周围环境的绿化工作。这些措施均可减少太阳的辐射热，防止鸭舍温度猛增。

（2）加快鸭体热的散失。保证鸭舍四周敞开，使鸭舍具有“亭子效应”，以加大通风。给鸭饮清洁的自来水或冷水（井水或加冰块的水），不要让鸭饮河中水。气温高时应采用通风设备来加强通风，保证空气对流；夜间也应加强通风，使鸭在夜间能恢复体力，以提高鸭白天酷暑时抗热应激的能力。也可放鸭于水运动场过夜。

(3) 降低饲养密度。密度过大不仅是指每平方米容纳的鸭数过多，而且包括每只鸭所拥有的料槽和水槽位置较少。减少鸭舍内的鸭数或增加鸭舍水槽、料槽的数量，不仅可使舍内因鸭数的减少而降低总产热量，而且可避免因料槽或水槽的不足造成争食、抢饮而导致的个体产热量的上升，两者均可降低舍内鸭的生物热。

(4) 保持鸭舍内干燥。在高温季节，鸭的饮水量比其他季节多，因而通过呼气蒸发散失的水汽也比其他季节多，鸭粪中水分蒸发及在高温下的发酵是鸭舍湿度增高及有害气体含量升高的主要原因。保持鸭粪的干燥，是减少鸭舍内湿度及恶臭的最有效的办法。夏天不能通过限制饮水来减少鸭的水分排泄量；相反，为使鸭的体热尽快散发，必须给鸭以充足的饮水。所以，应通过采用合理的饲养及饮喂方式来减少鸭粪中含水量。采取的措施为：增加每日鸭舍的打扫次数，缩短鸭粪在舍内停留的时间；水槽尽量放在鸭舍四周，不要让鸭饮水时将水撒向四周，更不要让鸭在水槽中嬉水；采用水陆运动场的鸭舍，应在陆地运动场搭遮阳棚，这样可使鸭在水中嬉水上岸后，在陆上运动场能稍作休息，待毛干后再进鸭舍，还可使鸭有部分时间在陆上运动场，减少鸭向舍内排泄的机会。采用网上平养的鸭舍，水槽应尽量挂在笼外，使鸭不进入水槽，地面最好有坡度且有孔通向舍外，水槽挂在低坡一边，这样一旦有水洒在地面，水便可顺着坡度流向舍外。加大地面及整个鸭舍的通风，增加舍内外空气的换气量。

(5) 改变饲养方式。网养可减少仔鸭与粪便的接触，减少疫病传播机会，降低发病率；同时网养可以减少鸭群的营养消耗及产热量，有利于健康生长，故宜采取网养。采取地面养鸭，最好不用厚垫料，尤其不宜垫稻草。

3. 其他管理

(1) 保持环境安静。炎热时期要避免突然的惊吓、噪声干扰鸭群，以使鸭群活动量降低到最低程度。

（2）搞好日常卫生和消毒。做好消毒工作，防止苍蝇、蚊子滋生，使鸭群免受虫害骚扰。

（六）肉用仔鸭饲养管理程序

表 5-8　肉用仔鸭饲养管理程序

时间	饲养管理程序
进雏前 1~2 周	（1）准备育雏舍，搞好清洁卫生和消毒工作。1%新洁尔灭消毒后，用福尔马林熏蒸。空闲 1~2 周，于进雏前 1~2 天打开育雏室，通风 （2）将育雏伞下温度升到 34~36℃，室温达到 24℃。烟道供热，室温可升到 29~31℃。水槽、料槽内加满饮水和饲料。水槽长 1.9 厘米/只，饲槽长 7.6 厘米/只。及时修补已坏的器具或房室。每平方米安装 5 瓦的白炽灯
1 周龄（1~7 日龄）	（1）1 日龄雏进入后，每群 300~500 只共一个育雏伞或一小栏，及时开水、开食。自由采食，随吃随添，平均每只每天 30 克左右。光照 24 小时，饮水充足。饲养密度 20~30 只/米^2（垫料平养）、30~50 只/米^2（网养）、60~65 只/米^2（笼养） （2）2 日龄光照 23 小时，1 小时黑暗。自由采食、饮水。平均每只每天采食约 31 克 （3）3 日龄光照 23 小时，1 小时黑暗。温度降低 1℃，伞下为 33~34℃，烟道供温为 28~30℃。自由采食，保温伞护围直径扩大。平均每只每天采食约 32 克 （4）4 日龄自由采食、饮水，每只鸭全天采食 34 克，光照改为早晨 5 时开灯，晚上 9 时关灯，白天利用自然光照。温度降 1℃，扩大保温伞护围 （5）5~7 日龄同 4 日龄，每天降温 1℃。采食量每只每天 34~36 克。至 1 周龄结束，温度降至伞下 29~31℃，烟道供热为 24~26℃。早晚补充光照

续表

时间	饲养管理程序
2周龄（8～14日龄）	（1）饲喂量平均每只每天105克，8～10日龄65～90克，9～14日龄95～115克。饲喂次数改为每天6次，早晚喂料时补充光照 （2）饲养密度，垫料平养由20～30只/米^{2}降为10～15只/米^2，笼养由60～65只/米^{2}降为30～40只/米^2，网养由30～50只/米^{2}降为15～25只/米^2 （3）并可视情况去掉保温伞及护围。温度每天降1℃，伞下2周龄结束时降至22～24℃，烟道供热的舍温不必每天降温，可隔日降温，使舍温在14日龄时降到20～22℃
3周龄（15～21日龄）	（1）饲喂量平均每只每天为150～165克。在20日龄和22日龄分别加入25%和50%的生长育肥期饲料。整个育雏期一定要保证充足饮水，饲喂次数改为每天5次，早晚喂料时补加光照 （2）饲养密度，垫料平养由10～15只/米^{2}降为7～10只/米^2，网上平养由15～25只/米^{2}降为10～15只/米^2，笼养由30～40只/米^{2}降为25～30只/米^2 （3）每日降温1℃，至3周龄结束，使其能适应自然温度
4周龄（22～28日龄）	（1）转群。涉及转群（笼养转为平养，舍饲平养转为半舍饲平养）的应提前1周做好新鸭舍的准备，做好清洁卫生和消毒工作。保持垫料干燥 （2）饲喂。育雏料换为肥育料，料槽10厘米/只以上，水槽1.5厘米/只以上。饲喂每天4次，早上6时开灯饲喂，上午11时、下午5时、晚上11时开灯加料。4周龄平均每只每天饲喂165克，自由饮水 （3）温度、光照。采用自然温度育肥，冬季室温不到10℃时应加温。采用自然光照，早晚开灯喂料，每平方米用5瓦白炽灯 （4）密度。地面垫料平养7～9只/米^2，网上平养可加至14～18只/米^2

续表

时间	饲养管理程序
5~8周龄（29日龄以后）	（1）密度。地面垫料平养5~7只/米^2，网上平养可加至10~14只/米^2 （2）饲喂。时间安排不更改，7周龄平均每只每天喂料量250克，8周龄220克。注意，若7周龄末上市，则7周龄初即停止添加促生长剂和有刺激气味的饲料原料；若8周龄末上市，则8周龄初开始停止添加促生长剂和有刺激性气味的饲料原料

注：加温方式是烟道加保姆伞。

（七）商品肉鸭的填肥

肉鸭的填肥主要是人工强制鸭子吞食大量高能量饲料，使其在短期内快速增重和积聚脂肪。

1. 开填日龄 一般在40~42日龄，体重达1.5~1.7千克及以上的中鸭就应当开始填饲。但在饲料条件差、鸭子生长慢的情况下，有时须延至45~49日龄时才开始填饲。一般开填日龄早，饲料报酬较好；开填日龄过晚，饲料转化率降低，经济效益差。但过早地填饲，由于中鸭骨骼、肌肉发育尚不十分健全，消化功能也不发达，容易造成瘫痪和死亡。

2. 填鸭前的准备 开填前将鸭子按体重和体质分群，淘汰病残和过于弱小的鸭，选择体质强壮、发育正常、健康状况良好的鸭填肥，这样可以获得较好的育肥整齐度。此外，填鸭前应剪去爪尖，以免互相抓伤，影响屠宰体的美观，降低等级。

3. 配制填鸭专用日粮 填鸭的饲料应含有较高的能量（每千克含代谢能12.55兆焦左右），而粗蛋白含量为14%~15%即可。这种营养水平有利于快速提高体重和积累一定量的肌间脂肪。由于人工填饲鸭的饲料摄入量比自由采食多得多，产生热能也高，所以一定要供应充足的饮水。

填鸭的饲料中须加入一定量的维生素和微量元素，这是维持填鸭生长发育和维持健康所不可缺少的。添加的维生素主要有维生素 A、维生素 D_3、维生素 E、维生素 K、维生素 B_{12}、维生素 B_2、泛酸钙、氯化胆碱、烟酸等，以及微量元素和硫酸锌、硫酸铜、硫酸亚铁、碘化钾、硫酸镁等。还要特别注意钙和磷的数量及比例。以免因无机盐不足或钙、磷比例失调，影响增重或引起瘫痪。

4. 填饲的操作

（1）填料机填喂法。首先将调配好的饲料装入填饲机的储料箱内，转动搅拌器以免饲料沉淀。然后将鸭慢慢赶入待填圈内，等候填饲。接着操作人员先用脚踏填鸭机的离合器，检查料筒的出料情况，并调整出料量，达到规定数量后即可捉鸭填饲。有经验的填饲人员都采用抓嗉（嗉囊的部位）的方法，即四指并拢握嗉囊，拇指握颈的底部。这种方法既可将鸭捉稳，又不会引起挣扎伤残。填左侧小圈的鸭子时，用左手提鸭子头部，掌心靠着鸭的后脑，用食指和拇指打开鸭嗉，中指伸进嗉内压住鸭舌，将鸭嗉送向填饲胶管，让胶管准确地插入食道膨大部；同时，用右手托住鸭的颈胸接合部，将鸭体放平，使鸭体和胶管在同一轴线上——这样才不会损伤食道。插好管子后，用左脚踏离合器，启动料筒，将饲料压进鸭的食道后，放松开关，将胶管从鸭嗉退出。填饲操作在技术上的要领是：鸭体平，开喙快，压舌准，插管适，进食慢，撤鸭快。

（2）手工填喂法。填喂前，先将填料用水调成干糊状，用手搓成长约 5 厘米、粗约 15 厘米、重 25 克的“剂子”。填喂时，填喂人员用腿夹住鸭体两翅以下部分，左手抓住鸭的头，大拇指和食指将鸭喙上下腭撑开，中指压住舌的前端，右手拿“剂子”，用水蘸一下送入鸭子的食道，并用手由上向下滑挤，使剂子进入食管的膨大部，每天填 3 次，每次填 4~5 个，以后则逐步增多，后期每次可填 8~10 个“剂子”。

5. 填饲的时间和填饲量 通常每天填饲4次，每隔6小时填1次，每次的填饲量（指带水饲料的重量）约为鸭体重的1/12，以后每天填饲量可增加30~50克湿料，1周后每次可填300~500克。在凉爽季节，鸭子消化好，可适当多填。应根据具体情况灵活掌握，填饲时注意观察，发现嗉囊内有未消化的积食，应考虑少填或不填，以防消化不良或“撑死”。

6. 填鸭的管理

（1）保持安静，减少损伤。保持鸭舍的安静，闲人不得出入。饲养人员要细致耐心，不要粗暴驱赶，以免影响消化和增重，填鸭体重大，行动笨，赶鸭要慢，不可惊吓鸭群，道路及运动场要平整，防止鸭子摔伤。

（2）保持清洁，适当洗浴。填鸭栖息的场地要卫生清洁，并保持干燥；下水洗浴，可清洁鸭体，帮助食物消化，促进羽毛生长，炎热天可延长下水时间。

（3）防暑降温，充足饮水。鸭没有汗腺，填鸭的皮下又沉积了大量脂肪，过于闷热能使呼吸加快，影响育肥，甚至造成死亡。应采取加强通风除湿、植树遮阳等防暑降温措施，为填鸭生长创造良好的生活环境，以期获得最佳生产效益；填鸭食量大，必须使饮水充足，否则会影响到消化吸收和体内散热，夏季加重热应激，甚至导致死亡。

（4）适时出售。填鸭10天后要及时检查，看大部分个体膘肥肉满后，就可出售。

（八）肉用仔鸭的上市

（1）上市时间。为了获得较高的生产利用，生产者应根据肉鸭的生长状况及市场价格选择合适的上市日龄。肉用仔鸭7周龄后相对生长率已降得很低，而5~7周龄绝对增重处于高峰时期，所以选择7周龄为上市日龄。一般不选择6周龄上市，除非仔鸭已长得很大，因为7周龄的绝对增重处于较高水平。若市场要求稍小的肉鸭，则在7周龄上市最好。7周龄鸭子肌肉丰满，且羽毛已基本长成，饲料转化效率也高。若继续喂，则肉鸭偏重，绝对增重开始下降，饲料转化效率也降低。当然，如果是生产分割肉，则建议养至8周龄最好。因为后期胸腿着生肌肉较多，而分割肉中以胸部和腿部肌肉最贵。由于到7或8周龄上市后，肉鸭的皮脂较多，不易被消费者接受，许多饲养者选择在4~5周龄上市，饲养效益也较好。

（2）装运肉仔鸭。上市时，抓鸭要手握颈部，不能抓住脚腿或翅膀。装车要轻放，防止摔伤碰伤。气温低应白天运输，天热时应夜间行车。

第三节　生态放养鸭的饲养管理

生态放养鸭一般分为育雏和放养两个阶段。育雏在舍内，饲养4周左右，根据气候情况再进行放牧。林地、果园（茶园、桑园）、荒山荒坡、草场、农田、滩涂等都可以进行放牧。牧地要有充足的水源，地势高燥，坡度不应太大，以利于排水；牧地要开阔整齐，清洁卫生，远离污染源，植被条件好。生态放养鸭应首先选择地方品种，其次是杂交品种。适宜的品种如小型的麻鸭类和蛋肉兼用型的金定鸭，不适宜放养大型肉鸭品种。

一、生态放养雏鸭的饲养管理

鸭从雏鸭舍到舍外放牧，环境变化较大，为让鸭能尽快适应环境的变化，防止对鸭产生大的应激反应，育雏阶段要给予适应性训练。

（一）适应气候变化的训练

育雏后期应逐渐降低育雏舍温度，延长自然通风时间，使鸭舍内环境逐渐接近舍外的气候条件，直至停止人工供温。育雏脱温结束后，放养前7~10天，训练鸭适应外界气候。方法是：每天上午10时到下午3时将鸭舍南北窗打开，逐渐提早到每天天亮至天黑全天开窗，让鸭适应外界气候。

（二）适应饲料变化的训练

放养前1~3周，在饲料中添加一定量的青草或青菜，每天逐步加大投喂量，在放牧开始前，青饲料的添加量可以占到雏鸭饲喂量的一半左右，适当喂给人工饲养的蝇蛆、蚯蚓等，使鸭在放养后适应采食野生饲料和昆虫类饲料。

（三）加大活动量

育雏后期，逐渐扩大雏鸭的活动范围，加大活动量，强健体质，以适应放牧环境。

（四）预防应激

放牧前和放牧的最初几天内，在饲料或饮水中添加适量的维生素C或电解多维等药物，以减少应激。

（五）加强管理

注意训练、调教鸭群，喂料时给予响声，使鸭在放养前形成条件反射，以利于放牧管理。育雏后期，在饲养方式、饲喂次数、饮水方式等日常管理可以逐渐接近生态放牧的饲养管理，以便鸭群尽快适应外界放牧环境。

二、生态放养育成鸭的饲养管理

（一）育成鸭的特点

育成鸭羽毛生长迅速（如绍兴麻鸭42~44日龄时胸腹部羽毛已长齐，平整光滑，达到“滑底”，48~52日龄青年鸭已达“三面光”，52~56日龄已长出主翼羽，81~91日龄蛋鸭腹部已换好第二次新羽毛，102日龄蛋鸭全身羽毛已长齐，两翅主翼羽已“交翅”），体重增长快（如绍兴麻鸭至16周龄的体重已接近成年体重），性器官发育快，适应性强，可以充分利用自然环境条件；育成鸭表现出较强的杂食性强，可以充分利用天然动植物性饲料。

（二）放养前的准备

1. 鸭舍准备　在放养地准备好鸭舍，鸭舍面积：5~10 周龄为 10~15 只/米^2，11 周龄到育成结束为 8~10 只/米^2。把鸭舍分间，每间 100~200 只鸭。舍内铺设垫料或架设网面（离地面 30 厘米，并做好鸭上下网的梯板）；舍外有运动场，运动场上搭设遮雨棚。

2. 饲槽和饮水器准备　要在育成舍内准备好数量充足的料槽和饮水器，并放上料和水，鸭进入舍内就可以采食饮水。3 天后逐渐把料槽和饮水器移到外面运动场区。

3. 鸭舍和放养地的清洁　进鸭前对鸭舍及其周围和设备用具进行彻底全面的消毒，对放养场地进行清洁、消毒。

（三）转群

经过脱温、训练后并适应放养的雏鸭可以转群到放养地进行放养。转群前 3~5 天，在饲料中加入电解质或维生素 C，每天早晚各一次。转群前 2~3 小时不要喂鸭，保持空腹；转群选在晴暖、无风的天气进行，最好在早晨或夜晚进行。转群时应一次性将雏鸭转入放养地的育成鸭舍内，并结合免疫接种计划进行免疫。

（四）分群和疏群

根据品种、日龄、性别、体重、放养地的植被情况等因素综合考虑分群和群体大小。一般一个群体 200~300 只育成鸭比较适宜，不超过 500 只。放养初期鸭体重小，饲养密度和群体可以大一些；植被状况好（夏秋季节，植被茂盛，昆虫多），饲养密度和群体也可以大一些。鸭体重较大或植被状况差（早春和初冬，青饲料少）时，饲养密度和群体要小一些。否则，影响鸭的生长发育、群体均匀度和成活率。

（五）放牧过渡期的管理

由育雏室转移到野外放牧的最初 1～2 周是放养成功与否的关键时期。如果前期准备工作做得较好，过渡期管理得当，小鸭就会很快适应放牧环境，不会因为饲养环境的改变而影响生长发育。

选择在天气暖和的晴天转群。转群时间安排在晚上，当育雏舍灯光关闭后，鸭群稍微安静后可以开始转群。为减少鸭群的骚动和便于转群，可以使用手电筒，在手电筒头部蒙上红色布，或在舍内留一个功率较小的光源，用红色布或红纸包裹，使之放出黯淡的红色光，有利于鸭群保持安静。按照分群计划，一次性放入鸭舍，使鸭在放养地的舍内过夜，第二天早晨不要马上放鸭，要让鸭在鸭舍内停留较长的时间，以便熟悉其新居。待到 9 时后放出喂料，饲槽放在离鸭舍 1～5 米远，让鸭自由觅食，切忌惊吓鸭群。转群时动作要轻，避免粗暴而引起鸭的伤残。

转群后的饲料与育雏期相同，不要突然改变。开始几天，每天放鸭的时间可以短些，以后逐日增加放养时间。为了防止个别小鸭乱跑而不会自行返回，可设围栏限制，并不断扩大放养面积。1～5 天内仍按舍饲喂量给料，日喂 3 次；5 天后要限制饲料喂量。

开始放牧的第一周，在放牧区域放上料盆，让鸭既能寻觅到野生饲料资源，又可以吃到全价配合饲料，随着放养时间的延长，鸭群的活动范围逐渐扩大，鸭就可以自由充分采食青草、野菜、虫蚁等自然饲料。

（六）调教

调教是指在特定环境下给予特殊信号或指令，使之逐渐形成条件反射或产生习惯性行为。调教是放养鸭饲养管理工作不可缺少的技术环节。早上放鸭、晚上收鸭以及饲喂、饮水等，必须有统一的集体行动，特别是遇到不良天气和野生动物侵入，如刮风、下雨、冰雹、老鹰或黄鼠狼侵害等时，应在统一的指挥下进行规避。

1. 适应性调教　育成鸭胆小、敏感，易受惊吓，因此应进行适应性调教。平时的饲养管理过程中，对鸭不要粗暴，不要急赶、驱打、粗声吆喝，并利用放鸭和喂鸭多与鸭接触，增加鸭的胆量，使鸭不怕人，养成听人指挥的习惯。

2. 放牧的调教　为使牧草得到有效利用，应当对鸭群进行调教。调教的方法是：一人在前面引导，即一边慢步前行，一边按照一定的节奏给予一定的语言口令（如不停地叫“走……”，一边撒扬少量的食物（作为诱饵）；后面一人手拿一定的驱赶工具，一边发出驱赶的语言口令，一边缓慢舞动驱赶工具前行，直至到达牧草丰富的草地。这样连续几日后，鸭群即可逐渐习惯往远处采食。

3. 喂食和饮水的调教　放养鸭每天的补料量是有限的，因此，保证每只鸭都获得一定数量的饲料，应在补充饲料时同一个时间段共同采食。在野外饮水条件有限时，为了保证饮水的卫生，尽量减少开放式饮水器暴露在外的时间，需要定时饮水，也需要统一同时进行。

喂食和饮水的调教应在育雏时开始，在放养时进一步强化，并形成条件反射。一般以一种特殊的声音作为信号。这种声音应该柔和而响亮，但不可使用爆破声和模仿野兽的叫声；声音持续时间可长可短。生产中多用吹口哨和敲击金属物品产生的特定声音，引导鸭群形成条件反射，如让鸭听到饲喂信号而归舍。

以喂食为例，调教前应使其有一定的饥饿时间，然后，一边给予信号（如吹口哨），一边喂料，喂料的动作尽量使鸭看得到，以便产生听觉和视觉的双重感应，加速条件反射的形成。每天反复如此动作，一般 3~5 天以后即可建立条件反射。

（七）补料

补料是指野外放养条件下进行的人工补充精饲料。放养的鸭，仅仅靠野外自由觅食天然饲料是不能满足其生长发育需要的。无论是生长期（大雏鸭）、后备期，还是产蛋期，都必须补充饲料。但应根据鸭的日龄、生长发育、草地类型和天气情况，决定补料次数、时间、类型、营养浓度和补料数量。

1. 补料次数和时间 补料次数多少对养鸭非常重要。一般牧地条件，放养鸭早晚各补料 1 次；野生饲料丰富时，每天补料 1 次即可。如下雨、刮风、冰雹等不良天气或野生饲料严重不足，难以保证鸭在外面的采食量时，可临时增加补料次数。但一旦天气好转或野生饲料充足，立即恢复每天 1 次。

2. 补料数量 每次补料量应根据鸭采食情况而定。在每次撒料时，不要一次撒完，要分几次撒，看多数鸭已经满足，采食不及时，记录补料量，作为下次补料量的参考数据。一般是次日较前日稍微增加一些补料量。也可观察次日放牧前食盆内剩料量，剩少许饲料说明头一天的补料量是适宜的，剩的多说明头一天补料量过多，不剩料说明头一天补料量过少。

3. 补料注意问题 为了防止饲料的浪费和饲料的污染，有条件的地方可在特定地方补料，不要到处乱撒料，以免浪费；补料时应观察整个鸭群的采食情况，防止胆子小的鸭不敢靠近采食。据此，可将部分饲料撒向补料场的外围，也可以延长补料时间，使每只鸭都能采食足够的饲料，以使其发育整齐。

（八）供水

尽管育成鸭在野外放养可以采食大量的青绿饲料，但是水的供应也是必不可少的。没有充足的饮水，就不能保证鸭快速生长、体质健康以及饲料的有效利用，尤其是在植被状况不好、风吹日晒严重的牧地更应重视水的供应。

饮水以自动饮水器最佳，可以减少饮水污染，保证水的随时供应。自动饮水应设置完整的供水系统，包括水源、水塔、输水管道、供水器（饮水器）等。输水管道最好在地下埋置，而终端饮水器应设在放牧地块，根据面积大小设置一定的饮水区域，最好与补料区域结合，以便鸭采食后饮水。饮水器的数量应根据鸭的多少设置，数量应充足。

但更多的鸭场不具备饮水系统，特别是水源（水井）的问题难以解决，一般采取异地拉水。对于这种情况，可制作土饮水器，即利用铁桶作为水罐，利用负压原理，将水输送到开放的饮水管或饮水槽。

夏秋季放养时，由于雨水较多，为减少鸭喝到受污染的雨水，在每次下雨后要及时把被雨水污染的饮水器清洗干净，重新换上新鲜洁净的水供鸭饮用。

（九）光照

育成鸭的光照时间宜短不宜长。每天光照时间稳定在8~10小时，光照强度以5~10勒克斯为宜。为了便于夜间饮水和防止老鼠、野兽危害，鸭舍内可以通宵弱光照明，并备应急灯。

（十）分区轮牧

放养鸭，可让鸭充分采食自然饲料，包括青草、昆虫和腐殖质等。但是，多数情况下，青草的生长速度往往低于鸭的采食速度，很容易出现过牧现象。为了防止过牧现象的发生，将一个地块用围网分成若干小区（一般3个左右），使鸭轮流在3个区域内采食，即分区轮牧，每个小区放牧1~2周，使土地生息结合，有利于资源开发和提高资源利用效率。

（十一）诱虫

虫子可为鸭提供一定的动物蛋白，降低养殖成本，提高养殖效果。诱虫的方法有黑光灯诱虫、高压电弧灭虫灯诱虫和性激素诱虫。

1. 黑光灯诱虫　黑光灯诱虫是生产中最常见的，一般使用两种光源诱虫，一种是高压自镇汞灯泡，一种是黑光灯泡。夏季既是放养鸭的最佳季节，也是昆虫大量滋生的季节。利用昆虫的趋光性，使用黑光灯可大量诱虫。黑光灯发出的光波波长为3 800纳米，大多数昆虫如飞蛾、蝗虫、螳螂、蚊蝇等，对波长为3 000~4 000纳米的光波极为敏感。黑光灯诱虫需要有220伏交流电源（50赫兹），规格有20瓦、30瓦、40瓦及高功率灯具等多种。安装时应在其上设1个防雨的塑料罩，或3块挡虫玻璃板，尺寸（长×宽×厚）为690毫米×140毫米×3毫米。可将黑光灯安装在果园一定高度的杆子上，或吊在离地面1.5~2米高的地方。安装要牢固，不要左右摇摆。一般每隔200~300米安装1个。黑光灯诱虫采取傍晚开灯，昆虫飞向黑光灯，碰到灯即撞昏落入安装在灯管下面的虫体袋内，次日将收集在袋内的虫体喂鸭。黑光灯诱虫效果受天气影响较大，高温、无风的夜间虫子较多，而大风、雨天和低温的天气昆虫较少，因此遇有不良天气时不必开灯，雨后1小时也不要开灯。灯具的周围不要使用其他强光灯具，以免影响应用效果。使用黑光灯一定要注意用电安全，灯具工作时不要用手触摸。河南省辉县市一个鸭场使用9YH-20型黑光灯，1盏20瓦的灯在6~9月平均每夜诱捕昆虫量在20千克左右。利用高压电网黑光灯诱杀成虫，其时间在晚上8时至翌日0时为佳。通过不同天气诱虫数量的观察发现，晴朗无风天气诱蛾效果最好，雨后阴天仅为晴天的12%。雨后地面和空气潮湿易导电，因此雨后不宜开灯。

2. 高压电弧杀虫灯诱虫 利用昆虫趋光性的原理，以高压电弧灯（一般为500瓦）发出的强光，诱导昆虫集中于灯下，然后被鸭捕捉采食。将高压电弧灯悬吊于宽敞的放牧地上方，高度可调整，每天傍晚开灯。由于此灯的光线极强，可将周围2 000米的昆虫吸引过来。资料显示，每盏灯每天晚上开启4小时，1 200只鸭每天的补料量可减少30%。

3. 性激素诱虫 生产中使用的性激素是人工合成的。利用现代分析化学的方法，将不同虫子的性激素成分进行解密，然后人工合成，其诱虫效果较自然激素还要高。用人工方法制成了多种害虫的雌性激素信息剂，每逢害虫成虫盛发期，在放牧地块里扎上高约1米的三脚架，架上搁一个盛大半盆水的诱杀盆，中央悬挂一个由性激素剂制成的信息球，此球发出的雌性信息比真雌虫还强，影响距离更远。当雄性成虫嗅到雌性信息后便从四面八方飞来，撞入水盆被淹死，可作为鸭的饲料。

性激素诱虫的效果受到多种因素的制约。例如，性激素的专一性、种群密度、靶子害虫的飞行距离（即搜寻面积的大小）、性诱器周围的环境及气象条件，尤其是温度和风速。性诱器周围的植被也影响诱捕效率。

（十二）防兽害

老鼠、老鹰、黄鼠狼和蛇等动物会伤害放养鸭群，必须采取措施防治兽害。

1. 防鼠 老鼠对放牧初期的小鸭有较大的危害性。因为此时的小鸭防御能力差，躲避能力低，很容易受到老鼠的侵袭，即使大一些的鸭，夜间受到老鼠的干扰也会造成惊群。预防老鼠的危害可采用鼠夹法、毒饵法、灌水法及养鹅驱鼠。

2. 防鹰类 鹰类是益鸟，具有敏锐的双眼、飞翔的翅膀和锋利强壮的双爪，可以灭鼠、捕兔。但是，它们对于放养鸭也具有一定的威胁。

鹰类总的活动规律基本上与鼠类相同，即初春和秋季多，盛夏和冬季相对较少；早晨（9~11时）、下午（4~6时）多，中午少；晴天多，大风天少。鼠类活动盛期，也属鹰类捕鼠高峰期。鼠密度大的地方，鹰类出现的次数和频率也高。鹰类在山区和草原出现较多，平原较少。无论是山区还是平原，老鹰活动都会对鸭群造成一定伤害。由于鹰类是益鸟，不能捕杀，因此，在放养鸭的过程中，对它们只能采取稻草人法、人工驱赶法等驱避措施。

3. 防黄鼠狼 黄鼠狼喜欢穴居，特别喜居干燥的土洞、石洞或树洞，亦经常出入并借住鼠洞。其洞口较光滑，周围多有挂落的绒毛和粪便。黄鼠狼有固定的越冬巢穴，巢穴有多个洞口。为了抗寒防雪，巢穴多设在向阳、背风、静僻处，如闲屋、墟堆、仓库、草垛等地。洞口常因黄鼠狼呼吸而形成一触即落的块状霜。巢穴附近及通向觅食场所和水源的路上，就是捕捉黄鼠狼的最佳位置。对于黄鼠狼，可采取竹筒捕捉、木箱捕捉等方法进行捕捉或驱赶。

4. 防蛇 蛇是捕鼠的能手，对于保护草场生态起到重要作用。但是野外放养鸭，蛇也是天敌之一，尤其是在我国南部的省（区）更甚，主要对育雏期和放养初期的小鸭危害大。对付蛇害，我国劳动人民积累了丰富的经验，一般采取两种途径，一是捕捉法，二是驱避法。

使用酒精、烟草、雄黄等有刺激性气味的物质都可以驱蛇，养鹅也是预防蛇害非常有效的手段。无论是大蛇还是小蛇，是毒蛇还是菜蛇，均不惧怕，或将蛇吃掉，或将蛇驱出境。

（十三）防止鸭中毒

放牧地喷洒农药后 7 天内不能放牧，为保证放牧，可以分区轮放；临近农田喷洒农药要注意风向，并将鸭的活动场地与农田用网隔开；放牧场所应禁放毒饵，如确需投放，应调换牧地或舍内养鸭。做好农药、化肥的存放、保管和使用工作，切忌在鸭场附近存放农药化肥。放牧途中发现鸭群中毒，要立即停止放牧，回舍并对症进行治疗。放牧中发现病鸭，不能乱投药品，应及早确诊，准确用药。

（十四）日常管理

1. 放养地和鸭舍的卫生消毒 放养场地的入口、鸭舍门口要有消毒池和消毒设施，保持足量的消毒液，对进入的人员、用具、工作衣帽等进行消毒，鸭舍和场地应每天清理清扫，饮水用具、饲喂用具等每周消毒 2~3 次。

2. 细心观察，做好记录　注意观察天气变化、鸭群状态等，及时发现问题，防患于未然。

（1）注意观察气候变化。遇到气候的突然变化，要提前采取防范措施。如下大雨前要及早收鸭或不放鸭出舍等，防止被雨淋；注意观察有没有野生动物的入侵，可以借助摄像头、音响报警器等设备，避免鸭受到野兽侵害等；及时观察和了解放养场地状况，如有没有喷洒农药及一些人为破坏的迹象，减少对鸭的伤害。

（2）观察鸭群状况。一是精神状态。健康鸭羽毛整洁，精神饱满，而病弱鸭羽毛不整，凌乱不堪，精神萎靡。二是采食情况。食欲旺盛，说明鸭生理状况正常，健康无病。减食，一般是因饲料突然改变、饲养员更换、鸭群受惊以及有病等因素所致；不食，表明鸭处于重病状态；异食，说明饲料营养不全，特别是矿物质与微量元素不足；挑食，是由于饲料搭配不当、适口性差所致。三是粪便状态。四是呼吸系统状况。

3. 科学防疫　制定科学的免疫程序进行确切免疫接种；加强对寄生虫病的药物防治，并做好日常消毒工作，减少疾病的发生和危害。

4. 减少应激　保持环境条件适宜和工作程序稳定，减少对鸭群的不良刺激，避免应激反应的发生。

（十五）不同放牧地的管理

1. 农田放牧　利用农区的水稻田、稻麦茬地和绿肥田，觅食农田的遗谷、麦粒、昆虫和农田杂草，绿肥田在翻耕时可提供蚯蚓、蝼蛄等动物性饲料。这种饲养方式既可以降低饲养成本，又可以对农田起到中耕除草、消灭害虫和施肥的作用。

由于育雏期和放牧前雏鸭采用配合饲料喂给，从喂给饲料到放牧生活需要有一个训练和适应过程。除了继续育雏期的放水、放牧训练外，还要训练鸭觅食稻谷的能力。其方法是，将稻谷洗净后，加水于锅里用猛火煮一下，直至米粒从谷壳里爆开，再放在冷水中浸凉。待鸭子感到饥饿后，将稻谷直接撒在席子上或塑料布上供鸭采食。待鸭子适应采食稻谷后，就要将稻谷逐步撒在地上，让鸭适应采食地上的稻谷，然后将稻谷撒在浅水中，任其自由采食，训练鸭子水下、地上觅食稻谷能力。放牧时，鸭子就会寻找落谷，达到放牧的目的。

2. 湖泊、河塘、沟渠放牧 这种放牧形式的选择是在农田茬口连接不上时采用，主要是利用这些地方浅水处的水草、小鱼、小虾和螺蛳等野生动植物饲料。这种放牧形式往往与农田放牧结合在一起，二者互为补充。

在这些场地放牧的鸭群，主要是调教吃食螺蛳的习惯。在调教雏鸭吃螺蛳肉的基础上，改成将螺蛳轧碎后连壳喂。吃过几次后，就直接喂给过筛的小嫩螺蛳，培养小鸭吃食整个螺蛳的习惯。然后，将螺蛳撒在浅水中，让鸭子学会在水中采食螺蛳。经过一段时间的锻炼，育成鸭就可以在河沟中放牧采食天然的螺蛳。

在这些场地放牧时，一般鸭种都要选择水较浅的地方放牧。在沟渠中放牧应逆水觅食，这样才容易觅到食物。在河面上放牧，遇到有风时，应顶风而行，以免鸭毛被风吹开，使鸭受凉。

3. 海滩放牧 海滩有丰富的动植物饲料。尤其是退潮后，海滩上的小鱼、小虾、小蟹极多，可提供大量动物性饲料，使养鸭成本大大降低。海滩放牧的场地要宽阔平坦，过于狭窄、高低不平、坡度太大的场地都不适合放牧。放牧的海滩附近必须有淡水河流或池塘，可供放牧鸭群喝水和洗浴。鸭群在下海之前要先喝足淡水，放牧归来要让鸭群在淡水中洗浴，晚上收牧前要在淡水中任其洗浴、饮水。不能让鸭群长期泡在海水中和长期饮用海水，以免发生慢性食盐中毒。

不论采用哪种放牧饲养方式，都要选择好放牧路线。每次放牧路线要远近适当，鸭龄从小到大，路线由近到远，逐步锻炼，不能使鸭过度疲劳。放牧途中，要选择1~2个可避风雨的阴凉地方，在中午炎热或遇雷阵雨时，都要把鸭赶回阴凉处休息。晚上归牧后，要检查鸭群吃食情况。若放牧未吃饱，要适当补喂饲料，以满足青年鸭快速生长发育的营养需要。

三、生态放养产蛋鸭的饲养管理

（一）产蛋箱放置及蛋的收集

1. 产蛋箱设置　可采用开放式产蛋巢，即在过夜鸭舍一角用围栏隔开，地上铺上垫草，让鸭自由进入或离开；也可以用产蛋箱。产蛋箱在鸭舍周边贴墙放置，放在光线暗、太阳照射少的地方，使母鸭产蛋不受外界干扰，并要远离饮水器。产蛋箱尺寸为长40厘米、宽30厘米、高40厘米，每4只母鸭一个产蛋箱，可将几个产蛋箱连在一起。箱底铺上10厘米厚的刨花、稻壳、稻草和麦秸等垫草，要及时更换污浊的垫草。产蛋箱要固定。

2. 蛋的收集　早晨放养鸭从鸭舍赶出后要及时捡蛋。在鸭群开始产蛋的一段时间内，捡蛋时可以留一枚蛋作为引蛋，培养鸭进入产蛋箱产蛋的习惯。进入高峰后，仔细检查每一只产蛋箱和鸭舍的角落，捡出所有的蛋。要在野外寻找蛋，并破坏产蛋环境，迫使鸭回产蛋箱内产蛋。

集蛋前用0.01%的新洁尔灭溶液洗手消毒。捡蛋时要将洁净蛋、污浊蛋分开放置，将畸形蛋、软壳蛋、沙壳蛋等挑出单放。及时拣出破蛋，以免鸭养成吃蛋的恶习。发现产蛋率大幅下降或异形蛋、软壳蛋增多，应及时查找原因。

（二）补料

影响放养鸭产蛋期精料补充量的因素主要有品种、产蛋阶段和产蛋率、放养地状况和饲养密度。

1. 补料量 由于放养鸭采食的饲料种类和数量难以确定，所以很难给出一个绝对的补充饲料数量。在生产中，具体补充饲料数量的确定可根据如下情况灵活控制：地方品种鸭的觅食力较强，觅食的范围较广，产蛋性能较低，补料量可以少一些；产蛋高峰需要的营养多，补料量可以多一些，其余产蛋期补料可以少一些。放养地野生资源丰富或饲养密度小时，补料可以少一些，否则应增加补料量。

2. 补料方法 从鸭群产蛋开始，白天让鸭在散养区自由采食，中午和傍晚各补饲 1 次。每次补饲量按其采食量的 70%～80% 补给，一直实行至产蛋高峰及高峰后 2 周。

产蛋开始一段时间，鸭的体重不变或变化不大，说明管理恰当，补料适宜，若体重偏重或偏轻，应当调整补料量和料质量。蛋的品质和鸭群精神状态可以直接反映营养物质的进食情况。如蛋的大端偏小是欠早食，小头偏小是欠中食；有砂眼和粗糙甚至软壳说明饲料质量有问题，特别是缺钙和维生素 D。若每日推迟产蛋时间或白天产蛋，且蛋非常分散，应及时补喂精料。

产蛋后期可以根据体重和产蛋率变化确定饲料的质量和饲喂量。如果产蛋率仍较高，体重略有减轻趋势，可在饲料中适当增加动物性饲料；如体重增加，产蛋率仍较高，可以增喂粗饲料和青饲料，或者控制采食量，但动物性饲料还应保持原来的量或略增加；如果体重正常，产蛋率较高时饲料中蛋白质水平应略增加。

当蛋鸭到 500～600 日龄，如产蛋率已经降至很低，饲养无利时，无须加料，准备淘汰或强制换羽。

（三）饮水

在鸭活动范围内，每 10 只鸭可以放置一个水盆，水盆不宜过大过深，保证供给充足、清洁的饮水。

（四）光照管理

放养鸭从 100～110 日龄就开始补光，一般实行早晚补光，全天光照时间保持在 16 小时以上。产蛋 2～3 个月后，可将光照时间调整为 17 小时。早晨从 5 时开始亮灯，傍晚 10 时关灯。光照强度以 5～8 勒克斯为宜。大约 18 平方米的鸭舍安装一盏 25 瓦的灯泡，灯泡距离地面 2 米。注意光照制度要稳定。

（五）划区轮放

用塑料网将放牧地分割成几个区域，按计划逐区分别放养，使植被得到恢复，鸭可以获得更多的野生资源。

（六）淘汰低产鸭

产蛋高峰后会有低产鸭和停产鸭出现，要及时淘汰。高产鸭和低产鸭可以通过“五看”和“四摸”的方法进行识别。

“五看”：一看头。鸭头稍小，似水蛇头，嘴长，颈细，眼大凸出且有神，光亮机灵的为高产鸭；鸭头偏大，眼小无神，颈项粗、短的为低产鸭。二看背。鸭背较宽，胸部阔深的为高产鸭；鸭背较窄的为低产鸭。三看躯。体躯深、长、宽的为高产鸭；体躯短、窄的为低产鸭。四看羽。鸭羽紧密、细致，富有弹性，麻鸭花纹细的为高产鸭；羽毛松软，无光泽，麻鸭花纹粗大的为低产鸭。五看脚。用手提鸭颈，若两脚向下伸，且不动弹，各趾展开的为高产鸭；若双脚屈起或不停动弹，各趾靠拢的为低产鸭。

“四摸”：一摸耻骨。产蛋期的高产鸭，耻骨间距宽，可容得下 3～4 指；而低产鸭，耻骨间距窄，只能容得下 2～2.5 指。二摸腹部。高产鸭腹部大且柔软，臀部丰满下垂，体形结构匀称；低产鸭腹小且硬，臀部不丰满。三摸皮肤。高产鸭皮肤柔软，富有弹性，皮下脂肪少：而低产鸭皮肤粗糙，无弹性，皮下脂肪多。四摸肛门。高产期的高产鸭，泄殖腔大，呈半开状态；而低产鸭泄殖腔紧小，呈收缩状，有皱纹，比较干燥。

将初步鉴定为低产的鸭，隔离饲养，用手指顶触蛋鸭泄殖腔产道口，触摸是否有蛋，连续触摸 2~3 天都没有蛋，就应淘汰。但当年春季培育的新鸭群，即使产蛋率低也不宜淘汰。

（七）产蛋鸭的日常管理

1. 认真观察鸭群 观察鸭群是产蛋鸭日常管理的一项重要工作。注意观察鸭群的状况，发现问题，及时分析查找原因，并提出解决方法。

（1）观察食欲和饮水变化。健康的鸭群食欲旺盛，抢食强烈，且在一定时间内鸭群采食量保持相对稳定。病鸭往往挑食或拒食，采食量明显下降。当然，还应考虑气候、应激等因素。健康的鸭群饮水在一定时间内是相对稳定的，若鸭群在供水和给料时，对水和饲料毫无反应者，视为病鸭。

（2）观察精神状态。健康的鸭群四处走动或卧地休息，尾羽光滑、紧密、贴身，下水潜水时间长，且躯体的 1/3 浮在水面，上岸后羽毛光滑不湿。病鸭精神萎靡，离群呆立，羽毛松乱，缩头垂翅，步态不稳，下水慌张，甚至下沉。

（3）观察粪便颜色。健康鸭的粪便不硬不软，在粪便表面有少量白色尿酸盐沉积。病鸭粪便有绿色、白色、金黄色等不正常稀粪便，鸭群拉白色稀粪是鸭群感染各种传染病的最初主要特征之一。

（4）观察产蛋状况。主要观察产蛋时间、蛋壳质量和产蛋数。正常的产蛋时间是清晨 2~5 时，若时间推迟，蛋重减轻，产蛋减少，是鸭群患病的征兆。正常鸭群所产的蛋表面光滑，蛋壳坚固完整，颜色均衡稳定。若蛋壳表面粗糙，蛋壳变薄或变软，说明鸭群异常。正常鸭群的蛋重在一定时期内是相对稳定的，若蛋重下降明显或时高时低，除注意采食量和饲料营养外，还应注意鸭群的健康状况。产蛋数从初产到高产的过程是逐步上升的，在产蛋高峰期是相对稳定的，若产蛋数下降幅度较大，且连续数天，除注意饲料和应激因素外，也应考虑鸭群的健康状况。

（5）观察呼吸变化。正常鸭群不会张口呼吸（炎热天气除外），病鸭表现为打喷嚏，张口呼吸，时有强力摇头，鼻孔处有黏液或脓性分泌物。

（6）观察运动状况。要注意有无拐脚、眼盲及先天性和后天性的伤残。

2. 鸭舍卫生与消毒　鸭舍地面、补料场地应每天打扫，定期消毒。水槽、料槽每天洗刷，清除槽内杂物，保持干净。进入鸭场或鸭舍的人员、设备、用具等要消毒。每批鸭淘汰后要对鸭舍进行彻底的清洁消毒。

3. 加强安全管理　注意天气变化，及时做好防范，避免损失；做好防害和防中毒工作；加强巡视和观察，发现病弱鸭要及时隔离饲养、治疗，防止疫病传播。鸭群晚上回舍要清点数量，发现问题及时查找原因，采取措施。

（八）不同产蛋期鸭的饲养管理

在蛋鸭整个产蛋期内，应加强饲养管理，尽量延长产蛋期，提高产蛋期产蛋率。

1. 产蛋初期和前期的饲养管理　产蛋初期是指蛋鸭 150～200 日龄的时期，产蛋前期是指 201～300 日龄的这段时间。新开产的鸭精力充沛，体质健壮，若此时恰逢春季，温度、光照都适宜，是最容易饲养的时期。

（1）适时放养。放养时间从 4 月中旬开始，此时外界气温适中，青草生长，昆虫开始活动，如能充分利用光照，则有利于鸭的生长发育。地点由近及远，放养时间逐渐延长，早晨将鸭放到牧地饲养，让其自由活动、觅食，中午和晚上将鸭招回舍内补喂饲料。放养密度为每亩20~30只，每群200~300只为宜。

（2）调整饲料质量。开始产蛋前，加强放养，增强体质和觅食能力。日粮蛋白质水平保持在14%左右，开产期日粮蛋白质要提高到18%~22%，同时补足矿物质饲料特别是钙的供给，并根据蛋的质量、鸭的精神状态调整补料质量和补料量。

（3）饲料更换。当产蛋率上升到50%以后，将饲料更换成产蛋高峰料。饲料更换要有5~7天的过渡期。

（4）注意补钙。鸭从开产到5%产蛋率阶段可将日粮钙提高到2%，然后再逐渐提高到3.2%~3.5%。正常情况下，蛋鸭钙的合理需求量：产蛋率在65%以下时，钙为2.5%；产蛋率在65%~85%时，钙为3%；产蛋率85%以上，钙为3.21%~3.5%。钙源为石灰石和贝壳粉，其比例以2∶3为宜。饲料中有一定的颗粒状钙。

2. 产蛋中期的饲养管理　此期是指蛋鸭301~400日龄的时期。

（1）营养充足供应。为确保高产，使产蛋高峰达400日龄之后，应投喂含粗蛋白质19%~20%、代谢能11.5兆焦/千克、钙2.5%~3.5%（混合粉料中添加1%~2%颗粒状贝壳粉）的配合饲料，并保证矿物质、维生素的充足。根据产蛋率的变化情况，增加补料量，使产蛋性能进一步提高。

（2）保持适宜环境。环境要安静，避免一切噪声；饲喂程序、光照程序要稳定，生产操作时动作轻柔；环境温度、湿度、通风、光照等条件要适宜；保持鸭舍、运动场、设备、用具等清洁卫生，定期进行环境消毒。

3. 产蛋后期的饲养管理　此期是指蛋鸭401~500日龄的时期。经过长达8个月的连续产蛋后，此期要维持产蛋高峰很困难，若饲料管理不恰当，产蛋率可能会急速下降，甚至会换毛停产。此阶段应根据体重和产蛋率确定补料量，不可盲目增加喂料量；保持 16 小时光照而不能减少，如果产蛋率较低，光照时间可增至 20 小时直至淘汰；产蛋后期，鸭舍中微生物数量多，容易感染传染病，更应做好粪污清理和日常消毒工作。

四、不同放养地放养鸭的饲养管理

（一）果园生态养鸭饲养管理

果园生态养鸭是利用果园隙地作为鸭的饲养场地，充分利用果园昆虫、小动物及杂草等自然的动植物饲料资源，通过围网放养结合圈养或棚养的方式养鸭的饲养模式。饲养过程实行舍养（育雏阶段在鸭舍内养殖、放养阶段晚上鸭在舍内休息和过夜）和放养（雏鸭脱温后白天在林地散放饲养）相结合，鸭可以自由采食果园里生长的野生自然饲料如各种昆虫、青草、草籽、嫩叶和矿物质等，再通过合理的补喂饲料、科学的饲养和管理技术、严格的卫生防疫措施，在整个饲养过程中严格限制饲料添加剂、化学药品及抗生素的使用，以提高鸭蛋、鸭肉风味和品质，生产出更加优质、安全的无公害或绿色的肉、蛋产品。

利用果园进行生态养鸭这种新型养殖方式，合理利用了果园隙地，鸭在新鲜的空气、自由的觅食运动中充分享受了动物福利，这种因地制宜利用果园发展生态养鸭的模式，已经是不少地区发展生态农业的重要方式。

1. 果园的选择　地势高燥、环境安静、饮水方便、农药使用少、排水良好、无污染的果园都可养鸭。以干果、主干略高的果园为佳，最理想的是核桃园、枣园、柿园、桑园等，这些果树主干较高，果实结果部位也高。苹果园、梨园、桃园、杏树园、橘园、李园、山楂园等，放养期应避开果树用药期，防止鸭农药中毒。

2. 鸭品种的选择　果园养鸭，环境较复杂，饲养管理条件不高，所以所养品种要求适应性较强、觅食能力强、耐粗饲、抗病力强，应选择既适于圈养，又可在低山、丘陵地区放养的品种进行饲养。最适宜养殖的品种，首先为地方品种鸭，其次是地方杂交鸭，再次是良种蛋鸭，一般不宜养殖大型肉用鸭。如麻鸭类型的地方品种，体形较小，行动轻便灵活，觅食能力强，适应性广，最适于放牧。金定鸭是青壳蛋品种，蛋较大，对放牧环境有良好的适应性，觅食能力强，非常适合在具有良好放牧条件的地方饲养。果园养鸭，品种的选择是生产成功与否的关键环节，除选择适合放牧饲养的品种外，在选择品种时还应结合以下几个方面综合考虑确定饲养品种。

（1）市场需求。养鸭要首先分析市场需求，事先要做细致的市场调查，找准市场定位，调查清楚市场对产品的需求情况。各地的消费习惯各不相同，对鸭产品的需求不一样，一定要根据实际调查结果，选择所要饲养的类型和品种，只有适销对路的产品，才能有较好的经济效益。如果饲养类型、品种不被市场接受，产品销路不好，也会导致饲养失败。

（2）品种的适应性。任何一个品种都是在某一特定条件下培育或形成的，不同品种对气候条件、饲养管理和饲料等都有不同要求。我国南方和北方地区自然环境差异较大，气候条件不同，如南方平均气温高、夏季炎热、多雨潮湿，北方平均气温低、干燥、冬季寒冷，因此，不同品种对不同气候条件适应能力各不相同。选购雏鸭之前，在考虑市场需求的前提下，一定要详细了解品种的适应性，收集、阅读关于该品种的介绍资料，确定是否适应当地的气候条件、环境状况和饲料条件等，不可盲目引种或选购。

3. 放养密度 鸭在果园放养时，觅食时首先是选择各种昆虫，其次是嫩草、嫩叶，饲养密度合适时，鸭就不会破坏果实。安排好适宜的饲养规模和密度非常重要。注意鸭群规模和饲养密度不宜过大，以免果园青嫩植物、虫体等短时间就被鸭采食一空，使鸭的活动区地上寸草不生，造成过牧，植被不能短期恢复，鸭无食可吃，无法保证鸭的正常生长，靠人工饲喂，打乱果园养鸭计划，甚至造成果园养鸭失败。

根据放养鸭的大小，强弱决定放养密度，遵循宜稀不宜密的原则。一般每亩果园可放养成鸭 20~30 只。

4. 棚舍建造 果园放养需有棚舍，以备晚上补饲、饮水、产蛋时使用。可因地制宜，在不远离放养园的情况下采用依山靠崖、旧建筑物改造等方法建造。应以 6~7 只/米^2 计算棚舍建筑面积，棚前要围圈出一定的活动场地，并在场地内放置料槽和饮水器槽。

5. 消毒池 果园门口和鸭舍门口设置消毒池，消毒池长度为进出车辆车轮 2 个周长，宽应保证车轮浸过消毒池，常用 2% 的氢氧化钠溶液，每周更换 3 次，也可用 10%~20%的石灰水。

6. 围网 为防止各种敌害侵袭，要对果园进行必要的改造。果园四周要设置围墙或密集埋植篱笆，或用 1.5~2 米高的铁丝网或尼龙网围起，防止鸭到果园外面活动走丢，也防止动物或外来人员进入果园。也可配合栽种葫芦、扁豆、南瓜等秧蔓植物加以隔离阻挡；种植带刺的刺槐枝条、野酸枣树或花椒树，可起到阻挡外来人员、兽类的作用。

7. 周期安排 一个果园最好在同一时期只养一批鸭，同日龄的鸭在管理和防疫时方便也安全。如果果园面积较大，可考虑市场供应，错开上市，养两批鸭时，要用篱笆或网做分隔，并要有一定距离，以防鸭走混，减少互相影响。

8. 分区轮牧 根据果园面积大小将其分成若干小区，用高 50 厘米的尼龙网隔开，分区喷药，分区放养，分区轮牧，也利于果园牧草生长和恢复，遇天气突变，也利于管理，减少鸭的丢失。

根据果园面积大小和养鸭的规模将果园分为几个区，通常每个区面积可按6 670平方米（10亩）规划。养鸭数量少时，可以不分区，但应根据园内杂草及昆虫等的生长繁殖情况实行间断放牧。在轮放区内要为鸭子备足饮用水。

有条件时，果树行间可间作优质牧草，为鸭提供部分精饲料。可用少部分果林间空地常年育虫喂鸭，补充蛋白质饲料，使鸭肉品质得到显著改善。

9. 果实套袋 果实套袋可以改善商品外观，使果面光洁美丽，着色均匀，提高果品品质，增加果农的经济效益；同时果实套袋可以减少农药的残留、机械损伤和病虫害危害。实行果实套袋的果园，也可保护果实免受鸭的啄食。

10. 防止农药中毒 果园因防治病虫害要经常喷施农药，喷施农药要选择对鸭没有毒性或毒性很低的药物。为避免鸭采食到沾染农药的草菜或虫体中毒，打过农药7天后再放养。雨天可停5天左右。果园养鸭应备有解磷定、阿托品等解毒药物。

果园应使用低毒安全农药，提倡使用生物源农药（白僵菌、农抗120、武夷菌素、BT乳剂、阿维菌素等）、矿物源农药（药效期长，使用方便，果树生产中使用最多、效果较好的有石硫合剂、硫悬浮剂、波尔多液、柴油乳剂、松焦油原液等）、昆虫生长调节剂（目前应用最广、效果最理想的是灭幼脲类农药，如灭幼脲3号，能有效防治食叶毛虫、食心虫，同时还能兼治红蜘蛛等害虫。此类农药药效期长，不伤害天敌，不污染环境）和低毒农药（辛硫磷、敌百虫、代森锰锌类、甲基硫菌灵、多菌灵、三唑酮、百菌清等），禁止使用残效期长的农药。

11. 实行捕虫和诱虫 结合果园养鸭，树冠较高的果树，鸭对害虫的捕捉受一定影响，为减少虫害发生和减少喷施农药次数，在鸭自由捕食昆虫的同时，可使用灯光诱虫。

应用频振杀虫灯，对多种鳞翅目、鞘翅目等多种害虫有诱杀作用。利用糖醋液中加入诱杀剂诱杀夜蛾、食心虫、卷叶虫等。黑光灯架设地点最好选择在果园边缘且尽可能增大对果园的控制面积。灯诱生态果园害虫宜在晴好天气的晚上 7～12 时开灯，既能有效地诱杀害虫，又有利于节约用电和灯具的维护。在树干或主枝绑环状草把可诱杀多种害虫。

12. 在果园行间种草　种草可增加地面覆盖度，保墒效果好。另外，种草还有提高土壤肥力、好管理、减少除草用工、提高果实品质等好处。人工草种可选用紫花苜蓿、白三叶草、多花黑麦草等，最好是豆科草种和禾本科草种混种。

果园内杂草和种植的牧草要适时控制高度，10 厘米以上要注意刈割。

13. 建水池　果园建一水池，供鸭洗浴，夏季防暑降温。但应注意水池离果树的距离不要太近，一般要在树体 5 米以外，以防渗漏，造成涝灾，影响果树生长，或造成果树死亡。

14. 果园慎用除草剂　果园地上嫩草是鸭的主要饲料来源，没有草生长，鸭就失去绝大多数的营养饲料来源，果园养鸭不能使用除草剂。

15. 严防兽害　防止野生动物对鸭的伤害，加强监管，严防鼠害。放养鸭要严防山猫、黄鼠狼之类野兽的侵害。侵害鸭的兽类都惧怕网具，因此采用尼龙网围圈放养区是有效的安全防御措施，不管放养多少只，也不管面积大小，都要用网围圈，并要固定专人管理。特别是放养幼龄鸭，防鼠害更为重要。

16. 防疫灭病　放养鸭的防疫要坚持“预防为主，防重于治”的方针，要按照常规防疫程序，定期进行疫苗接种，做好防疫灭病工作。

17. 鸭出栏　鸭出栏后，对果园地里的鸭粪翻土深 20 厘米以上，地面用 10%～20% 的石灰水喷洒消毒，以备下一批鸭饲养。

（二）林地生态放养鸭的饲养管理

充分利用林间空闲地养鸭，减少养鸭粪便造成的环境污染，还为树木生长提供有机肥料，增加林木经济的效益，是一举多得的好项目。

1. 注重选址 应选择地势高燥平坦、排水良好的林地，尽量远离其他养殖户和污染区。棚舍周围的杂草及障碍物要清除干净，以防止滋生蚊蝇和禽类天敌的骚扰。

2. 建设鸭棚 养鸭大棚一般多为坐北朝南、东西走向。鸭棚檐高 2.5 米、顶棚脊高 3 米，宽度 8 米，长度视情况而定，一般在 50 米左右。低于 40 米会导致鸭棚造价升高，鸭群较小，降低劳动生产率；大于 60 米会使单栋鸭棚面积过大，养鸭太多，人员照顾鸭群不便。林地大棚养殖肉鸭以 5 只/米^2 为宜。

3. 预防天敌 林区内野生动物较多，如老鼠、蛇类、黄鼠狼等，对鸭子构成了潜在的危害。所以，要经常维护棚舍，加强夜晚管理；同时，可适当养犬，有助于预防兽类对鸭群的危害。

4. 抓好防疫 在场区入口处设立消毒池，对进出人员和车辆进行消毒。环境消毒可用廉价生石灰、草木灰或氢氧化钠进行。带鸭消毒可选用对人禽无毒或低毒的药物，如百毒杀等。防疫可根据事先拟定的防疫程序进行。

5. 加强管理 在林间养鸭与在林外养鸭除了地点、环境有所不同之外，在饲养管理各个方面都要加强，要在肉鸭的育雏、中鸭和成鸭管理等方面分别做好温度、湿度、密度、光照、通风、饮水、给料、投药、卫生等日常管理工作，

6. 适时出栏 如果是合同鸭，则应按合同约定的时间或日龄出售；如不是合同鸭，需要自行卖鸭，就要灵活把握肉鸭出栏时间。

市场价格高时可提前出栏，价格低时可适当晚几天出栏。但必须注意，鸭子最早的出栏日龄不能小于 27~28 天（此时毛鸭

体重在2千克左右)，最多日龄不能超过45天（此时毛鸭体重3.5千克)，如果超期饲养就会降低饲料报酬，影响养鸭的经济效益。

(三) 稻田生态养鸭的饲养管理

稻田生态养鸭具有明显的优势，技术也比较成熟。其优势是：①有利于水稻生产。鸭在水稻田中自由穿行、觅食生活，不仅能够除去稻田中的杂草和害虫，而且可以刺激水稻的生长。鸭粪直接排在稻田中，能被水稻吸收利用，增加土壤肥力，促进水稻生长，减少环境污染。稻田养鸭可以节约化肥、农药及人力的支出，降低水稻生产成本。②有利于鸭的生产。鸭能在稻田的水面休息嬉戏，稻田可以为鸭遮阳蔽日，提供一个良好的养殖场所。稻田中的昆虫、水生植物及水生动物等是优质的饲料资源，解决了部分食物尤其是动物蛋白质饲料投入。稻田养鸭生产环境好，鸭体健壮，可以减少抗菌药物的使用，生产出优质无药物残留的鸭产品。

1. 搞好场地建设　稻田生态养鸭虽然好处很多，操作也比较容易，但对拟作为养鸭场地的稻田要进行一些改造，主要有两个方面：一是要添置养殖鸭子的围栏。设置围栏的目的在于便于管理和防止鸭子逃窜。要注意控制建筑材料成本，提倡就地取材，可以因陋就简，木条、竹条、尼龙网、编织袋等都可以用。围栏高度以50~60厘米为好，围栏间距要适中，以不让鸭子逃出为宜。二是要搭建栖架，供鸭子上岸休息使用。通常在田埂上搭建，材料也要因地制宜，一般以木条、竹条为好。栖架上最好有顶棚，可以遮阳避雨。栖架要高出稻田20厘米左右。搭建栖架的面积根据饲养鸭子数量确定，一般以每平方米6~7只为宜。

2. 选好放养品种　稻田养鸭的养殖环境和普通养鸭不同。稻田养鸭受自然因素的影响大，更接近于野生状态，因此，放养品种的选择要根据稻田养鸭的特点来确定。一是要选择抗病力强、适应性广的品种；二是要选择耐水性好、行动灵敏、浑水效果好的品种；三是要选择野食能力强，除虫、除草能力强的品种。目前适合于稻田养殖的品种较多，国内优良的地方品种如绍兴麻鸭、金定鸭等中小型鸭都是较好的选择。贵州地区一般以本地三穗鸭为主，有的地区放养美国绿头野鸭及其杂交品种效果也不错。

3. 确定规模和数量 每群鸭的规模不宜过大，规模过大容易造成在鸭子聚集地区踩坏稻苗。一般一群鸭饲养规模要控制在100只以下。饲养密度以每亩20只左右为宜。密度过大，食物来源紧张，鸭子长势不好；密度过小，浪费资源，不能起到浑水、除虫、除草的作用。

4. 放养前的准备

（1）育雏。根据鸭子在野外生活的特点，用于稻田放养的鸭苗必须身体强健，因此搞好育雏十分重要。要从刚出壳的雏鸭中选择收黄较好、健康、灵活、体态适中的雏鸭进行育雏。育雏期要注意控制温度：1~3日龄28~30℃，4~6日龄26~28℃，7~10日龄24~26℃，11~20日龄20~24℃。要及早开水、开食，开水的时间最晚不能超过出壳后24小时，开水0.5小时后即可开食。

（2）驯水。经过驯水的鸭子，耐水时间长，能较快适应稻田生活。雏鸭驯水在4或5日龄就可开始，池水深10厘米左右。第一次下水时间不超过10分钟，上岸后晾干绒毛后还可再次下水。第一天下水5~6次，以后随着天数的增加下水的时间和次数可以逐渐增加。在雏鸭驯水时，要注意保温，环境温度要控制在25℃左右，水温不能低于20℃，对于绒毛过湿的雏鸭要及时烘干。

（3）驯食。主要是增加鸭子野食的能力。雏鸭3日龄后，在饲料中逐渐混合添加10%~30%的青饲料。在放养前几天，天气晴朗、温度适宜时，可停喂一段时间的饲料，然后把饥饿的鸭子放在野外，训练其主动啄食昆虫和野草的能力。

（4）确立信号反射。为了便于以后对放养于稻田中鸭群的管理，每次给雏鸭喂料时都要给鸭群一个明确响亮的信号（如吹哨），使鸭群形成条件反射，便于放养以后的饲喂和召集鸭群。

（5）确定放养时期。稻田养鸭的时期要以水稻生长的时期来确定，放养的鸭以 20 日龄左右下田为宜，在秧苗移栽后开始返青分蘖即秧苗移栽后 12 天左右放入鸭为好。放入过早，容易损坏秧苗；放入过晚，鸭除虫、除草效果欠佳。通常在下谷种育秧前种蛋要入孵，保证雏鸭日龄稍大于秧龄为好。随着水稻逐渐成长，鸭也慢慢长大，待到水稻抽穗灌浆、稻穗下垂时要及时收回放养的鸭，以免造成水稻的损失。

（6）饲养管理。放养前的鸭子按常规方式进行饲养，稻田放养后的鸭子需补充精料。白天让鸭子在稻田觅食，晚上回到棚舍时应补充精饲料让鸭子自由采食，可采用定时饲喂方式，控制精饲料的摄入量，增强鸭子的觅食能力，节省饲养成本。应对鸭子进行调教，使鸭子形成良好的行为习惯。稻鸭共生期为 45~60 天，水稻抽穗扬花后应及时将成鸭从稻田收回，肉鸭即可上市出售，蛋鸭转入育成舍饲养。

第四节　鸭活拔羽毛技术

活鸭拔毛是根据羽毛自然脱落和再生的生物学特征，在不影响其生产性能的情况下，采用人工强制拔毛的方法从活鸭身上拔毛。活体拔毛具有许多优点，如羽绒质量好、杂质少、产毛量多（比一次性屠宰烫煺毛增加 3~4 倍）。经屠宰烫煺毛的羽绒，由于受高温水烫，破坏了羽绒内的脂肪，降低了羽绒的弹性和保温性，所以，鸭活体拔毛具有很大的经济效益。

一、活拔毛绒鸭的选择

用于活体拔毛的鸭品种以白色羽毛鸭为最佳，一般情况下，青年鸭 90 日龄时羽毛生长丰满，肌肉组织生长完全，此时进行第一次拔毛，再过 40~50 天进行第二次拔毛，经过补充营养，恢复体力，在开产前新的羽毛又能长齐，不影响产蛋量。

二、拔毛前的准备

在进行活体拔毛时，要选择无风的晴天，场地要背风无灰尘，如没有水泥地面，可在地面上铺上塑料布，以防羽毛被尘土杂质污染。对活体拔毛的鸭群，前 1 天要下水清洗，去掉身上的污物，并停食不停水。拔毛当天要停水，以免拔毛时排便。为了使鸭在拔毛时安静，毛囊扩张，羽毛容易拔出，可在拔毛前每只鸭灌服 10 毫升左右白酒，并准备好拔伤皮肤时所用的消毒药水、药棉等。操作人员要穿工作服、戴口罩和帽子、系围裙等。

三、操作方法

（一）保定

在拔毛操作时，对鸭要进行保定。鸭的保定方法有双腿保定、卧地式保定和半站立式保定三种。

1. 双腿保定 操作者坐在凳子上，用麻绳捆住鸭的双脚，将鸭头向操作者，背部置于操作者腿上，用双腿夹住鸭子，腹朝上，即可拔毛。

2. 卧地式保定 操作者坐在凳子上，左手抓鸭颈，右手抓住鸭的两脚，将鸭侧着横放在操作者前面的地面上，用左脚踏在鸭颈肩交界处，然后开始拔毛。

3. 半站立保定 操作者坐在凳子上用手抓住鸭颈上部，使鸭呈站立姿势，然后开始拔毛。

（二）拔毛

拔毛顺序是胸部、腹部、颈部、两肋背部，可先拔毛后拔绒，也可毛、绒混全拔。拔毛时用拇指、食指和中指捏住羽毛拔，用力既均匀又迅猛快速，一次拔的羽毛不能太多，以免撕破皮肤；拔毛时以顺毛为好，并要求按部位拔。为了减少活体拔毛的痛苦和节省人力物力，可采用药物脱毛的方法，采用复方脱毛灵（又称复方磷酰胺），用量为每千克体重 40~45 毫克灌服即可，13~15 天后开始拔毛，由于药物作用，拔毛非常容易。拔毛后5~7 天可以下水，8~10 天后长出新羽毛，2 个月后再进行第二次药物脱毛。

四、注意事项

拔毛后应注意以下几点：一是拔不动时不能硬拔，这说明羽毛尚未成熟，应该再等几天。拔毛过程中如拔破皮肤而出血时，应用红药水消毒，皮肤破口大时应消毒缝合，拉破的部位不能再拔毛。受伤的鸭要单独关养，不能下水、不能淋雨、不能关在潮湿的鸭舍里、不能暴晒。二是拔毛后的前 3 天不能放鸭下水，不在烈日下暴晒，舍内厚垫干草，进行圈养或在鲜嫩的草地上放牧。三是拔毛后适当补充精饲料（以豆饼、碎米为好）恢复体质，促进新羽毛生长，一周后可以下水。四是拔毛的鸭群如有灰白两种羽色应将两种羽毛分别放置，不能混杂。五是活拔的鸭毛比宰杀后拔的鸭毛含绒量高 1 倍以上，质量好、售价高，这两种鸭毛也要分别存放。

第六章　生态养鸭中鸭病的防治

第一节　鸭病的诊断

及时准确诊断疾病是鸭场控制疾病的重要环节。疾病诊断的方法包括现场资料调查、临床检查诊断、病理剖检诊断、实验室诊断等。

一、现场资料调查

为及时准确地诊断疾病，需要有针对性地进行一些调查。了解鸭群的发病时间、发病日龄和传播速度，由此可以推断该病是急性病还是慢性病。如突然大批死亡，可提示中毒性疾病或环境应激性疾病；短期内鸭群迅速传播，可提示鸭瘟、鸭副黏病毒病等急性传染病。小鸭瘟日龄较小的发病率和死亡率高，2 月龄以上的鸭很少发生，即使发生，死亡率亦不高；而鸭副黏病毒病感染发生于不同年龄的鸭，发病率和死亡率都较高；营养代谢病一般呈慢性经过。了解临床表现，可以初步确定疾病的范围。既要了解病鸭的一般共有的临床表现，如精神沉郁、食欲减退、羽毛蓬松等，也要掌握某些鸭病特有的临床症状；了解周围地区鸭场疫情，可以分析本次发病与过去疫情的关系；了解发病后病情变化，由此分析疾病的发展趋势，如营养代谢病，开始症状轻，若缺乏的营养不能补充或补充不当，就日益加重；了解鸭场防疫情况、卫生状况、环境条件和发病前用药情况，可为诊断提供有价值的参考。

二、临床检查诊断

临床检查诊断，就是通过掌握鸭的主要临床症状及表现的基本特征来诊断疾病，以此缩小疾病可能存在的范围，为诊断疾病提供线索和依据。常见的鸭体表异常变化诊断见表 6-1。

表 6-1　常见的鸭体表异常变化诊断

检查项目	异常变化	可能相关的主要疾病（或原因）
羽毛	羽毛蓬松、污秽、无光泽	常见于慢性传染病、寄生虫病和营养代谢病，如禽副伤寒、大肠杆菌病、鸭瘟、慢性禽霍乱、鸭绦虫病、吸虫病、维生素 A 和维生素 B 缺乏症等
	羽毛稀少	常见于烟酸、叶酸缺乏症，也可见于维生素 D 和泛酸缺乏症
	羽毛松乱或脱落	常见于 B 族维生素缺乏症和含硫氨基酸不平衡，也可见于 70~80 日龄鸭的正常换羽引起的掉毛（羽毛脱落）
	头颈部羽毛脱落	常见于泛酸缺乏症
	羽毛断裂或脱落	常见于鸭外寄生虫病，如羽毛虱和羽螨
营养状况	整群生长发育偏慢	饲料营养配合不全面、饲养管理不善
	大小不均匀	鸭群可能有慢性疾病
精神状态	体温高，精神委顿，缩颈垂翅，离群独居，闭目呆立，尾羽下垂，食欲废绝	常见于临床症状明显期的某些急性、热性传染病，如鸭瘟、番鸭细小病毒病、急性型禽霍乱
	体温“正常”或偏高，精神差，食欲减退	常见于某些慢性传染病、寄生虫病和某些营养代谢病，如慢性鸭瘟、慢性禽副伤寒，鸭绦虫病、吸虫病、硒或维生素 E 缺乏症等

续表

检查项目	异常变化	可能相关的主要疾病（或原因）
精神状态	精神委顿，体温下降，缩颈闭目，蹲地伏卧，不愿站立	常见于濒死期的病鸭
运动	行走摇晃，步态不稳	常见于明显期的急性传染病和寄生虫病等，如鸭副黏病毒病、小鸭瘟、鸭球虫病及严重的绦虫病、吸虫病等
	两肢行走无力，并有痛感，行走间常呈蹲伏姿势	见于鸭佝偻病、骨软症及葡萄球菌关节炎等
	两肢不能站立、仰头蹲伏呈观星姿势	常见于雏鸭维生素 B_1 缺乏症
	两腿交叉行走或运动失调，跗关节着地	常见于雏鸭维生素 E 和维生素 D 缺乏症，也见于雏鸭肝炎、鸭杆菌病
	两肢麻痹、瘫痪、不能站立	常见于雏鸭维生素 B_2 缺乏症和幼鸭的维生素 A 缺乏症
	企鹅样站立或行走	常见于母鸭严重的卵黄性腹膜炎和鸭的大肝病（成年鸭淀粉样变性病）
呼吸	呼吸浅表、呼吸频率高	见于某些传染病、寄生虫病、肺部疾患、胸腔积液，以及鸭舍内有害气体含量高严重刺激呼吸道等，另外鸭活动剧烈或环境温度过高时也出现
	气喘、咳嗽、呼吸困难	常见于鸭曲霉菌病、鸭杆菌病、禽链球菌病、鸭流行性感冒、禽霉形体、大肠杆菌病等传染病，也可见于某些寄生虫病，如鸭隐孢子虫病、鸭舟形嗜气管吸虫病

续表

检查项目	异常变化	可能相关的主要疾病（或原因）
神经症状	扭颈、出现神经症状	常见于某些传染病，如小鸭瘟、雏鸭霉菌性脑炎、鸭疫里杆菌病、鸭螺旋体病等；也可见于某些中毒病和某些营养代谢病，如痢特灵中毒、维生素A缺乏症、维生素B缺乏症等
	头颈麻痹	见于鸭肉毒梭菌毒素中毒
	头颈弯曲、共济失调	雏鸭霉菌性脑炎、鸭疫里杆菌病、维生素A缺乏症，也可见于禽流感、链球菌病
	头颈向后屈、角弓反张	雏鸭病毒性肝炎、维生素B_1缺乏症、番鸭小鹅瘟、痢特灵中毒
	头颈震颤、共济失调	见于鸭链球菌病、低血糖病
声音	叫声嘶哑	慢性鸭瘟、鸭流行性感冒、鸭结核病、鸭流感及鸭副轮病毒病等疾病晚期；也见于某些寄生虫病，如寄生在鸭气管内的舟形嗜气管吸虫病及寄生在鸭气管和支气管内的支气管舟形嗜气管吸虫病
	叫声停止、张口无音	濒死期的鸭
腹围	腹围增大	常见于肉鸭的腹水综合征，成年鸭的卵黄性腹膜炎和淀粉样变性；有时亦见于产蛋鸭的腹底壁赫尔尼亚
	腹围缩小	见于慢性传染病和寄生虫病，如慢性禽副伤寒、慢性鸭瘟、鸭裂口线虫病、鸭绦虫病等
喙	喙色泽淡	常见于慢性寄生虫病和营养代谢病，如鸭绦虫病、吸虫病、鸭四棱线虫病，以及幼鸭硒或维生素E缺乏症
	喙色泽发紫	常见于小鸭瘟、禽霍乱、鸭卵黄性腹膜炎、维生素E缺乏症等疾病
	喙变软、易扭曲	常见于幼鸭钙磷代谢障碍、维生素D缺乏症及氟中毒

续表

检查项目	异常变化	可能相关的主要疾病（或原因）
脚、蹼	脚、蹼干燥或有炎症	常见于B族维生素缺乏症，也可见于内脏型痛风病，以及各种疾病引起的慢性腹泻
	脚发紫	常见于卵黄性腹膜炎、维生素E缺乏症，亦可见于小鸭瘟等
	跖骨软、易折	临床上见于佝偻病、骨软症及氟中毒引起的骨质疏松
	脚、蹼、趾、爪卷曲或麻痹	见于雏鸭维生素 B_2 缺乏症，也可见于成年鸭维生素A缺乏症
关节	关节肿胀、有热痛感、关节囊内有炎性渗出物	常见于葡萄球菌和大肠杆菌感染，也可见于慢性禽霍乱、禽链球菌病等
	跖关节和趾关节肿大（非炎性）	常见于营养代谢病，如钙磷代谢障碍和维生素D缺乏症等
头部	头部皮下胶冻样水肿	常见于鸭瘟，亦可见于慢性禽霍乱
	头颈部肿大	有时见于因注射灭活苗位置不当引起的肿胀，也偶尔见于外伤感染引起的炎性肿胀
眼睛	眼球下陷	常见于某些传染病、寄生虫病等，因腹泻引起机体脱水所致，如鸭副伤寒、大肠杆菌病、鸭绦虫病、棘口吸虫病及某些中毒病等
	眼睛有黏液性分泌物流出，使眼睑变成粒状	见于雏鸭生物素及泛酸缺乏症等
	眼结膜充血、潮红、流泪，眼睑水肿	常见于禽霍乱、嗜眼吸虫病、禽眼线虫病及维生素A缺乏症
	眼睛有黏性或脓性分泌物	见于鸭瘟、禽副伤寒、大肠杆菌眼炎及其他细菌或真菌引起的眼结膜炎
	眼结膜有出血斑点	常见于禽霍乱、鸭瘟等

续表

检查项目	异常变化	可能相关的主要疾病（或原因）
眼睛	眼结膜苍白	常见慢性传染病或严重的寄生虫病、恶性肿瘤及营养不良等疾病，如结核病、伪结核病、蛔虫病、鸭的四棱线虫病、球虫病、绦虫病、棘口吸虫病、住白细胞虫病等；也见于某些中毒病，如磺胺类药物中毒
	角膜混浊，流泪	常见于维生素 A 缺乏症
	角膜混浊，严重者形成溃疡	见于慢性鸭瘟，也见于嗜眼吸虫病
	瞬膜下形成黄色干酪样小球、角膜中央溃疡	常见于曲霉菌性眼炎
	瞳孔缩小	有机磷农药中毒
	瞳孔放大	阿托品中毒或濒死期的鸭
鼻腔	鼻孔及其窦腔内有黏液性或浆液性分泌物	常见于鸭疫里杆菌病、鸭曲霉菌感染、大肠杆菌病、霉形体病，也见于衣原体感染、禽流感及棉籽饼中毒等
	鼻腔内有牛奶样或豆腐渣样物质	常见于维生素 A 缺乏症
口腔	流出水样混浊液体	常见于鸭吸虫病、鸭瘟等
	口腔流涎	常见于鸭误食喷洒农药的蔬菜或谷物引起的中毒
	口腔流血	常见于某些中毒病，如鸭敌鼠钠盐中毒
	口腔内刺鼻的气味	常见于有机磷（大蒜气味）及其他农药中毒
	口腔黏膜有炎症或有白色针尖大的结节	常见于雏鸭维生素 A 缺乏症和烟酸缺乏症，也见于鸭采食被蚜虫或蝶类幼虫寄生的蔬菜或青草引起的口腔炎症
	口腔黏膜形成黄白色干酪样假膜或溃疡	鸭口疮

续表

检查项目	异常变化	可能相关的主要疾病（或原因）
肛门和泄殖腔	肛门周围有炎症、坏死和结痂病灶	常见于泛酸缺乏症
	肛门突出或外翻，黏膜充血、肿胀、变色	常见于高产鸭或难产鸭强烈努责引起的泄殖腔脱垂，也见于鸭异食癖啄肛所致
	肛门周围有稀粪沾污	常见于禽副伤寒、大肠杆菌病、番鸭细小病毒病、鸭瘟、鸭疫里杆菌病等
	肛门肿胀，周围覆以多量蛋白分泌物	见于产蛋鸭前殖吸虫病，也见于禽卵黄性腹膜炎
	泄殖腔黏膜出血有假膜结痂或形成溃疡	常见于典型的鸭瘟
	泄殖腔黏膜充血或有出血点	常见于各种原因引起的泄殖腔炎症，如前殖吸虫病、鸭副黏病毒病等，有时也见于禽霍乱
	泄殖腔黏膜肿胀，充血、发红或发紫，以及肛门周围组织发生溃烂脱落	常见于禽隐孢子虫病、鸭前殖吸虫病、鸭葡萄球菌病和慢性泄殖腔炎（严重的泄殖腔炎可引起肛门外翻、泄殖腔脱垂）
粪便	大便拉稀	临床上见于细菌、真菌、病毒和寄生虫等病原引起鸭的腹泻，如禽副伤寒、番鸭细小病毒病、鸭疫里杆菌病、绦虫病、吸虫病等；也见于某些营养代谢病和中毒病，如维生素 E 缺乏症、有机磷农药中毒、误食万年青中毒，以及采食寄生在蔬菜、青草的蚜虫、蝶类幼虫引起的中毒等
	大便拉稀，带有黏液状并混有小气泡	常见于雏鸭维生素 B 缺乏症，或采食过量的蛋白质饲料引起消化不良，鸭舍过于潮湿或受凉引起肠道内容物发酵产气，以及鸭的细小病毒病瘟等

续表

检查项目	异常变化	可能相关的主要疾病（或原因）
粪便	大便稀，带有黏稠、半透明的蛋清或蛋黄样	常见于卵黄性腹膜炎（蛋子瘟）、输卵管炎、产蛋鸭的前殖吸虫病等
	大便稀，呈青绿色	常见于鸭疫里杆菌病、鸭肉毒梭菌毒素中毒及衣原体病等
	大便拉稀，呈灰白色并混有白色米粒样物质（绦虫节片）	常见于鸭绦虫病
	大便拉稀，并混有暗红或深紫色血液	常见于鸭球虫病、鸭刺头虫病，有时亦见于禽霍乱
	大便呈石灰样	常见于鸭痛风病，也可见于维生素A缺乏症和磺胺药中毒等
	大便呈血水样	常见于球虫病，有时也偶见于磺胺药中毒、呋喃丹中毒和敌鼠钠盐中毒
鸭蛋	蛋壳薄	常见于禽副伤寒、大肠杆菌病、鸭瘟，以及维生素D和钙磷缺乏症等疾病，也见于夏季热应激引起蛋壳变薄
	血壳蛋	蛋体过大或产道狭窄引起蛋壳表面附有片、带状血迹，通常见于刚产蛋的鸭，也见于蛋壳腺黏膜弥漫性出血所致
	裂纹蛋	见于临床代谢病，如矿物质锰或磷缺乏
	沙皮蛋（子宫内分泌物的钙质未得到酸化而以颗粒状沉积于蛋表面）	见于营养代谢病，如产蛋鸭缺锌使碳酸酐酶活性降低，导致蛋壳钙沉积不均，或钙过量而磷不足时，蛋壳上发生白灰状物沉积，使蛋壳两端粗糙；也见于某些病毒病，如产蛋下降综合征、鸭瘟等；也见于母鸭产蛋时遭到应激，使蛋在子宫内滞留时间过长，蛋壳外面沉积多余的“溅钙”

续表

检查项目	异常变化	可能相关的主要疾病（或原因）
鸭蛋	皱纹蛋	见于微量元素铜缺乏症。铜缺乏，使蛋壳膜缺乏完整性、均匀性，在钙化过程中导致蛋壳起皱褶
	双壳蛋（具有两层蛋壳的蛋）	见于鸭产蛋时受惊后输卵管发生逆蠕动，蛋又退回蛋壳分泌部，刺激蛋壳腺再次分泌出一层蛋壳，而使蛋具有两层蛋壳
	血斑蛋	产蛋母鸭饲料中维生素不足影响到血凝机制，引起卵巢破裂出血，血块随卵巢下行被蛋白包裹所致
	肉斑蛋	大肠杆菌、沙门杆菌感染等引起的输卵管炎症，在鸭蛋形成过程中，蛋白中混入脱落的黏膜所致
	无蛋黄	常见于异物（如寄生虫、脱落的黏膜组织、小的血块等）落入输卵管内，刺激输卵管的蛋白分泌部位，使其分泌出蛋白包住异物，然后再包上壳膜和蛋壳而形成；也见于输卵管太狭窄，产出很小的、无蛋黄的畸形蛋
	双黄蛋	偶见于刚开产的鸭和食欲旺盛的产蛋鸭，两个蛋黄同时或间隔很短时间从卵巢落入输卵管后同时被蛋白壳膜和蛋壳包上而形成体积特别大的双黄蛋
	小黄蛋	见于饲料中黄曲霉毒素超标，影响肝脏对蛋黄前体物的运转，阻滞了卵泡的成熟

三、病理剖检诊断

鸭病虽种类繁多，但许多鸭病在病变方面具有一定的特征，因此，利用尸体剖检观察病变可以验证临床诊断和治疗的正确性，是诊断疾病的重要手段。

（一）鸭体剖检技术

1. 鸭体剖检要求

（1）正确掌握和运用剖检方法。若方法不熟练，操作不规范、不按顺序，乱剪乱割，影响观察，易造成误诊，贻误防治时机。

（2）防止疾病散播。剖检时如果剖检地点不合适、消毒不严格、尸体处理不当等，不仅引起病原在本场传播，而且会污染环境。所以，剖检地点应远离鸭舍，必须注意严格消毒和病死鸭的无害化处理。

1）选择合适的剖检地点。鸭场最好建立尸体剖检室，剖检室设置在生产区和生活区的下风方向和地势较低的地方，并与生产区和生活区保持一定距离，自成单元。若养鸭场无剖检室，剖检尸体时选择在比较偏僻的地方进行，要远离生产区、生活区、公路、水源等，以免剖检后，尸体的粪便、血污、内脏、杂物等污染水源、河流，或由于车来人往等传播病原，造成疫病扩散。

2）严格消毒。剖检前对尸体进行喷洒消毒，避免病原随着羽毛、皮屑一起被风吹起传播。剖检后将死鸭放在密封的塑料袋内，对剖检场所和用具进行彻底全面的消毒。剖检室的污水和废弃物必须经过消毒处理后方可排放。

3）尸体无害化处理。有条件的鸭场应建造焚尸炉或发酵池，以便处理剖检后的尸体，其地址的选择既要保证使用方便，又要防止病原污染环境。无条件的鸭场对剖检后的尸体要进行焚烧或深埋。

（3）准备好剖检器具。剖检鸭体，准备剪刀、镊子即可。根据需要还可准备手术刀、标本皿、广口瓶、福尔马林等，此外还要准备工作服、胶鞋、橡胶手套、肥皂、毛巾、水桶、脸盆、消毒剂等。

2. 鸭体剖检方法 剖检病鸭最好在其死后或濒死期进行。

对于已经死亡的鸭只，越早剖检越好，因时间长了尸体易腐败，尤其夏季，使病理变化模糊不清，失去剖检意义。如暂时不剖检的，可暂存放在4℃冰箱内。解剖前先进行体表检查，然后进行剖检。

先用消毒药水将羽毛擦湿，防止羽毛及尘埃飞扬。解剖活鸭应先放血致死，方法有两种：一种可在口腔内、耳根旁的颈静脉处用剪刀横切断静脉，血沿口腔流出，此法外表无伤口；另一种为颈部放血，用刀切断颈动脉或颈静脉放血。

将被检鸭仰放在搪瓷盘上，此时应注意腹部皮下是否有腐败而引起的尸绿。用力掰开两腿，直至髋关节脱位，将两翅和两腿摊开，或将头、两翅固定在解剖板上。沿颈、胸、腹中线剪开皮肤，再从腹下部横向剪开腹部，并延至两腿皮肤。由剪处向两侧分离皮肤。剥开皮肤后，可看到颈部的气管、食道、嗉囊、胸腺、迷走神经，以及胸肌、腹肌、腿部肌肉等。根据剖检需要，可剥离部分皮肤。此时可检查皮下是否有出血、胸部肌肉的黏稠度，颜色是否有出血点或灰白色坏死点等。

皮下检查完后，在泄殖腔腹侧将腹壁横向剪开，再沿肋软骨交接处向前剪，然后一只手压住鸭腿，另一只手握龙骨后缘向上拉，使整个胸骨向前翻转露出胸腔和腹腔，注意胸腔和腹腔器官的位置、大小、色泽是否正常，有无内容物（腹水、渗出物、血液等），器官表面是否有冻胶状或干酪样渗出物，胸腔内的液体是否增多等。

然后观察气囊，气囊膜正常为一透明的薄层，注意有无混浊，增厚或被覆渗出物等。如果要取病料进行细菌培养，可用灭菌消毒过的剪刀、镊子、注射器、针头及存放材料的器材取所要需要的组织器官。取完材料后可进行各个脏器检查。剪开心包囊，注意心包囊是否混浊或有纤维性渗出物黏附，心包液是否增多，心包囊与心外膜是否粘连等，然后顺次取出各脏器。

首先把肝脏与其他器官连接的韧带剪断，再将脾脏、胆囊随同肝脏一块摘出。接着，把食道与腺胃交界处剪断，将脾胃、肌胃和肠管一同取出体腔（直肠可以不剪断）；剪开卵巢系膜，将输卵管与泄殖腔连接处剪断，把卵巢和输卵管取出。雄鸭剪断睾丸系膜，取出睾丸；用器械柄钝性剥离肾脏，从脊椎骨深凹中取出；剪断心脏的动脉、静脉，取出心脏；用刀柄钝性剥离肺脏，将肺脏从肋骨间摘出。

剪开喙角，打开口腔，把喉头与气管一同摘出；再将食道、食道膨大部一同摘出。

剪开鼻腔。从两鼻孔上方横向剪断上喙部，断面露出鼻腔和鼻甲骨。轻压鼻部，可检查鼻腔有无内容物。

剪开眶下窦。剪开眼下和嘴角上的皮肤，看到的空腔就是眶下窦。

脑的取出。将头部皮肤剥去，用骨剪剪开顶骨缘、颧骨上缘、枕骨后缘，揭开头盖骨，露出大脑和小脑。切断脑底部神经，大脑便可取出。

外部神经的暴露。迷走神经在颈椎的两侧，沿食道两旁可以找到。坐骨神经位于大腿两侧，剪去内收肌即可露出。腰荐神经丛，将脊柱两侧的肾脏摘除，便能显露出来。臂神经，将鸭背朝上，剪开肩胛和脊柱之间的皮肤，剥离肌肉，即可看到。

3. 解剖检查注意事项

（1）剖检时间越早越好，尤其在夏季，尸体极易腐败，不利于病变观察，影响正确诊断。若尸体已经腐败，一般不再进行剖检。剖检时光线应充足。

（2）剖检前要了解病死鸭的来源、病史、症状、治疗经过及防疫情况。

（3）剖检时必须按剖检顺序观察，做到全面细致、综合分析，不可主观片面、马马虎虎。

（4）剖检时要做好记录，检查完后找出其主要的特征性病理变化和一般非特征性病理变化，做出分析和比较。

（二）病理剖检变化

病理剖检变化诊断见表6-2。

表6-2　鸭的病理剖检变化诊断

检查项目	解剖变化	可能相关的主要疾病
皮肤	皮肤苍白	见于各种因素引起的内出血，如脂肪肝综合征和禽副伤寒引起的肝破裂
	皮肤暗紫	见于各种败血性传染病，如禽霍乱、鸭瘟等
	皮下胶冻样水肿	见于肉鸭维生素缺乏症
	皮下出血	见于某些传染病，如禽霍乱、鸭大肠杆菌败血症等
	胸部皮下化脓或坏死	见于鸭外伤引起皮肤感染葡萄球菌、链球菌或其他细菌
肌肉	肌肉苍白	常见于各种原因引起的内出血，如脂肪肝综合征等；也见于住白细胞虫病
	肌肉出血	常见于硒及维生素E缺乏症和维生素K缺乏症
	肌肉坏死	常见于维生素E缺乏症
	肌肉中夹有白色芝麻大小的梭状物	见于葡萄球菌、链球菌等细菌感染引起的肉芽肿，也见于野鸭的肉孢子虫病
	肌肉表面有尿酸盐结晶	见于内脏型痛风
胸腺	胸腺肿大，出血	常见于某些急性传染病，如鸭瘟、禽霍乱；也见于某些寄生虫病，如住白细胞虫病
	胸腺出现玉米大的肿胀	多见于成年鸭的结核病
	胸腺萎缩	见于营养缺乏症

续表

检查项目	解剖变化	可能相关的主要疾病
呼吸系统	气管、支气管、喉头有黏液性渗出物	常见于鸭流行性感冒、曲霉菌病、霉形体病、鸭副黏病毒病、鸭瘟等
	气管和支气管内有寄生虫	见于鸭舟形嗜气管吸虫和支气管杯口线虫
	肺、气囊肺瘀血、水肿	常见于急性传染病，如禽霍乱、禽链球菌病、大肠杆菌败血症等；也见于棉籽饼中毒
	肺实质有淡黄色小结节，气囊有淡黄色纤维素渗出或结节	常见于雏鸭曲霉菌病
	肺及气囊有灰黑色或淡绿色霉斑	常见于青年鸭或成年鸭曲霉菌病
	肺有淡黄色或灰白色结节	见于成年鸭的结核病
	肺肉变或出现肉芽肿	常见于大肠杆菌病和沙门杆菌病
	胸、腹气囊混浊、囊壁增厚或者含有灰白色或淡黄色干酪样渗出物	常见于霉形体病、鸭流行性感冒、大肠杆菌病、禽流感、禽副伤寒、禽链球菌病、衣原体病等
胸腔	胸腔积液	见于肥育仔鸭腹水症和敌鼠钠盐中毒
心脏	心包积液或含有纤维素渗出	常见于禽霍乱、鸭瘟、禽流感、大肠杆菌病、禽李氏杆菌病、鸭螺旋体病原体病，以及某些中毒病如食盐中毒、氟乙酸胺中毒、磷化锌中毒等
	心冠脂肪出血或心内外膜有出血斑点	常见于禽霍乱、鸭流行性感冒、鸭瘟、大肠杆菌败血症、食盐中毒、棉籽饼中毒、氟乙酸胺中毒等
	心包及心肌表面附有大量的白色尿酸盐结晶	常见于内脏型痛风

续表

检查项目	解剖变化	可能相关的主要疾病
心脏	心肌有灰白色坏死或有小结节或肉芽肿样病变	常见于禽李氏杆菌病、大肠杆菌病、禽副伤寒等
	心肌缩小、心肌脂肪消耗或心冠脂肪变成透明胶冻样	为心肌严重营养不良的表现，常见于慢性传染病如结核病、慢性副伤寒，以及严重的寄生虫感染等
	心肌变性	常见于维生素 E 和硒缺乏症、鸭住白细胞虫病等
腹腔	腹腔内有淡黄色或暗红色腹水及纤维素渗出	常见于仔鸭腹水综合征、大肠杆菌病、慢性禽副伤寒、鸭疫里杆菌病、淀粉样变性病、住白细胞虫病等
	腹腔内有血液或凝血块	常为急性肝破裂的结果，如成年鸭副伤寒、鸭脂肪肝综合征等
	腹腔中有一种淡黄色黏稠的渗出物附着在内脏表面	常为卵黄破裂引起的卵黄性腹膜炎，病原多见于大肠杆菌，有时也见于沙门杆菌和巴氏杆菌
	腹腔器官表面有许多菜花样增生物或有很多大小不等的结节	常见于大肠杆菌肉芽肿、成年鸭的结核病等
	腹腔中，尤其在内脏器官表面有一种石灰样物质沉着	鸭内脏型痛风特征性的病变
肝脏	肝脏肿大，表面有灰白色斑纹或有大小不等的肿瘤结节	常见于淋巴白血病（有些病例肝脏的重量比正常的重量增加 2~3 倍）
	肝脏肿大，并出现肉芽肿	常见于大肠杆菌病

续表

检查项目	解剖变化	可能相关的主要疾病
肝脏	肝脏肿大，瘀血，表面有散在的或密集的坏死点	常见于急性禽霍乱、副伤寒、大肠杆菌病、链球菌病等，有时也见于鸭瘟、鸭疫里杆菌病及鸭感光过敏症等
	肝脏肿大，有出血斑点	常见于雏鸭病毒性肝炎、鸭吸虫病、禽霍乱、痢特灵中毒等，也见于鸭瘟早期的肝脏病变
	肝脏肿大，呈青铜色或古铜色或墨绿色（一般伴有坏死小点）	常见于大肠杆菌病、鸭副伤寒、鸭葡萄球菌病、鸭链球菌病等
	肝脏肿大、硬化，表面粗糙不平或有白色针尖状病灶	常见于慢性黄曲霉毒素中毒
	肝脏肿大，有结节状增生病灶	常见于成年鸭的肝癌
	肝脏肿大表面有纤维蛋白覆盖	常见于鸭疫里杆菌病、大肠杆菌病等
	肝脏肿大呈淡黄色脂肪变性，切面有油腻感	常见于脂肪肝综合征，也见于维生素 E 缺乏症和住白细胞虫病
	肝脏萎缩、硬化	常见于腹水症晚期和成年鸭的黄曲霉毒素中毒
脾脏	脾脏肿大，表面有大小不等的肿瘤结节	常见于淋巴白血病（有的脾脏大如鸽蛋）
	脾脏有灰白色或黄色结节	常见于成年鸭结核病
	脾脏肿大，有坏死灶或出血点	常见于禽霍乱、禽副伤寒、衣原体病等
	脾脏肿大，表面有灰白色斑驳	常见于禽疫里杆菌病、大肠杆菌败血症、禽副伤寒等

续表

检查项目	解剖变化	可能相关的主要疾病
胆囊、胆管	寄生于鸭胆管内的寄生虫	常见于鸭次睾吸虫病
	胆囊充盈肿大	常见于急性传染病，如禽霍乱、禽副伤寒、番鸭细小病毒病、雏鸭病毒性肝炎、鸭瘟等；也见于某些寄生虫病，如鸭次睾吸虫病
	胆囊缩小	常见于慢性消耗性疾病，如鸭绦虫病、吸虫病等
	胆汁浓，呈墨绿色	常见于急性传染病
	胆汁少、色淡或胆囊黏膜水肿	常见于慢性疾病，如严重的肠道寄生虫感染和营养代谢病
肾脏、输尿管	肾脏肿大、瘀血	常见于禽副伤寒、链球菌病、螺旋体病等，也见于食盐中毒和痢特灵中毒
	肾脏显著肿大	偶见于大肠杆菌引起的肉芽肿
	肾脏肝大，表面有白色尿酸盐沉着，输尿管和肾小管充满白色尿酸盐结晶	是内脏型痛风的一种常见病变，也见于禽副伤寒、维生素 A 缺乏症、磷胺药中毒及钙磷代谢障碍等疾病
	输尿管结石	多见于痛风及钙磷比例失调
	肾脏苍白	常见于雏鸭的禽副伤寒、住白细胞虫病、严重的绦虫病、吸虫病鸭刺头虫病、球虫病及各种原因引起的内脏器官出血等
卵巢、输卵管	卵子形态不完整、皱缩干燥、颜色改变及变形、变性	常见于禽副伤寒、大肠杆菌病，也偶见于慢性禽霍乱等
	卵子外膜充血、出血	见于产蛋鸭急性死亡的病例，如禽霍乱、禽副伤寒，以及农药、灭鼠药中毒
	卵巢形体显著增大，呈熟肉样菜花状肿瘤	见于卵巢腺癌

续表

检查项目	解剖变化	可能相关的主要疾病
卵巢、输卵管	寄生于输卵管的寄生虫	常见于前殖吸虫
	输卵管内有凝固性坏死物质（凝固或腐败的卵黄、蛋白）	常见于产蛋母鸭的卵黄性腹膜炎、禽副伤寒、禽流感等
	输卵管脱垂于肛门外	常为产蛋鸭进入高峰期营养不足或是产双黄蛋、畸形蛋所致，也见于久泻不愈引起的脱垂
睾丸、阴茎	一侧或两侧睾丸肿大或萎缩，睾丸组织有多个小坏死灶	偶见于公鸭沙门杆菌感染
	睾丸萎缩变性	见于维生素 E 缺乏症
	阴茎脱垂、红肿、糜烂或有青绿豆大小的小结节或者坏死结痂	多见于鸭大肠杆菌病，也见于淋球菌病，有时也见于阴茎外伤感染
食道	食道黏膜有许多白色小给节	见于维生素 A 缺乏症
	食道黏膜有白色假膜和溃疡（口腔、咽部均出现）	见于白色念珠菌感染引起的霉菌性口炎
	食道下段或膜有灰黄色假膜、结痂，剥去假膜可出现溃疡	常为鸭瘟特征性的病变
	食道下段黏膜有出血斑	见于鸭呋喃丹中毒
腺胃、肌胃	腺胃黏膜及乳头出血	见于急性禽霍乱、鸭流感
	腺胃壁增厚，黏膜出血并形成溃疡或坏死	见于鸭四棱线虫感染

续表

检查项目	解剖变化	可能相关的主要疾病
腺胃、肌胃	肌胃内较空虚其角质膜变绿	常见于慢性疾病，多为胆汁反流所致
	肌胃角质层易脱落，角质层下有出血斑点或溃疡	见于鸭瘟，也见于鸭食入变质的鱼粉
肠管	小肠肠管增粗、黏膜粗糙，生成大量灰白色坏死小点和出血小点	见于鸭球虫病
	小肠黏膜呈急性卡他性或出血性炎症，黏膜深红色或有出血点，胸腔有大量黏液和脱落的黏膜	见于急性败血性传染病，如禽霍乱、禽副伤寒、禽链球菌病、大肠杆菌病及番鸭细小病毒病；也见于某些中毒病，如克百威中毒、氟乙酸胺中毒等
	肠道黏膜出血，黏膜上有散在的淡黄色覆盖假膜结痂，并形成出血性溃疡	见于鸭刺头虫病
	肠壁生成大小不等的结节	临床上见于成年鸭的结核病
	肠道黏膜坏死	临床上见于慢性禽副伤寒、坏死性肠炎、大肠杆菌病及维生素 E 缺乏症等
	肠管某节段呈现出血发紫，且肠腔有出血黏液或暗红色血凝块	见于肠系膜疝或肠扭转
	肠管膨大，肠道黏膜脱落，肠壁光滑变薄，肠腔内形成一种淡黄色凝固性栓塞	见于典型的番鸭细小病毒病的典型病变
	盲肠内有凝固性栓塞	见于慢性禽副伤寒

续表

检查项目	解剖变化	可能相关的主要疾病
肠管	盲肠黏膜糜烂	见于雏鸭的纤细背孔吸虫病
	盲肠出血，肠腔有血便，黏膜光滑	见于磺胺药中毒
	十二指肠和空肠虫寄生	主要有膜壳绦虫、蛔虫、棘口吸虫
	直肠寄生	主要有前殖吸虫、纤细背孔吸虫病
胰腺	胰腺肿大、出血或坏死、滤泡增大	临床上见于急性败血性传染病，如禽霍乱、禽副伤寒、大肠杆菌败血症、鸭病毒性肝炎、番鸭细小病毒病、鸭疫里杆菌病等；也见于某些中毒病，如鸭氟乙酸胺中毒、敌鼠钠盐中毒、呋喃丹中毒及鸭肉毒梭菌毒素中毒等
	胰腺出现肉芽肿	见于大肠杆菌、沙门杆菌引起的病变
	胰腺萎缩，腺细胞内空泡形成，并有透明小体	临床上见于维生素 E 和硒缺乏症
盲肠扁桃体	盲肠扁桃体肿大、出血	临床上见于某些急性传染病和某些寄生虫病，如禽霍乱、禽副伤寒、大肠杆菌病、鸭瘟、鸭球虫病等
腔上囊	腔上囊内的寄生虫	多为前殖吸虫病
	腔上囊肿大、黏膜出血	临床上见于某些传染病和寄生虫病，如鸭瘟、隐孢子虫病、前殖吸虫病，有时也可见于严重的绦虫病等
	腔上囊缩小	临床上见于营养缺乏症，也见于鸭疫里杆菌病

续表

检查项目	解剖变化	可能相关的主要疾病
脑	小脑软化、肿胀、有出血点或坏死	临床上见于雏鸭维生素 E 缺乏症
	脑膜有淡黄色结节	常见于雏鸭曲霉菌感染
	大脑呈树枝状充血及有出血点并发生水肿或坏死	临床上见于雏鸭脑型大肠杆菌病和沙门杆菌病
甲状旁腺	甲状旁腺肿大	临床上见于缺磷、缺钙及缺乏维生素 D 引起的雏鸭佝偻病和成年鸭的软骨症
骨和关节	后脑颅骨软薄	临床上见于雏鸭佝偻病和雏鸭维生素 E 缺乏症
	胸骨呈 S 状弯曲，肋骨与肋软骨连接部呈结节性串珠样	常见于缺钙、缺磷或缺乏维生素 D 引起的雏鸭佝偻病，或者严重的绦虫病感染而导致的鸭骨软症
	胫骨软、易折	常见于佝偻病、骨软症，也见于肥育仔鸭饲喂含氟磷酸氢钙造成的骨质疏松
	关节肿胀、关节囊内有炎性渗出物	常见于雏鸭葡萄球菌、大肠杆菌、链球菌感染，也见于鸭慢性禽霍乱、鸭疫里杆菌病
	关节肿大、变形	临床上见于雏鸭佝偻病和生物素、胆碱缺乏症及锰缺乏症等，也见于关节痛风

四、治疗观察

生产中，常在实验室确诊之前，根据临床症状和病理变化先做出初步诊断，进行治疗处理，对治疗效果进行观察。如治疗效果明显，可作为确认依据之一。

五、实验室诊断

通过实验室的微生物学、免疫学和寄生虫学诊断，可以确诊疾病。

第二节　鸭病的综合防治

养鸭业规模化、集约化的发展，养殖数量多、密度高，容易受到病原体的侵袭，必须树立“防重于治”的观念，采取综合防治措施。

一、加强隔离

隔离可以减少病原进入鸭场和鸭体，防止传染病发生。

（一）鸭场选址

鸭场要远离市区、村庄和居民点，远离屠宰场、畜产品加工厂等污染源。鸭场四周要建有围墙或严密的围栏，以防外人或其他畜禽随便进出鸭栏；有条件时，围栏外1米距离内的杂草、鼠洞要清理、填平，并定期撒放生石灰隔离消毒带。在大江大河或大湖边牧鸭的，还要设稻草人，以防飞鸟潜入，带来如禽流感等疫病；如遇大水过后，牧鸭前还要事先对放牧地进行查看，清除腐败的动物尸体或其他有害物，以确保鸭群的健康安全。

（二）鸭场入口的消毒

鸭场大门口要设大型消毒池和紫外线消毒室，获许可进出的车辆、人员要自觉遵守消毒制度，车辆要全车喷雾消毒，车乘人员下车消毒、更衣换鞋、戴帽和口罩，在紫外线灯下照射15分钟后方可进入生产区。进入鸭场的设备和用具要消毒。

（三）禁止外来人员进入鸭场和鸭舍

养鸭场应禁止其他养殖户、鸭蛋收购商和死鸭贩子进入鸭场，病鸭和死鸭经诊断后深埋，并做好消毒工作，严禁销售和随处乱丢。为确保鸭场安全，种鸭舍生产区最好谢绝外来人员入内参观。

（四）采用“全进全出”的饲养制度

采取“全进全出”的饲养制度；“全进全出”的饲养制度是

有效防止疾病传播的措施之一。“全进全出”使鸭场能够做到净场和充分的消毒，切断了疾病传播的途径，从而避免患病鸭只或病原携带者将病原传染给日龄较小的鸭群。

（五）严格引种管理

引进种鸭时，必须先了解该品种种鸭的生长特性，当地是否有鸭疫病流行发生，被引种鸭场是否按规定程序接种相关疫苗等，应选择信誉好、规模大的鸭场引进种鸭。肉鸭场则要从生产管理较为规范的种鸭场购进鸭苗，切忌从市场上购入百家鸭，因为这样不仅不能保证肉鸭生长的整齐度，而且还会带来许多新的疫病，增加养殖中使用兽药的成本，直接影响养鸭经济效益。新引进的种鸭进入鸭场后要在远离核心鸭群的地方设隔离舍，隔离饲养 30 天以上，观察无病发生后方可合群饲养。商品鸭苗饲养的栏舍要事先清洁消毒、空置 14 天以上。种鸭及鸭苗入场后饲养员要加强看护，发现异常及时报告、处理。

二、搞好卫生

（一）保持鸭舍和鸭舍周围环境卫生

及时清理鸭舍的污物、污水和垃圾，定期打扫鸭舍和设备用具的灰尘，每天进行适量的通风，保持鸭舍清洁卫生；不在鸭舍周围和道路上堆放废弃物和垃圾。

（二）保持饲料和饮水卫生

饲料不霉变，不被病原污染，饲喂用具勤清洁消毒；饮用水符合卫生标准，水质良好，饮水用具要清洁，饮水系统要定期消毒。

（三）废弃物要无害化处理

粪便堆放要远离鸭舍，最好设置专门储粪场，对粪便进行无害化处理，如堆积发酵、生产沼气或烘干等处理。病死鸭不要随意出售或乱扔乱放，防止传播疾病。

（四）防害灭鼠

昆虫可以传播疫病，要保持舍内干燥和清洁，夏季使用化学杀虫剂防止昆虫滋生繁殖；老鼠不仅可以传播疫病，而且可以污染和消耗大量的饲料，危害极大，必须注意灭鼠。每 2~3 个月进行一次彻底灭鼠。

三、提高机体抗病力

（一）合理饲养

鸭体摄取的营养成分不仅影响生产性能，更会影响健康。营养不足会引起营养缺乏症，导致机体的抗体水平低下，所以要保证营养全面充足供应。选用优质饲料原料是保证供给鸭群全价营养日粮、防止营养代谢病和真菌毒素中毒病发生的前提条件。同时，重视饲料的储存，防止饲料腐败变质；科学设计配方，精心配制饲料，保证日粮的全价性和平衡性；合理饲养，保证充足的饮水供应。

（二）环境适宜

鸭舍应保持适宜的温度、湿度和饲养密度，加强通风换气，维持适宜的环境。

（三）减少应激

捕捉、转群、断喙、免疫接种、运输、饲料转换、无规律的供水供料等生产管理因素，以及饲料营养不平衡或营养缺乏、温度过高或过低、湿度过大或过小、不适宜的光照、突然的噪声等环境因素，都可对鸭群造成应激，必须加强饲养管理和改善环境条件，减少应激发生，防止降低鸭群免疫效果、生产性能和抗病能力。

四、加强消毒

消毒是指用化学或物理的方法杀灭或清除传播媒介上的病原微生物，使之达到无传播感染水平的处理，即不存在传播感染的危险。鸭场消毒就是将养殖环境、养殖器具、动物体表、进入的人员或物品、动物产品等处存在的微生物全部或部分杀灭或清除掉的方法。

(一)消毒方法

鸭场常用的有机械性清除(如清扫、铲刮、冲洗等机械方法和适当通风)、物理消毒(如紫外线和火焰、煮沸与蒸汽等高温消毒)、化学药物消毒和生物消毒等消毒方法。

(二)常用的化学消毒方法

化学消毒方法是利用化学药物杀灭病原微生物以达到预防感染和传染病的传播和流行的方法。此法常用于养殖生产。

1. 浸泡法 浸泡法主要用于消毒器械、用具、衣物等。一般洗涤干净后再行浸泡,药液要浸过物体,浸泡时间以长些为好,水温以高些为好。在鸭舍进门处消毒槽内,可用浸泡药物的草垫或草袋对人员的靴鞋消毒。

2. 喷洒法 喷洒法用药液喷洒地面、墙壁、舍内固定设备等,可用细眼喷壶;对舍内空间消毒,则用喷雾器。喷洒要全面,药液要喷到物体的各个部位。一般喷洒地面,每平方米面积需要 2 升药液,喷墙壁、顶棚,每平方米用 1 升药液。

3. 熏蒸法 熏蒸法适用于可以密闭的鸭舍。这种方法简便、省事,对房屋结构无损,消毒全面,鸭场常用。常用的药物有福尔马林(40%的甲醛水溶液)、过氧乙酸水溶液。为加速蒸发,常利用高锰酸钾的氧化作用。实际操作中要严格遵守以下基本要点:畜舍及设备必须清洗干净,因为气体不能渗透到鸭粪和污物中去,所以不能发挥应有的效力;畜舍要密封,不能漏气,应将进出气口、门窗和排气扇等的缝隙糊严。

4. 气雾法 气雾粒子是悬浮在空气中的气体与液体的微粒,直径小于 200 纳米,相对分子质量极小,能悬浮在空气中较长时间,可到处飘移穿透到畜舍内的周围及其空隙。气雾是消毒液进入气雾发生器后喷射出的雾状微粒，是消灭气携病原微生物的理想办法。如全面消毒鸭舍空间，每立方米用5%的过氧乙酸溶液2.5毫升喷雾。

（三）鸭场的消毒程序

1. 进入人员及物品消毒　养鸭场周围要有防疫墙或防疫沟，设置一个供人员和车辆物品进入的控制入口。入口处必须设置车辆消毒池和人员消毒室。车辆消毒池的长度为进出车辆车轮2个周长以上，消毒液可用消毒时间长的复合酚类和3%~5%氢氧化钠溶液，最好再设置喷雾消毒装置，喷雾消毒液可用1∶1 000的氯制剂；人员消毒室设置淋浴装置、熏蒸衣柜和场区工作服，进入人员必须淋浴，换上清洁消毒好的工作衣帽和靴后方可进入，工作服不准穿出生产区，定期更换清洗消毒。工作人员工作前要洗手消毒，进入场区的所有物品、用具都要消毒。舍内的用具要固定，不得互相串用。非生产性用品一律不能带入生产区。

2. 场区消毒　场区每周消毒1~2次，可以使用5%~8%的氢氧化钠溶液或5%的甲醛溶液进行喷洒。特别要注意鸭场道路和鸭舍周围的消毒。

3. 鸭舍消毒　鸭淘汰或转群后，要对鸭舍进行彻底的清洁消毒。消毒的步骤是：先将鸭舍各个部位清理、清扫干净，然后用高压水枪冲洗洁净鸭舍墙壁、地面、屋顶和不能移出的设备用具，最后用5%~8%的氢氧化钠溶液喷洒地面、墙壁、屋顶、笼具、饲槽等2~3次，用清水洗刷饲槽和饮水器。其他不宜用水冲洗和氢氧化钠消毒的设备可以用其他消毒液涂擦。鸭入舍后，在保持鸭舍清洁卫生的基础上，每周消毒2~3次。

4. 带鸭消毒　平常每周带鸭消毒1~2次，发生疫病期间每天带鸭消毒1次。选用高效、低毒、广谱、无刺激性的消毒药。冬季寒冷不要把鸭体喷的太湿，可以使用温水稀释；夏季带鸭消毒有利于降温和减少热应激死亡。

五、科学免疫接种

目前，传染性疾病仍是我国养鸭业的主要威胁，而免疫接种是预防传染病的有效手段。免疫接种通常是使用疫苗和菌苗等生物制剂作为抗原接种于家禽体内，激发抗体产生特异性免疫力。

（一）疫苗种类及特点

疫苗是将病毒（或细菌）减弱或灭活，失去原有致病性而仍具有良好的抗原性，用于预防传染病的一类生物制剂，动物接种后能产生主动免疫，产生特异性免疫力，包括细菌性疫苗和病毒性疫苗。

疫苗可分为活毒疫苗和灭活疫苗两大类。活毒苗多是弱毒苗，是由活病毒或细菌致弱后形成的。当其接种后进入鸭只体内可以繁殖或感染细胞，既能增加相应抗原量，又可延长和加强抗原刺激作用，具有产生免疫快、免疫效力好、免疫接种方法多、用量小且使用方便等优点，还可用于紧急预防。灭活疫苗是用强毒株病原微生物灭活后制成的，安全性好，不散毒，不受母源抗体影响，易保存，产生的免疫力时间长，适用于多毒株或多菌株制成多价苗。但需免疫注射，成本高。

（二）疫苗使用中的注意事项

生产中，由于疫苗的运输、保管和使用不当，引起免疫失败的情况时有发生，在使用过程中应注意如下几点。

1. 疫苗运输和保管得当　疫苗应低温保存和运输，避免高温和阳光直射，在夏季天气炎热时尤其重要。不同种类、不同血清型、不同毒株、不同有效期的疫苗应分开保存，先用有效期短的后用有效期长的。保存温度适宜，弱毒苗在冷冻状态下保存，灭活苗在冷藏状态下保存。

2. 疫苗剂量适当　疫苗的剂量不足，不能刺激机体产生足够的免疫效应；剂量过大，可能引起免疫麻痹或毒性反应。所以，疫苗使用剂量应严格按产品说明书进行。目前很多养殖场将剂量加大几倍使用，是完全无必要甚至是有害的（紧急免疫接种时需要4~5倍量）。过期或失效的疫苗不得使用，更不得用增加剂量来弥补。

3. 疫苗稀释　科学稀释疫苗之前，应对使用的疫苗逐瓶检查，尤其是名称、有效期、剂量、封口是否严密、是否破损和吸湿等；对需要特殊稀释的疫苗，应用指定的稀释液。而其他的疫苗一般可用生理盐水或蒸馏水稀释。稀释液的用量在计算和称量时均应细心和准确；稀释过程应避光、避风尘和无菌操作，尤其是注射用的疫苗应严格无菌操作；稀释过程中分级进行，对疫苗瓶一般应用稀释液冲洗2~3次，疫苗放入稀释器皿中要上下振摇，力求稀释均匀；稀释好的疫苗应尽快用完，尚未使用的疫苗也应放在冰箱或冰水桶中冷藏。

（三）免疫接种方法

家禽的免疫接种方法有饮水、滴眼滴鼻、肌内或皮下注射和气雾法等。鸭群常用的是注射法，个别使用滴眼滴鼻法。

1. 肌内或皮下注射　肌内或皮下注射剂量准确、效果确切、作用迅速，但耗费人力多，应激大。操作应注意以下几个方面。

（1）疫苗稀释液应是经消毒而无菌的，一般不要随便加入抗菌药物。

（2）疫苗的稀释和注射量应适当，量太小则操作时误差较大，量太大则操作麻烦，一般以每只0.2~1毫升为宜。

（3）使用连续注射器注射时，应经常核对注射器刻度容量和实际容量之间的误差，以免实际注射量偏差太大。

（4）注射器及针头用前均应消毒。

（5）皮下注射的部位，一般选在颈部背侧，肌内注射部位一般选在胸肌或肩关节附近的肌肉丰满处。

（6）针头插入的方向和深度也应适当，在颈部皮下注射时，针头方向应向后向下，针头方向与颈部纵轴基本平行。对雏鸭的插入深度为0.5~1厘米，日龄较大的鸭可为1~2厘米。胸部肌内注射时，针头方向应与胸骨大致平行，插入深度雏鸭为0.5~1厘米，日龄较大的鸭可为1~2厘米。

（7）在将疫苗液推入后，针头应慢慢拔出，以免疫苗液漏出。

（8）在注射过程中，应边注射边摇动疫苗瓶，力求疫苗的均匀。

（9）在接种过程中，应先注射健康群，再接种假定健康群，最后接种有病的鸭群。

2. 滴眼滴鼻　滴眼滴鼻如果操作得当，效果比较好。尤其是预防呼吸道疾病的疫苗，免疫效果更好。当然，这种方法需要较多的人力，对鸭也会造成一定应激。另外，操作上稍有马虎，则往往达不到预期的目的。操作时应注意以下几个方面。

（1）稀释液必须用蒸馏水或生理盐水，最低限度是应用冷开水，不要随便加入抗生素。

（2）稀释液的用量应尽量准确，最好根据自己所用的滴管或针头事先滴试，确定每毫升多少滴，然后再计算实际使用疫苗稀释液的用量。

（3）为了操作的准确无误，一手一次只能抓一只鸭，不能一手同时抓几只鸭。

（4）在滴入疫苗之前，应把鸭的头颈摆成水平的位置（一侧眼鼻朝天，一侧眼鼻朝地），并用一只手指按住向地面一侧鼻孔。

（5）在将疫苗液滴加到眼和鼻以后，应稍停片刻，待疫苗液确已吸入后再将鸭轻轻放回地面。

（6）应注意做好已接种和未接种鸭之间的隔离，以免混乱。

（7）为减少应激，最好在晚上接种，如天气阴凉也可在白天适当关闭门窗后，在稍暗的光线下抓鸭接种。

(四) 制定免疫程序

1. 免疫程序　鸭场根据本地区、本场疫病发生情况（疫病流行种类、季节、易感日龄）、疫苗性质（疫苗的种类、免疫方法、免疫期）及其他情况制订的适合本场的科学的免疫计划，称作免疫程序。没有一个免疫程序是通用和固定不变的，必须根据本场的实际情况，参考别人已成功的经验来制定适合本地或本场的免疫程序。

2. 制定免疫程序应着重考虑的因素

（1）本地或本场的鸭病疫情。针对目前威胁本场的主要传染病进行免疫接种。对本地和本场尚未证实发生的疾病，必须证明确实已受到严重威胁时才能计划接种，对强毒型的疫苗更应非常慎重，非不得已不引进使用。

（2）母源抗体的影响。母源抗体水平影响雏鸭初次接种的日龄，这对雏鸭接种至关重要。

（3）疫苗的出产国家、出产的厂家的选择。

（4）所用疫苗毒（菌）株的血清型、亚型或株的疫苗剂型的选择。例如活苗或灭活苗、湿苗或冻干苗、细胞结合型或非细胞结合疫苗的选择等。

（5）不同疫苗之间的干扰。某些疫苗的联合使用，同一种疫苗根据毒力先弱后强安排（如 IB 疫苗先 H120 后 H52），先活苗后灭活油乳剂疫苗。

（6）疫苗剂量和稀释量的确定。

（7）疫苗的接种途径。

（8）根据免疫监测结果及突发疾病的发生所做的必要修改和补充等。

3. 免疫参考程序

蛋鸭、樱桃谷肉鸭、商品肉鸭的免疫参考程序分别见表 6-

3、表6-4、表6-5。

表6-3　蛋鸭免疫参考程序

日龄	疫苗	接种方法	剂量	备注
1~3	鸭病毒性肝炎	皮下或肌内注射	1头份	
5~7	鸭疫里杆菌苗、鸭大肠杆菌苗	皮下或肌内注射	各0.5~1毫升	根据需要选择使用
10~15	禽流感油乳灭活苗	皮下注射	0.5毫升	
20	鸭瘟冻干苗	皮下或肌内注射	1头份	
35~40	禽流感油乳剂灭活苗	皮下注射	0.5~0.7毫升	
60~70	大肠杆菌油乳剂灭活苗、禽霍乱蜂胶佐剂灭活苗	皮下注射	各0.5~1毫升	根据需要选择使用
70~80	鸭瘟冻干苗	肌内注射	1~2头份	
开产前	禽流感油乳剂灭活苗	皮下注射	1毫升	

表6-4　樱桃谷肉种鸭免疫参考程序

日龄	疫苗名称	疫苗用量	使用方法	备注
1	鸭病毒性肝炎疫苗或抗体	2头份或1毫升	颈背部皮下注射	
7	浆膜炎+大肠杆菌二联苗	0.5毫升/羽	摇匀，颈部皮下注射	
12	禽流感单联油苗H5N1	0.5毫升/羽	摇匀，颈部皮下注射	
17	鸭瘟冻干苗3头份	0.5毫升	肌内注射	生理盐水
25	禽流感单联油苗H5N1	0.5毫升/羽、2头份	摇匀，颈背部皮下注射	

续表

日龄	疫苗名称	疫苗用量	使用方法	备注
40	鸭瘟冻干单联苗	1 毫升/羽、4 头份	摇匀，肌内皮下注射	生理盐水
60	大肠杆菌+霍乱二联苗	0.5~1 毫升/羽	摇匀，胸部肌内或颈背部皮下注射	
70	禽流感二联苗 H5H9	1 毫升/羽	摇匀，颈背部皮下注射	
130	减蛋综合征+副黏病毒二联蜂胶苗	1 毫升/羽	摇匀，胸部肌内或颈部皮下注射	
137	禽流感二联苗 H5H9	1~1.5 毫升/羽	摇匀，颈背部皮下注射	
144	霍乱+大肠杆菌二联苗	1 毫升/羽	摇匀，颈背部皮下注射	
151	禽流感二联苗 H5H9	1~1.5 毫升/羽	摇匀，颈背部皮下注射	
158	鸭瘟冻干苗	1 毫升/羽、4 头份/羽	摇匀，肌内注射	生理盐水

注：30 日龄和 120 日龄内外驱打虫药驱虫 1 次。

表 6-5　商品肉鸭的免疫参考程序

日龄	疫苗	接种方法	剂量	备注
1	副伤寒福尔马林菌苗	胸肌注射	0.5 毫升	10 天后重复 1 次
	鸭瘟-鸭病毒性肝炎二联弱毒疫苗	胸肌注射	1~2 个剂量	父母代没有进行正规接种或种蛋购于市场的接种；2 周和 4 周再各接种 1 次

续表

日龄	疫苗	接种方法	剂量	备注
1~3	鸭传染性浆膜炎（鸭疫巴氏杆菌病）-雏鸭大肠杆菌病多价蜂胶复合佐剂二联苗	皮下注射	0.5毫升	父母代没有进行正规接种或种蛋购于市场的接种
7~10		皮下注射	0.5毫升	父母代进行正规接种的在7~10日龄接种
21		皮下注射	0.5毫升	2次免疫
65左右	禽霍乱菌苗	皮下注射	0.5~1.0毫升	120日龄再接种1次

第三节　鸭的常见病防治

一、鸭瘟

鸭瘟又称鸭病毒性肠炎，是由鸭瘟病毒引起的一种高死亡率、急性败血性传染病。本病的主要特征是头颈肿大、高热、流泪、下痢、粪便呈灰绿色，两腿麻痹无力。俗称“大头瘟”。

（一）病原

本病病原为鸭瘟病毒，属于疱疹病毒科，具有疱疹病毒科的典型特征。在病鸭的血液和内脏中含有大量病毒，以肝、脾的含毒量最高。本病毒对乙醚和氯仿敏感，对外界环境有较强的抵抗力。例如在-10~-20℃环境中，能存活347天，50℃时经90~120分钟才能灭活，而在室温22℃时需30天才能失去感染力。但对一般浓度的常用消毒药较敏感。例如1%~3%氢氧化钠溶液、10%~20%漂白粉混悬液、5%甲醛溶液等，均能较快地杀灭病毒。其他如阳光直射、高温干燥等因素，都不利于病毒的繁殖。

（二）流行特点

本病的发生和流行无明显的季节性，但以春、秋鸭群的运销旺季最易发病流行。鸭瘟对不同日龄、不同品种的鸭均可感染，但以番鸭、麻鸭和绵鸭最易感，北京鸭次之。在自然感染条件下，成年鸭发病率和死亡率较高，30 日龄以内的雏鸭却较少发病；但在人工感染时，雏鸭却较成年鸭容易发病，且死亡率也高。鸭瘟的传染源主要是病鸭和带毒鸭，其次是其他带毒的水禽、飞鸟之类。这些带毒的禽类，特别是病鸭，很容易通过排出粪便及其他分泌物污染饲料、饮水、饲养工具等散播病毒。当健康鸭群与病鸭群放牧，或间接食入污染的饲料时，均可感染发病，造成该病的流行。消化道感染是主要的传染方式。其他如通过滴鼻、泄殖腔、肌内注射等人工接种的方式，也可引起发病。某些吸血昆虫，也有可能是本病的传播媒介。

（三）临床症状

鸭瘟病毒的潜伏期为 2～4 天，病初体温急剧升高，一般可达 43℃以上，呈稽留热型。病鸭呈现精神不振，低头缩颈，食欲减退或废绝，渴欲增加，羽毛松乱，翅膀下垂，两腿发软，步态不稳，喜卧地，驱赶时以翅膀扑地匍匐向前。这时，病鸭不愿下水，若强迫下水，也无力游动，并挣扎回岸。病鸭的头和颈部肿胀，较健鸭明显肿大，故有“大头瘟”之称。病鸭下痢，排出绿色或灰白色稀粪，常黏附于泄殖腔周围。泄殖腔黏膜充血、出血和水肿，严重时黏膜外翻，并附有绿色的假膜，不易剥脱，人为剥脱后留有溃疡面。

（四）病理变化

鸭瘟的病变，以全身性急性败血症为主要特征。病鸭的全身皮肤、黏膜、浆膜和内脏器官，都有不同程度的出血斑点。皮下尤其是头颈部的皮下组织有弥漫性水肿，在“大头瘟”的典型病例中，切开头颈部肿胀的皮肤，即刻流出淡黄色透明的液体。

口腔黏膜有黄色坏死性假膜覆盖，用刀刮离假膜后，可见到黏膜有出血性溃疡灶。食管黏膜表面具有纵行排列的灰黄色坏死性假膜覆盖，此膜不易剥离，剥离后呈现出不同大小的、特征性的红色斑块或条索状痂块。腺胃黏膜有出血斑点，有时在腺胃与食管膨大部交接处，有一条灰黄色坏死灶带或出血带。肌胃角质下层充血、出血。肠黏膜有充血和出血性炎症。小肠淋巴组织出血，呈带状。泄殖腔有严重充血、出血，黏膜表面覆盖有一层棕褐色或绿褐色的坏死痂块，不易剥落。肝脏的早期病变有出血性斑点，后期出现大小不同的灰色坏死灶，在坏死灶周围有时可见环形出血带，而在坏死灶中心却常有小出血点。脾脏体积缩小，呈黑紫色。法氏囊黏膜充血发红，有针尖状的黄色小斑点。到后期，囊壁变薄，囊腔中充满红色凝固的渗出物。产蛋母鸭的卵巢可能充血、变形或变色，有时有一部分卵泡破裂，卵黄散布于腹腔中而引起腹膜炎。

（五）防治

1. 预防措施

（1）注意隔离、卫生和消毒。①采用“全进全出”的饲养制度。②不从疫区引种，需要引进种蛋或种雏时，一定要严格进行健康检查和消毒处理，经隔离饲养 10~15 天证明无病后方可并群饲养。③鸭群不可在可能感染疫病的地方放牧（如上游有病鸭，下游就不能放牧）。④饮水每升要加入 50~100 毫克百毒杀等消毒，被污染的放牧水体也要按每亩泼洒 20~30 千克生石灰进行消毒。

（2）科学饲养管理。鸭舍要每天打扫干净，粪水等集中密闭堆埋发酵。鸭舍、运动场、用具、贩运车辆和笼子等每周或每天应用 10%~20%石灰乳，或 5%漂白粉，或 1∶300~1∶400 抗毒威等消毒。

（3）免疫接种。使用疫苗时要严格按瓶签上标明的剂量接种，不使用非正规厂家生产的疫苗。疫苗使用时要用生理盐水或蒸馏水稀释，30日龄以内鸭可稀释至40倍液，每羽肌内注射0.2毫升；2月龄以内鸭可稀释至100倍液，每羽肌内注射0.5毫升；5月龄以上鸭可稀释至200倍液，每羽肌内注射1毫升。疫苗接种后7天内会产生免疫力。为产生坚强免疫力，最好隔21~30天再加强免疫1次，种鸭和产蛋鸭在产蛋前可再接种疫苗1次。1月龄以内雏鸭的有效免疫期为1个月，2月龄以上鸭的有效免疫期为6个月。

2. 发病后的措施

（1）高免血清或干扰素治疗。早期治疗每羽肌内注射0.5毫升抗鸭瘟高免血清，有一定疗效；或成年鸭每羽肌内注射1毫升聚肌胞（一种内源干扰素），3日1次，连用2~3次，有一定疗效。此法特别适用于因鸭瘟疫苗免疫失败而引发鸭瘟的治疗，可有效控制死亡并降低死亡率；或禽用干扰素每瓶（10毫升）稀释至25倍液，肌内注射1 000羽。

（2）抗病毒药物治疗。复方利巴韦林0.05%饮水，连用3~5天；或复方病毒唑可溶性粉0.025%饮水（或0.05%拌料），每天2次，连用3~5天；或复方金刚乙胺0.02%饮水，每天1次，连用3~5天。

（3）中草药治疗。

方1：党参、车前子、朱砂、巴豆、白蜡、桑螵蛸、枳壳、乌药、甘草各50克，蜈蚣、全蝎各10条，生姜、滑石各250克，神曲200克，桂枝、良姜、川芎各100克，肉桂150克，白酒0.5~1升，小麦或稻谷10千克。将药物用布包好与小麦或稻谷同时入锅，加水以浸没小麦和药物为宜，先用武火煮，后用文火煮，待小麦吸尽汁液后再拌白酒喂鸭。本剂药可喂鸭400羽，喂药后4小时不可让鸭下水。本方对此病有很好疗效。

方2：红花、山木通各20克，桃仁、醋炒香附各30克，黄连、甘草各10克，活全蝎、活地鳖各50克，威灵仙15克，鲜松针（捣碎）60克，鲜小杨梅根、鲜芦根各80克，用1升米酒密封浸泡15天后滤汁，每羽鸭每次肌内注射3毫升，每天2次，连用2~3天，疗效显著。

方3：稻谷、仙鹤草、枫树油、红辣椒按100：10：1：1的比例加水适量同煮。每天每羽鸭喂药50克，连喂3天，治愈率可达65%~85%。

二、鸭病毒性肝炎

鸭病毒性肝炎是雏鸭的一种传播迅速的急性传染病，死亡率高达90%左右。病程极短，主要病变在肝脏。其特征是肝炎、肝体积肿大，并有出血斑点。

（一）病原

本病的病原为鸭肝炎病毒（I型）。病毒直径为20~40纳米，能够在发育鸭胚的尿囊液内生长繁殖，但不大适应一般的细胞培养。肝脏是本病的靶器官，是最好的送检病料。病毒对外界环境的抵抗力很强，在污染的育雏室内的病毒至少能够生存10周，阴湿处粪便中的病毒能够存活37天。含有病毒的胚液保存在2~4℃冰箱内，700天后仍能存活。病毒在2%来苏儿溶液中37℃能够存活1小时，在0.1%福尔马林中能够存活8小时。

（二）流行特点

此病一年四季都可发生，但多数在冬季或早春暴发。本病主要发生于3周龄以内的雏鸭。成年鸭也可感染但不发病，是此病的带毒者。被病毒污染的鸭舍、饲料、饲养用具、水、人员、车辆等都可成为本病的传播媒介。其传染途径是通过咽和上呼吸道或消化道感染。传染源主要是患病雏鸭及带毒成年鸭。病愈康复鸭的粪便中，能继续带毒1~2个月。

（三）临床症状

本病潜伏期1～4天。有些雏鸭没有任何症状而突然死亡。病程进展迅速，常常不超过几小时。病鸭离群、缩头拱背、行动呆滞，不久即伏地不能走动，食欲废绝，眼半闭呈昏迷状态。有些病鸭有腹泻，以后出现神经症状，运动不协调，双脚呈痉挛性运动，头向后仰呈游泳样，翅膀下垂，呼吸困难。死前头颈扭曲于背上，腿伸直向后张开，呈角弓反张姿势，欲称“背脖病”，这是本病死亡时的典型体征。康复的雏鸭生长缓慢。

（四）病理变化

特征性病理变化为肝脏肿大，质脆，呈淡红色或斑驳状，表面有出血点或出血斑，有的肝脏有坏死灶。胆囊肿大，充满胆汁。脾脏有时也肿大，有斑驳状花纹。

（五）防治

1. 预防措施　平时应做好预防工作，严格对孵化室、鸭舍及周围环境进行卫生消毒；不从有发病史的鸭场引起雏鸭；用鸭病毒性肝炎疫苗免疫，无母源抗体的雏鸭于1日龄皮下注射稀释至20倍的疫苗0.5毫升，有母源抗体的雏鸭（即母鸭曾注射过鸭病毒性肝炎疫苗或该鸭群曾患过本病）于7～10日龄皮下注射疫苗1毫升，免疫力可保持6周以上。种鸭在开产前12周、8周、4周分别用鸭病毒性肝炎弱毒疫苗免疫2～3次，其母鸭的抗体至少可以保持7个月。若在用弱毒疫苗基础免疫后再肌内注射鸭病毒肝炎灭活疫苗，则能在整个产蛋期内产生带有母源抗体的后代雏鸭，其母源抗体可维持2周左右，并能有效抵抗强毒攻击。

2. 发病后的措施

（1）加强消毒。整个鸭舍用复合酚溶液（配成0.3%～1%的水溶液）喷雾消毒，每天1次，连用5天。

（2）治疗。一旦小鸭发生本病，应迅速采用抗体疗法，即在发病早期用康复鸭血清或高免卵黄抗体进行治疗，每只雏鸭皮下或肌内注射1毫升。一般注射1次，必要时次日再重复注射1次。在应用特异疗法的基础上，用复方利巴韦林0.05%饮水，连用3~5天；或用复方病毒唑可溶性粉0.025%饮水（或0.05%拌料），每天2次，连用3~5天；或用复方金刚乙胺0.02%饮水，每天1次，连用3~5天。在饮水中可添加维生素C（50千克水添加10克维生素C）或速溶多维。

（3）中药治疗。

方1：板蓝根25克、大青叶251克、栀子50克、黄芪40克、黄柏30克、龙胆草30克、当归10克、柴胡10克、钩藤10克、甘草10克，车前草适量为引，文火煎至5 000毫升，分2次饮用，每羽2~5毫升，每天1剂，连用2~3天。预防用每羽每天2毫升，分2次饮用，连用5天。

方2：龙胆草80克、黄连80克、藿香80克、茵陈70克、黄柏70克、黄芩70克、金银花60克、柴胡60克、白术60克、厚朴60克、陈皮60克、苦参50克、栀子50克、甘草30克（500羽雏鸭的剂量）。上药煎汤后取药液1份加水9份，让病雏鸭自饮，每日上、下午各1次，每天1剂，连用2剂。本方由黄连解毒汤、龙胆泻肝汤及藿香正气散三方精简组合而成，具有清热解毒、祛肝经湿热、清肝利胆、健脾和胃的功效。

三、番鸭细小病毒病

番鸭细小病毒病是由番鸭细小病毒侵害3周龄以内的雏番鸭而引起的一种传染病，故又称番鸭“三周病”。

（一）病原

番鸭细小病毒，属细小病毒科、细小病毒属成员。病毒分布于病鸭的肝、脾、胰腺和肠道等器官组织，也存在于肠道上皮细胞和骨髓细胞中。病毒在56℃内至少存活60分钟，在pH值3~

9时很稳定，对脂溶剂也不敏感。福尔马林、氧化剂、紫外线、β-丙内酯等能使之灭活。在4℃中保存多年，滴度无明显下降。

（二）流行特点

本病多发生于8~20日龄的雏番鸭，最早发病日龄为7日龄，最迟为30日龄。一般发病率和死亡率与日龄密切相关，日龄越小发病率和死亡率越高。发病死亡高峰均在10~18日龄，死亡率为20%~55%。成年番鸭不发病；除雏番鸭外，其他品种的雏鸭和成年鸭均未见类似疾病。本病一年四季均可发生，但以春、夏较多。病鸭可通过排泄物导致病毒的水平传播和垂直传播。

（三）临床症状

病雏主要表现为精神沉郁，减食或拒食，排出白色或黄绿色稀粪，怕冷，喜蹲伏，两脚乏力，喘气，张口呼吸。死前出现神经症状，多呈角弓反张及两脚麻痹症状。

（四）病理变化

常见病鸭胰脏苍白，表面有数量不等的针头状大小的。灰白色坏死点。整个肠道呈卡他性炎症，充血或出血，以十二指肠及直肠最明显。常见小肠中下段肠黏膜有不同程度的脱落。剖开小肠膨大部，可见质地较软、表面覆盖有一层灰白色或黄白色的干酪样物，形成栓子，堵塞肠管。

（五）防治

1. 预防措施 雏番鸭出生后48小时内，皮下注射番鸭细小病毒弱毒疫苗；在疫区的雏番鸭，可在出壳后4天内注射抗番鸭细小病毒的高免血清或高免蛋黄液；在种鸭产蛋前用番鸭细小病毒灭活苗进行免疫，孵出的雏番鸭将获得母源抗体，可抵抗番鸭细小病毒感染。

2. 发病后的措施

（1）加强消毒。全群番鸭用百毒杀、抗毒威按常规剂量带鸭消毒，每天1次，连用1周。

（2）治疗。用黄连解毒汤加减治疗。板蓝根800克、白头翁500克、黄连800克、黄柏500克、山栀子500克、黄芩800克、金银花200克、地榆200克、穿心莲500克、甘草200克，每剂两次煎汁70~80千克，浓缩药液至40~50千克，供1 500只3周龄番鸭自由饮用，每日1剂（重症不能自饮的病鸭用注射器灌服，每只番鸭3~5毫升，7~8小时喂1次）。服药期间适当减少供水量。采用中药治疗的同时，给已感染发病的番鸭注射1次抗番鸭细小病毒血清，每只番鸭0.8毫升，病情严重的番鸭每只注射1毫升，连用2次。

四、鸭传染性浆膜炎

鸭传染性浆膜炎又称鸭疫里杆菌病，原名鸭疫里杆菌病，各品种、性别、年龄的鸭均可感染，主要侵害2~3周龄的雏鸭，发病率常高达90%以上，死亡率5%~75%不等。本病往往与鸭大肠杆菌病混合或并发感染，特征是发生纤维素性心包炎、肝周炎、气囊炎、腹膜炎等。

（一）病原

本病的病原体为鸭疫巴氏杆菌，革兰氏染色阴性，菌体为小杆菌，有的呈椭圆形，有荚膜，瑞氏染色见有少数菌体两端浓染。该菌在巧克力琼脂平板上菌落不溶血，呈小露珠状。在普通琼脂和麦康凯培养基上不能生长。绝大多数鸭疫巴氏杆菌在37℃或室温下于固体培养基上存活不超过4天；4℃条件下，肉汤培养物可保存2~3周；55℃下培养12~16小时即失去活力。在水中和垫料中可分别存活13天和27天。

（二）发病特点

本病多发生在秋冬之交和春夏之交。在一般情况下，主要发生于1~8周龄的雏鸭。8周龄以上的鸭很少发病。成年鸭罕见发病，但可带菌成为传染源。本病主要经呼吸道或皮肤伤口感染，也可通过种蛋垂直传播。被污染的饲料、饮水、空气等都是重要的传染途径，育雏舍密度过大、换气不畅、潮湿、营养不良都是本病发生的诱因。

（三）临床症状

本病潜伏期一般为1~3天，有时可长达7天，幼鸭发病较急，常在应激条件下突然发病，且未见明显症状而很快死亡。病程稍长的病鸭嗜睡、精神沉郁、离群独处、食欲减退或废绝，摇头缩颈，体温升高，呼吸急促，眼、鼻流出分泌物，眼被污染，两腿无力，运动失调，有的出现神经症状，阵发痉挛，排黄绿色恶臭稀粪。少数病鸭表现跛行和伏地不起等关节炎症状。

（四）病理变化

急性病例的病变为全身脱水，肝脾肿大。最明显的肉眼病变是浆膜面上有纤维素性炎性渗出。主要表现为心包炎、心包积液、心包膜有纤维素性渗出物；肝肿明显大于正常，呈土黄色或灰褐色，质地较脆，表面覆盖一层灰白色或灰黄色纤维素膜，容易剥脱；出现纤维素性肝周炎、纤维素性气囊炎，腹部气囊后部出现有黄白色的干酪样渗出物，有的出现输卵管炎和关节炎。

（五）防治

1. 预防措施

（1）加强饲养管理。给鸭群供应优质、全面、充足的饲料，保持合理的环境温度、空气湿度和饲养密度，加强鸭只的运动，并及时更换垫料，做好通风换气工作，提高鸭只的体质。为了防止疫病的产生和扩散，要对鸭舍、饲槽、水槽及鸭只经常活动的场所进行定期消毒。

（2）合理用药。磺胺药物、链霉素、庆大霉素、红霉素、四环素等药物对鸭疫巴氏杆菌均有效，但由于近年来抗菌药物的滥用，细菌耐药性日益增强，因此，在用药时最好先做药敏试验，有针对性用药，并及时更换药物，提高疗效。在防治中，通常在饲料中添加磺胺二甲基嘧，连续喂3天效果较好。

（3）做好接种工作。对本病的预防可使用鸭疫里杆菌灭活菌苗，在10~14日龄和2~3周龄各接种1次。

2. 发病后的措施

（1）加强卫生消毒。发病期间每天带鸭消毒1次，并在水槽中按1∶8 000的比例加入百毒杀对饮水进行消毒。将死鸭进行焚烧或深埋，防止疫情的蔓延和病原的残留。

（2）药物治疗。该病对大观霉素、氟苯尼考、左旋氧氟沙星等药物比较敏感。首先将发病鸭进行隔离并注射4%左旋氧氟沙星注射液，每千克体重0.2毫升。大群鸭全天分2次在水中加入喘痢健（大观霉素），每瓶对水150千克。晚上在水中加入电解多维以增强机体抵抗力。如果采食量下降，可在饲料中加入干酵母，根据体重大小每只鸭子1~2片。

五、鸭大肠杆菌病

鸭大肠杆菌病是由埃希大肠杆菌的某些致病性血清型菌株引起的多种疾病的总称，包括大肠杆菌性肉芽肿、腹膜炎、输卵管炎、脐炎、滑膜炎、气囊炎、眼炎、卵黄性腹膜炎等疾病，是鸭细菌病中危害最严重的疫病，各种日龄的鸭均易感，防治难度极大。

（一）病原

大肠杆菌为革兰氏阴性中等大小杆菌，不形成芽孢，有鞭毛，有的菌株可形成荚膜。在普通培养基中生长良好，需氧或兼性厌氧，菌落不透明、光滑、有光泽，有的菌落带有黏稠性，有的菌株在血液琼脂上表现有溶血性。本菌对一般消毒剂敏感，对抗生素及磺胺类药等极易产生耐药性。

（二）流行特点

各品种和年龄的鸭均可感染大肠杆菌，但多为2~6周龄者，发病季节以秋末冬春多见。禽大肠杆菌在鸭场普遍存在，特别是通风不良、大量积粪的鸭舍，在垫料、空气尘埃、污染用具和道路，粪场及孵化厂等处，染菌最高。本病可通过口、呼吸道、眼结膜、污染的胚蛋等传播，多由饲养管理不善引发。此病的血清型众多，目前已知的约有154个血清型致病。在各种禽类中，以鸭、鹅和火鸭等较为易感。各年龄禽均可感染，其发病率与死亡率因受发病日龄、病程长短、受侵害的组织器官及是否并发其他疾病等各种因素影响而有差异。本病主要通过种蛋、空气中的尘埃、污染的饲料和饮水而传播，一年四季均可发生，多雨、污秽、拥挤、闷热、潮湿季节多发。过冷过热或温差很大的气候，有毒有害气体（硫化氢等）长期存在，饲养管理失调，营养不良（特别是维生素的缺乏）及病原微生物（如支原体及病毒）感染所造成的应激等，均可促使本病的发生。

（三）临床症状

本病临诊上有多种病型，其中以雏鸭或鸭的败血症和产蛋母鸭的卵黄性腹膜炎（蛋子瘟）危害最为严重。本病临床主要表现为：下痢，拉黄白色稀粪，粪便恶臭，带有白色黏液或混有血丝、血块和气泡，一般为青绿色或灰白色，肛门周围污秽。病雏精神沉郁，食欲减退或废绝，渴欲增加，呼吸困难，大都有明显的神经症状，如共济失调，头颈震颤、摇头和昏迷等。母鸭的卵黄性腹膜炎主要发生在开产前的母鸭或正在产蛋的母鸭，母鸭腹部膨大，拉白色带有蛋白碎片的粪便。公鸭阴茎肿大且部分外露。

（四）病理变化

雏鸭或小鸭的败血型大肠杆菌病常与鸭疫里杆菌病继发或混合感染。本病的解剖变化与鸭传染性浆膜炎极为相似，出现纤维素性心包炎、肝周炎、气囊炎、腹膜炎。只是鸭传染性浆膜炎病鸭肝脏上形成的纤维素性渗出物更干燥、更薄，更易剥离；而大肠杆菌形成的则相反，大肠杆菌病的肠道病变表现得更明显一些，并且产蛋鸭还表现坠卵性腹膜炎，剖检腹腔内充满蛋黄碎片或干酪样物。从患鸭的心血、肝、脾中，容易分离到致病性大肠杆菌。

（五）防治

1. 预防措施

（1）加强管理。降低饲养密度，注意控制温湿度和通风，减少空气中细菌污染；禽舍和用具经常清洗消毒。种鸭场应加强种蛋收集、存放和整个孵化过程的卫生消毒管理，搞好常见多发病的预防工作，减少各种应激因素，避免诱发大肠杆菌病的发生与流行。

（2）药物预防。大肠杆菌对多种抗生素如卡那霉素、新霉素、磺胺类等药物都敏感，但大肠杆菌极易产生耐药性。药物预防对雏禽常有一定意义，一般可在雏禽出壳后开食时，在饮水中投0.03%～0.04%庆大霉素等。可选择敏感药物在发病日龄前1～2天进行预防性投药。

2. 发病后的措施 早期投药可控制早期感染的病鸭，促进痊愈，同时可防止新发病例的出现。但在大肠杆菌病发病后期，若出现了气囊炎、肝周炎、卵黄性腹膜炎等较为严重的病理变化时，使用抗生素疗效往往不显著甚至没有效果。治疗药物：氨苄青霉素（氨苄西林）按0.2克/升饮水或按5～10毫克/千克拌料内服，阿莫西林按0.2克/升饮水，庆大霉素按2万～4万单位/升饮水，卡那霉素按2万单位/升饮水或1万～2万单位/千克肌内注射，每天1次，连用3天；硫酸新霉素按0.05%饮水或0.02%拌饲，链霉素按30～120毫克/千克饮水（或13～55克/吨拌饲），连用3～5天；土霉类按0.1%～0.6%拌饲（0.04%饮水)；强力霉素按 0.05%~0.2%拌饲，连用 3~5 天；四环素按 0.03%~0.05%拌饲，连用 3~5 天；甲砜霉素按 0.01%~0.02%拌饲，红霉素按 50~100 克/吨拌饲，泰乐菌素按 0.2%~0.5%拌饲、泰妙菌素按 125~250 克/吨拌饲，连用 3~5 天；磺胺嘧啶(SD) 按 0.2%拌饲（0.1%~0.2%饮水），连用 3 天；用氟苯尼考、丁胺卡那霉素、黏杆菌素、环丙沙星、恩诺沙星、洛美沙星、氧氟沙星等治疗，临床应用效果良好。

六、鸭霍乱

鸭霍乱又名鸭巴氏杆菌或鸭出血性败血症，是引起鸭大量发病和死亡的一种接触性、急性败血性传染病。

（一）病原

鸭霍乱病原为鸭多杀性巴氏杆菌，存在于病鸭的内脏器官、体液和分泌物中。革兰氏染色阴性，呈细小的球杆菌。本菌抵抗力弱，阳光直射下数分钟即死亡，一般消毒药数分钟可杀死，但在腐败禽体中可生存 1~3 个月。

（二）流行特点

各种家禽和多种野禽都能感染发病，常为散发，或呈地方性流行，发病无明显的季节性，各种日龄的鸭均可感染，但一般 1 月龄内的鸭发病率较高，死亡率也高。病鸭和其他病禽是该病的传染来源，饲养管理不良、阴雨湿潮、长途运输和气候骤变等诱因能促使本病的发生和流行，主要通过消化道、呼吸道传染。

（三）临床症状

该病的潜伏期为 12 小时至 3 天，按病程长短可分为最急性、急性和慢性三种类型。

1. 最急性型　常见于流行初期，无明显症状，吃食或饮水时突然倒地死亡。

2. 急性型　病鸭精神呆滞、行动缓慢、不愿下水、羽毛松乱易湿，食欲减退、饮欲增加、体温升高，倒提病鸭时有大量恶臭液体从口和鼻流下，病鸭常摇头，故又称“摇头瘟”。病鸭排白色或铜绿色稀粪，少数鸭两脚瘫痪，不能行走，1~3 天内死亡。

3. 慢性型 多为急性型转化而来，病鸭表现为一侧或两侧关节肿胀，局部发热，疼痛，跛行或不能行走，生长缓慢，亦可转为急性型而死亡。

（四）病理变化

病死鸭尸僵完全，皮肤上有少数散在的出血斑点。心包液增多，心外膜、心耳、心冠有弥漫性出血斑点。肝脏略肿大，呈黏土色，质地柔软，易碎，表面有针尖大出血点和灰白色坏死灶。肺呈多发性肺炎，间有气肿和出血。关节囊增厚，内含有暗红色、混浊的黏稠液体。

（五）防治

1. 预防措施

（1）加强饲养管理。做到雏鸭、中鸭、成年鸭分群饲养，不从疫区引进鸭。鸭在非疫区引进后要先隔离饲养 15~20 天，确认无病后才能转入场内。周围地区发生疫情时，应停止放牧，并立即接种禽霍乱疫苗。保持鸭舍干燥、清洁、卫生，提高家禽抗病力。

（2）疫苗预防。在禽霍乱多发地区和季节，使用疫苗预防。2 月龄以上的鸭肌内注射 2 毫升禽霍乱氢氧化铝灭活苗，8~10 天后再用 1 次，免疫期 3 个月以上；或用禽霍乱弱毒疫苗免疫注射，免疫期可达 4 个月。

2. 发病后的措施 一旦发病，应立即封锁鸭群，对全群鸭及可疑病鸭及时隔离并治疗，用药量要足。

（1）抗生素治疗。青霉素，每只鸭肌内注射 5 万~10 万单位，每天 2 次，连用 2~3 天。或链霉素，每只成年鸭肌内注射

10 万单位，每天 2 次，连用 2~3 天；或土霉素，每只鸭每天土霉素片（25 万单位）1 片，连用 3~5 天，也可饲料中添加 0.05%土霉素连喂数天。

（2）磺胺类药物治疗。在饲料中添加 0.5%~1%的磺胺二甲基嘧啶（或按 0.1%的比例添加在饮水中），连用 3~4 天；或用复方新诺明及长效磺胺，每只成鸭用 0.2~0.3 克，每天 1 次，连用3~4天；或喹乙醇，按 30 克/千克体重的剂量拌于饲料中混服，每天 1 次，连服 3~5 天，即可获得良好的疗效。

（3）中药治疗。

方 1：苦木 0.3 克，一见喜 0.6 克，旱莲草 1.2 克。上述药煎水调入饲料中饲喂。

方 2：明矾 30 克，雄黄 45 克，甘草 18 克，共研末拌料饲喂。

方 3：山楂、钩藤、宝花、淡竹叶、茵陈、荆芥、耳草各 500 克，煎水喂服。

七、鸭沙门杆菌病

鸭沙门杆菌病又名鸭副伤寒，是由沙门菌属细菌引起的鸭的急性或慢性传染病，雏鸭感染时常发生大批死亡，成年鸭为带菌者。该菌广泛存在于畜禽和人体内及外界环境中，危害动物和人的健康，危害公共卫生安全。

（一）病原

病原为沙门杆菌，为革兰氏染色阴性小杆菌，血清型种类很多，达 2 000 余种。该菌抵抗力不强，对热和一般常用消毒剂都很敏感。菌体在 60℃时 15 分钟死亡，但在土壤、粪便和水中生存时间较长，可达数周至数月之久。该菌的毒素较为耐热，75℃ 1 小时仍有毒力，可使人发生食物中毒。

（二）流行特点

各品种鸭均可感染本病。1~3周龄的雏鸭最易感，呈流行性发生，死亡率10%~20%，严重时达80%以上，种蛋污染后可引起死胚和孵化率严重下降。成年鸭多呈隐性或慢性经过。发病鸭、带菌鸭及污染本菌的动物性饲料是本病的主要传染源；消化道是本病的主要传播途径，也可经卵垂直传播；被污染的饲料、饮水、用具及土壤等是本病的传播媒介，鼠类和苍蝇等也是本病的传播者。鸭舍的卫生状况差和饲养管理不良时会增加该病的发病率和死亡率。

（三）临床症状

经垂直传播或孵化器感染的雏鸭常呈败血症经过，不表现症状即迅速死亡。雏鸭水平感染后常呈亚急性经过，病鸭呆立，精神不振、昏睡打堆，两翼下垂、羽毛松乱，排绿色或黄色水样粪便，常突然倒地死亡；病程长的病鸭消瘦、衰竭而死。成年鸭感染后一般不表现症状，偶见下痢死亡。

（四）病理变化

幼雏的主要病变是卵黄吸收不全和脐炎，俗称“大肚脐”。较大的小鸭常见肝脏肿大，边缘钝圆，表面色泽不均匀，有时呈灰黄色，肝表面及实质中有针尖大密集的灰白色坏死点；整个肠道黏膜充血、出血，表面可见针头大灰白色坏死点，有的肠黏膜坏死脱落，表面形成一层糠麸样物；最具特征的变化是盲肠肿胀，呈斑驳状，内容物有干酪样的团块。慢性病变可见心包炎和关节炎。

（五）防治

1. 预防措施 首先应加强和改善养鸭场的环境卫生，防止沙门杆菌污染场地和器具；其次是要加强鸭群的饲养管理，提高鸭群的抵抗力；不要从发病或被污染的鸭场购买雏鸭或种蛋。防止蛋壳被沙门杆菌污染，种蛋和孵化器要定期消毒。

2. 发病后的措施　首先淘汰鸭群中病情特别严重且腹部膨大者，集中深埋。鸭饮水中添加左旋氧氟沙星可溶性粉，剂量为100千克水中添加4克原粉；或用氟哌酸、强力霉素按100毫克/千克饲料拌料饲喂；或氟苯尼考、丁胺卡那霉素按8~10克加水100千克饮用，连用5~7天。饲料中添加复合维生素制剂，特别注意补充亚硒酸钠、维生素E和维生素C，以提高鸭的免疫力和抗应激能力。

八、鸭曲霉菌病

鸭曲霉菌病又称为曲霉菌肺炎，是由真菌中的曲霉菌引起的，主要侵害呼吸器官的急性传染病。该病常在雏鸭中暴发，发病率和死亡率均较高。成年鸭多为散发。

（一）病原

病原以烟曲霉致病力最强，其他还有黑曲霉、黄曲霉等。曲霉菌广泛存在，尤其是其产生的孢子广泛分布于自然界，对外界环境有较强的抵抗力，只要在温暖潮湿的环境下就能很快繁殖，产生大量孢子散布在环境中，进入机体后能产生毒力很强的毒素，使肺产生病变，对血液、神经组织都有损害作用。

（二）流行特点

各种禽类均对该病有易感性，特别是幼龄禽更易感染。鸭以20日龄内雏鸭易感性高，其中4~12日龄的雏鸭发病率最高，病死率可达50%以上；成年鸭发病较少。本病主要经呼吸道和消化道感染。被曲霉菌污染的垫料和发霉的饲料是本病主要的传染源；此外，本病亦可经被污染的孵化器传播。因此，饲养管理不善、饲料霉变、卫生条件不良及通风不良、饲养密度过大等均是本病暴发的诱因。

（三）临床症状

本病潜伏期2~10天，急性病例发病后2~3天内死亡。主要发生于雏鸭，病鸭精神萎靡、食欲减退，缩颈呆立，眼半闭，羽毛粗乱，特征性症状为呼吸困难、张口呼吸、咳嗽，有时有“沙哑”或“呼哧声”的喘鸣音。口腔和鼻腔常流出浆液性分泌物，迅速消瘦而死亡。有的侵害脑部引起神经症状，痉挛抽搐而死。如污染种蛋可造成大批死胚。成年鸭发病时多呈慢性经过，病死率较低，主要表现为生长缓慢，发育不良，羽毛松乱无光泽，病鸭不愿走动，逐渐消瘦而死亡。产蛋鸭感染本病则表现为产蛋量减少或停产，病程延至数周。

（四）病理变化

肺组织中散布有粟粒大至豆粒大灰白色或黄白色结节，结节柔软有弹性，切开见有层次结构，中心为干酪样坏死组织；有的气管内也有黄白色结节；气囊膜形成点状，大小，数量不一，严重者整个气囊壁增厚，气囊内含有灰白色或黄白色炎性渗出物，后形成干酪样物；肝、肾、心等脏器以及胸腔、腹腔浆膜上也有灰白色季节或病斑。

（五）防治

1. 预防措施 不用发霉的垫料，不喂发霉的饲料，保持鸭舍的通风、干燥和清洁。

2. 发病后的措施 如发现病鸭，应立即更换垫料，用立可灵1∶50倍进行舍内消毒；用制霉菌素，可按5 000~8 000单位/只雏鸭和2万~4万单位/只成鸭口服，每天2次，连用3~5天。或克霉唑按0.01克/只雏鸭混料，饮水中加0.05%硫酸铜，连用3~5天，也有一定疗效。

九、鸭球虫病

鸭球虫病一般在雨季多发，预防重点在育雏期及育成前期，在初春季节，尤其是产蛋期，球虫病的预防往往被养殖户忽视。一旦发病，会造成巨大的经济损失。鸭球虫病是由艾美耳属和泰泽属的各种球虫寄生于鸭的肠道引起的疾病，分布很广，是条件简陋鸭场的一种常见病、多发病，常呈地方性流行，给养鸭业带来很大的威胁。

（一）病原

据记载，鸭球虫病约有18种之多，其中有2个寄生于肾小管上皮细胞内，其余16种寄生于肠道黏膜上皮细胞内。鸭球虫属孢虫纲、球虫目、艾美耳科，危害我国家鸭的主要致病虫有毁灭泰泽球虫（寄生于小肠黏膜上皮细胞内）和菲莱氏温扬球虫（寄生于小肠黏膜上皮细胞内）。

它们属直接发育型，不需中间宿主，发育需经三个阶段：孢子生殖阶段在外界完成，又称外生发育；裂殖生殖阶段在小肠上皮细胞内以复分裂法进行繁殖，毁灭泰泽球虫有两代裂殖生殖；配子生殖阶段由上述中最后一代裂殖子分化形成大配子，大、小配子结合为合子，合子外周形成囊壁后就成为卵囊。

（二）流行特点

鸭球虫病主要是通过被病鸭或带虫鸭粪便污染的饲料、饮水、土壤或用具等传播，饲养管理人员也可能成为该病的机械性传播者。鸭球虫具有明显的宿主特异性，它只能感染鸭；同样，其他禽类的球虫也不能感染鸭。

各年龄段的鸭对本病均易感，尤以1月龄左右的雏鸭最易感，且死亡率也高；耐过的鸭往往生长受阻，发育不良。鸭球虫病的发病与季节有密切关系，一般多见于7~10月发病。

（三）临床症状

急性鸭球虫病多发生于2~3周龄的雏鸭，于感染后第4天出现精神委顿、缩颈、不食、喜卧、渴欲增加等症状；病初拉稀，随后排暗红色或深紫色血便，发病当天或第二三天发生急性死亡，耐过的病鸭逐渐恢复食欲，死亡停止，但生长受阻，增重缓慢。慢性型一般不显症状，偶见有拉稀，常成为球虫携带者和传染源。

（四）病理变化

肉眼观察病变为整个小肠呈泛发性出血性肠炎。肠黏膜充血，十二指肠有红色或深红色冻状物，有的肠黏膜上覆盖一层麸皮样物质，有的小肠严重出血，肠内充满煤焦油样的黑色物质，多数为低产鸭及未开产鸭。

（五）防治

1. 预防措施

（1）加强饲养管理。雏鸭必须按日龄分群单独饲养；保持鸭舍清洁干燥，定期清除粪便，并堆积发酵以消灭卵囊；要防止饲料和饮水被鸭粪污染，饲槽及饮水器应经常消毒，特别是在本病流行严重时要定期更换垫料、铲除表土换新；禁止饲养人员串圈，谢绝外场人员参观，以免带进球虫卵囊。

（2）药物预防。在球虫病多发地区，流行季节以及地面潮湿、污染大量卵囊，或雏鸭由网上饲养转为地面饲养时，可将下列药物的任何一种混于饲料中喂服，均有良效。磺胺间六甲氧嘧啶（SMM）按 0.1%混于饲料中，或复方磺胺间六甲氧嘧啶［SMM+三甲氧苄啶（TMP），以 5∶1 比例］按 0.02%~0.04%混于饲料中，连喂 5 天，停 3 天，再喂 5 天；或磺胺甲基异噁唑（SMZ）按 0.1%混于饲料，或复方磺胺甲基异噁唑（SMZ+TMP，以 5∶1 比例）按 0.02%~0.04%混于饲料中，连喂 7 天，停 3 天，再喂 3 天；或克球粉按有效成分 0.05%浓度混于饲料中，连喂 6~10 天；或克球多（0.05%）或球痢灵（0.0125%）等混于饲料，连用 10 天。若与磺胺药交替轮换使用，可避免磺胺药易产生耐药性和引起磺胺出血综合征的缺点。

2. 发病后的措施　全群使用抗球灵（地克珠利）饮水，剂量为 2 毫克/千克，连饮 3~5 天。饲料中增加维生素的含量，尤其是维生素 A、维生素 K、维生素 C 的用量。对病情较重的，每天口服复方敌菌净片，2 片/只，连用 3~5 天。每天全群用百毒杀消毒 2 次，清除潮湿的垫料，换上新鲜的干燥垫料。

十、硒缺乏症

硒缺乏症是由于微量元素硒的缺乏或不足所导致的代谢性疾病。硒在体内有多种生理功能，其主要功能与维生素 E 有互补作用，因此，硒缺乏症与维生素 E 缺乏症有着部分相同的病症。硒缺乏主要表现为渗出性素质与白肌病，但无脑软化症。已经有研究证明，硒在白肌病中处于协同作用的位置，起主要作用的是维生素 E 和含硫氨基酸的缺乏。在渗出性素质当中，由于硒与维生素 E 的互补作用，单一缺乏其中的一种往往不显现病症，多为两者同时缺乏时才发病。

（一）病因

（1）使用土壤缺硒地区的饲料造成硒的缺乏。我国有三大缺硒地带，其中东北、华北直至云南、贵州一带缺硒较多，使用这些地区饲料应注意补硒。

（2）饲料缺硒。使用劣质的微量元素添加剂，在饲料缺硒时可发生本病。

（3）维生素 E 的缺乏使硒的需要量增加。

（4）其他元素的影响。拮抗元素如铜、锌、钴、硫等过多也会影响硒的吸收，锰的缺乏也降低硒的吸收，从而造成硒缺乏症。

（二）临床症状与病理变化

1. 渗出性物质　主见于 2~4 周龄雏鸭，表现为精神不振、腹泻、消瘦、喙尖和脚蹼发紫，有时肉雏腹部皮下水肿，呈淡绿色或淡紫色。病变可见头颈部、胸前、腹下等部皮下有淡黄色或淡绿色胶冻样渗出物，胸、腿肌肉常有出血斑点，有时有心包积液、心肌变性或条纹状坏死。

2. 白肌病 主见于青年鸭或成年鸭，青年鸭表现为生长发育不良、消瘦、腹泻、食欲减退；母鸭产蛋率、孵化率降低，胚胎发生早期死亡；种公鸭生殖器官发生退行性病变，如睾丸萎缩、少精或无精。病变可见全身骨骼肌肉苍白、贫血，胸肌和腿肌中出现条纹状白色坏死，心肌变性、色淡，呈条纹状坏死，有时肌胃也有坏死。

（三）防治

1. 预防措施 保证饲料中含有足够的硒和维生素 E，通常每千克饲料添加 0.5 毫克硒和 50 国际单位维生素 E 进行预防。

2. 发病后的措施 每千克饲料添加 2.5 毫克硒和 250 国际单位维生素 E 进行治疗；发生白肌病时，注意添加蛋氨酸等含硫氨基酸。禁用变质的饲料。

十一、鸭维生素 D 缺乏与钙磷代谢障碍

维生素 D 与钙磷共同参与骨组织的代谢，其中任何一个缺乏或钙磷比例失调都会造成骨组织的发育不良或疏松。本病在不同年龄鸭均可发生，但以 1~4 周龄幼鸭多发。

（一）病因

1. 维生素 D 缺乏 维生素 D 是一种脂溶性维生素，既可在阳光照射下由皮肤合成，又可得之于动物性饲料。在舍饲时，尤其雏鸭得不到阳光照射，饲料中维生素 D 含量不足时，从而引起本病。

2. 钙、磷缺乏或比例失调 钙、磷是机体的常量元素，依赖于饲料的供给，当饲料中钙、磷不足或二者比例失调时，引起本病。

3. 其他元素干扰 饲料中其他矿物质干扰了钙、磷的吸收，如锰、锌、铁过高可抑制钙的吸收，从而引起本病。

4. 疾病影响 肝脏疾病、肠道炎症影响了钙、磷的吸收，

从而促发本病。

（二）临床症状与病理变化

患病后，雏鸭生长迟缓，喙变软，行走摇晃，不愿走动，常蹲卧，逐渐瘫痪，需拍动双翅移动身体。产蛋鸭表现产蛋减少，壳薄易碎，产软壳或无壳蛋，鸭腿软无力，步态异常，重者瘫痪。病变可见胸骨变软，呈 S 状弯曲；长骨变形，骨质变软或易折；飞节肿大；肋骨与肋软骨结合部出现球状增生，排列成患珠样；鸭喙变软，易扭曲；成年鸭的跖骨易折断；种蛋孵化率降低，死胎增多，死胚四肢弯曲、腿短、皮下水肿、肾肿大。

（三）防治

1. 预防措施　注意饲料中维生素 D 和钙、磷的含量及其比例，可能情况下提供阳光照射。

2. 发病后的措施　患病鸭群可添加鱼肝油 10~20 毫升/千克饲料，同时调整好钙磷比例及用量；合理的钙、磷比为 2：1，产蛋期为（5~6）：1。对重症鸭可口服肝油胶丸或肌内注射维丁胶钙。

十二、啄癖

（一）病因

鸭啄癖是由多种原因引起的综合性症状，如营养代谢紊乱，饲料中缺少某些矿物质、维生素和微量元素或各种营养成分比例失当，饲养密度过大，舍内通风不良、潮湿闷热，光线太强或太弱等因素，都可以引起本病的发生。

（二）临床症状

啄癖的症状较为明显，很容易诊断。根据啄食的部位，可分为啄羽癖（常发生于产蛋母鸭，表现为互相啄食羽毛，或啄食自己的羽毛，造成羽毛蓬乱脱落，皮肤出血破损，严重者消瘦、贫血、衰竭而死）、啄肛癖（多发生于产蛋母鸭，由于产蛋后泄殖腔不能回缩，造成脱肛，引起互相争啄）和啄蛋癖（多发生于产蛋旺季，饲料中钙及蛋白质不足时常易发生）。

（三）防治

饲料品种要多样化，特别是要有丰富的蛋白质、矿物质和维生素，以满足鸭的需要，并保证含有 0.3%的食盐。每天饲喂的次数和时间要固定。要经常保持舍内外良好的卫生条件。运动场要宽敞，使鸭能够自如地运动。如果鸭群太大，可分群饲养。

及时将有啄癖的鸭只剔出来，进行隔离饲养，防治啄癖扩大。同时迅速查出病因，以便采取相应措施。如因日粮中某些成分不足，则应立即予以补充。如属饲养管理不当所造成的，则应立即予以纠正。在鸭发生啄羽时，可在饲料中添加含硫的矿物质成分，如石膏粉等，每天给予 0.5~3 克，啄羽癖很快消失，效果很好。

十三、食盐中毒

在鸭的日粮中，添加一定的食盐可以增进食欲，有利于鸭的消化、吸收和排泄，这对调节体内血液渗透压和酸碱平衡，维持神经系统的正常功能等，都有着十分重要的作用。

（一）病因

鸭食盐中毒是饲料中食盐含量过高，超过 0.5%，或同时饮水受到限制，或饲喂较多残羹和腌制加工的副食品而引起的。鸭的食盐最小致死量为每千克体重 4 克。食盐需要量一般占饲料的 0.37%，饲料中食盐含量达 3%或饮水中含盐量达 0.9%，即可引起鸭大批中毒死亡。

（二）临床症状

鸭中毒较轻时，饮欲增加，食欲降低，粪便稀薄混有水，引起鸭舍地面潮湿；雏鸭可见不断鸣叫，无目的地冲撞，头向后仰。严重中毒时，表现为精神委顿，食欲废绝，口鼻流黏液，嗉囊肿大，腹泻，后期步态不稳或瘫痪，呈昏迷状态渐至衰竭死亡。病变主要为皮下组织水肿，腹腔和心包积水，肺水肿，胃肠道黏膜充血、出血，嗉囊内充满黏性液体，黏膜脱落，脑膜血管充血扩张。

（三）防治

使用配合饲料时，对所用鱼粉或干鱼等要测定其含盐量，或估计盐分多少，以决定其添加量，使配合饲料的含盐量控制在0.35%左右，防止中毒事故的发生。发现食盐中毒时，立即停用原饲料和饮水，改换新鲜充足淡水或糖水，症状可逐渐好转。中毒严重时，要限制供给饮水，每隔1小时让其饮水15分钟左右，以免一次大量饮水，加重组织水肿。

第七章　生态养鸭中鸭场的经营管理

鸭场通过经营管理，使鸭场的人、财、物等生产要素和资源进行合理的配置，以最少的消耗获得尽可能多的产品产出和最大的经济效益。

第一节　经营管理及决策

一、经营管理

经营是指在国家法律、条例所允许的范围内，面对市场的需要，根据企业内部和外部的环境条件，合理地确定企业的生产方向和经营总目标，合理组织企业的供、产、销活动，以求用最少的人、财、物消耗，取得最多的物质产出和最大的经济效益（利润）；管理是指根据企业经营的总目标，对企业生产总过程的经济活动进行计划、组织、指挥、调节、控制、监督和协调等工作。

经营和管理是统一体，统一在企业整个生产经营活动中，是相互联系、相互制约、相互依存的统一体的两个组成部分。但两者也是有区别的。经营的重点是经济效益，而管理的重点是讲求效率；经营主要解决企业的生产方向和企业目标等根本性问题，偏重于宏观决策，而管理主要是在经营目标已定的前提下，如何组织和以怎样的效率实现的问题，偏重于微观调控。

鸭场的经营管理是指为实现一定的经营目标，按照鸭只的生物学规律和经济规律，运用经济、法律、行政及现代科学技术和管理手段，对鸭场的生产、销售、劳动报酬、经济核算等活动进行计划、组织和调控的科学，其核心是充分、有效地利用鸭场的人力、物力和财力，以达到高产和高效的目的。

二、经营决策

经营决策是鸭场为了确定远期和近期的经营目标和实现这些目标对有关的一些重大问题做出最优的选择的决断过程。鸭场经营决策的内容很多，大至鸭场的生产经营方向、经营目标、远景规划，小到规章制度的制定、生产活动的具体安排等。鸭场饲养管理人员每时每刻都在决策，决策正确与否，直接影响到经营效果。正确的决策是建立在科学预测的基础上的，通过收集大量的有关的经济信息，进行科学预测后，才能进行决策。正确的决策必须遵循一定的决策程序，采用科学的方法。

（一）决策的程序

1. 提出问题　即确定决策的对象或事件。也就是要决策什么或对什么进行决策，如确定经营方向、饲料配方、饲养方式、治疗什么疾病等。

2. 确定决策目标　决策目标是指对事件做出决策并付诸行动之后所要达到的预期结果。如经营项目和经营规模的决策目标是，一定时期内使销售收入和利润达到多少；蛋鸭饲料配方的决策目标是，使单位产品的饲料成本降低到多少、产蛋率和产品品质达到何种水平。发生疾病时的决策目标是治愈率多高，有了目标，拟定和选择方案就有了依据。

3. 拟订多种可行方案　多谋才能善断，只有设计出多种方案，才可能选出最优的方案。

4. 选择方案　根据决策目标的要求，运用科学的方法，对各种可行方案进行分析比较，从中选出最优方案。

5. 贯彻实施与信息反馈 最优方案选出之后，贯彻落实、组织实施，并在实施过程中进行跟踪检查，发现问题，查明原因，采取措施，加以解决。如果发现客观条件发生了变化，或原方案不完善甚至不正确，就要启用备用方案，或对原方案进行修改。

（二）常用的决策方法

经营决策的方法较多，生产中常用的决策方法有下面几种：

1. 比较分析法 将不同的方案所反映的经营目标实现程度的指标数值进行对比，从中选出最优方案的一种方法。如对不同品种的饲养结果分析，可以选出一个能获得较好的经济效益的品种。

2. 综合评分法 综合评分法就是通过选择对不同的决策方案影响都比较大的经济技术指标，根据它们在整个方案中所处的地位和重要性，确定各个指标的权重，对各个方案的指标进行评分，并依据权重进行加权得出总分，以总分的高低选择决策方案的方法。例如在鸭场决策中，选择建设鸭舍时，往往既要投资效果好，又要设计合理、便于饲养管理，还要有利于防疫等，这类决策称为多目标决策。这些目标（指标）对不同方案的反映有的是一致的，有的是不一致的，采用对比法往往难以提出一个综合的数量概念，为求得一个综合的结果，需要采用综合评分法。

3. 盈亏平衡分析法 盈亏平衡分析法又叫量、本、利分析法，是通过揭示产品的产量、成本和盈利之间的数量关系进行决策的一种方法。产品的成本划分为固定成本和变动成本。固定成本如鸭场的管理费、固定职工的基本工资、折旧费等，不随产品产量的变化而变化；变动成本是随着产销量的变动而变动的，如饲料费、燃料费和其他费用。利用成本、价格、产量之间的关系列出总成本的计算公式：

$$PQ = F + QV + PQX$$

$$Q = F/[P(1 - X) - V]$$

式中：F——某种产品的固定成本；

X——单位销售额的税金；

V——单位产品的变动成本；

P——单位产品的价格；

Q——盈亏平衡时的产销量。

如企业计划获利 R 时的产销量 Q_R 为

$$Q_R = (F + R)/[P(1 - X) - V]$$

盈亏平衡公式可以解决如下问题：

（1）规模决策。当产量达不到保本产量，产品销售收入小于产品总成本，就会发生亏损，只有在产量大于保本点条件下，才能赢利，因此，保本点是企业生产的临界规模。

（2）价格决策。产品的单位生产成本与产品产量之间存在下面的关系：

$$CA(\text{单位产品生产成本}) = F/(Q + V)$$

即随着产量的增加，单位产品的生产成本会下降，可依据销售量做出价格决策。

4. 决策树法　决策树法是指利用树形决策图进行决策。基本步骤：绘制树形决策图，然后计算期望值，最后剪枝，确定决策方案。如某牧场可以养蛋鸭、肉鸭，其年赢利额如表7-1所示，请做出决策选择。

表 7-1　不同方案在不同状态下的年赢利额　（单位：万元）

	概率	养鸭			
		蛋鸭		肉鸭	
		畅销 0.9	滞销 0.1	畅销 0.8	滞销 0.2
饲料涨价 A	0.3	15 万元	-20 万元	20 万元	-5 万元
饲料持平 B	0.5	30 万元	-10 万元	25 万元	10 万元
饲料降价 C	0.2	45 万元	5 万元	40 万元	20 万元

（1）绘制决策树型示意图。决策树型如图 7-1 所示。图中□表示决策点，由它引出的分枝叫决策方案枝；○表示状态点，由它引出的分枝叫状态分枝，上面标明了这种状态发生的概率；△表示结果点，它后面的数字是某种方案在某状态下的收益值。

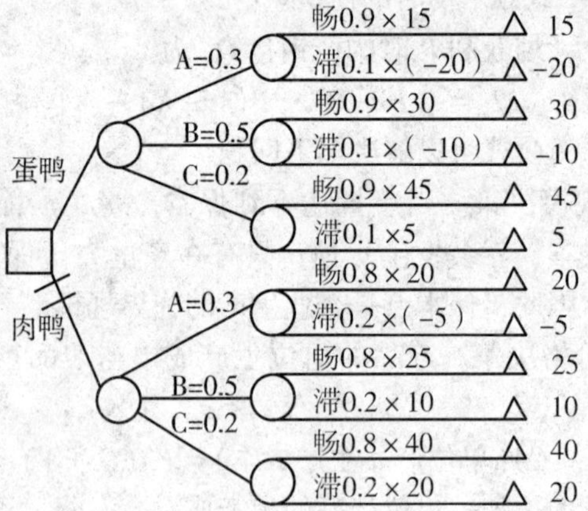

图 7-1　决策树型

（2）计算期望值。

蛋鸭=[0.9×15+0.1×(−20)]×0.3+[0.9×30+0.1×(−10)]×0.5+[0.9×45+0.1×5]×0.2=24.7

肉鸭=[0.8×20+0.2×(−5)]×0.3+[0.8×25+(0.2×10)]×0.5+[0.8×40+0.2×20]×0.2=22.7

（3）剪枝。由于蛋鸭的期望值是 24.7，大于肉鸭的期望值，剪掉肉鸭项目，留下的蛋鸭项目就是较好的项目。

第二节　计划管理

计划是决策的具体化，计划管理是经营管理的重要职能。计划管理就是根据鸭场确定的目标，制订各种计划，用以组织协调全部的生产经营活动，达到预期的目的和效果。鸭场的计划主要包括鸭群周转计划、产品生产计划、孵化计划、饲料使用计划和其他计划。鸭群周转计划是制订其他各项计划的基础，只有制订好周转计划，才能制订饲料计划、产品计划和引种计划。

一、鸭群周转计划

鸭群周转计划见表 7-2。

表 7-2　鸭群周转计划表

类型	年初结构		月份												总计	年末结构	备注
			1	2	3	4	5	6	7	8	9	10	11	12			
种母鸭		转入															
		转出															
		出售															
		淘汰															
		死亡															
种公鸭		转入															
		转出															
		出售															
		淘汰															
		死亡															

续表

类型	年初结构		月份												总计	年末结构	备注
			1	2	3	4	5	6	7	8	9	10	11	12			
雏鸭		转入															
		转出															
		出售															
		淘汰															
		死亡															
青年鸭		转入															
		转出															
		出售															
		淘汰															
		死亡															
肉用仔鸭		转入															
		转出															
		出售															
		淘汰															
		死亡															

二、产品生产计划

产品生产计划见表 7-3。

表 7-3　产品生产计划表

产品名称	年内各月产品量												总计	肉鸭活重/千克	备注
	1	2	3	4	5	6	7	8	9	10	11	12			
种蛋数/枚															
雏鸭数/只															

续表

产品名称	年内各月产品量												总计	肉鸭活重/千克	备注
	1	2	3	4	5	6	7	8	9	10	11	12			
商品蛋数/千克															
商品肉鸭/千克															
鸭毛（绒）/千克															

三、孵化计划

孵化计划见表 7–4。

表 7–4 孵化计划表

项目		月份												总计	备注
		1	2	3	4	5	6	7	8	9	10	11	12		
种蛋	数量/枚														
	合格率/%														
入孵	数量/枚														
	头照检出/枚														
	二照检出/枚														
	毛蛋检出/枚														
出雏	雏禽数/只														
	孵化率/%														

四、饲料使用计划

饲料使用计划见表 7–5。

表 7–5 饲料使用计划

项目		只数	饲料消耗总量/千克	能量饲料量/千克	蛋白质饲料量/千克	矿物质饲料量/千克	添加剂饲料量/千克	饲料支出/元
1月份(31天)	种母鸭							
	种公鸭							
	育雏鸭							
	育成鸭							
	肉用仔鸭							
2月份(28天)	种母鸭							
	种公鸭							
	育雏鸭							
	育成鸭							
	肉用仔鸭							
3月份(31天)								
全年各类饲料合计								

五、年财务收支计划

年财务收支计划见表 7–6。

表 7–6 年财务收支计划表

收入		支出		备注
项目	金额/元	项目	金额/元	
淘汰鸭		种（苗）鸭费		
肉鸭		饲料费		
种蛋		折旧费（建筑、设备）		
商品蛋		燃料、药品费		
鸭毛（绒）		基建费		

续表

收入		支出		备注
项目	金额/元	项目	金额/元	
其他		设备购置维修费		
		水电费		
		管理费		
		其他		
合计		合计		

第三节　生产运行过程管理

一、制定技术操作规程

技术操作规程是鸭场按照科学原理制定的日常作业的技术规范。鸭群管理中的各项技术措施和操作等均通过技术操作规程加以贯彻。同时，它也是检验生产的依据。不同饲养阶段的鸭群，按其生产周期制定不同的技术操作规程，如育雏（或育成鸭、种鸭、肉鸭）技术操作规程。

技术操作规程的主要内容包括、对饲养任务提出生产指标，使饲养人员有明确的目标；指出不同饲养阶段鸭群的特点及饲养管理要点；按不同的操作内容分段列条、提出切合实际的要求等。技术操作规程的指标要切合实际，条文要简明具体，易于落实执行。

二、制定日工作程序

日工作程序规定鸭场每天从早到晚的各个时间段内的常规操作，使饲养管理人员有规律地完成各项任务。

三、制定综合防疫制度

为了保证鸭群的健康和安全生产，鸭场必须制定严格的防疫措施，规定对场内外人员、车辆、场内环境、装蛋放鸭的容器进行及时或定期的消毒，鸭舍在空出后的冲洗、消毒，各类鸭群的免疫，种鸭群的检疫等。

四、劳动组织管理

（一）生产组织精简高效

生产组织与鸭场规模大小有密切关系，规模越大，生产组织就越重要。规模化鸭场一般设置有行政、生产技术、供销财务和生产班组等组织部门，部门设置和人员安排尽量精简，提高直接从事养鸭生产的人员比例，最大限度地降低生产成本。

（二）人员合理安排

鸭是一项既脏、苦又专业性较强的工作，所以，必须根据工作性质来合理地安排人员，知人善用，充分调动饲养管理人员的劳动积极性和提高专业技术水平。

（三）建立健全岗位责任制

岗位责任制规定了鸭场每一个人员的工作任务、工作目标和标准。完成者奖励，完不成者被罚，这不仅可以保证鸭场各项工作的顺利完成，而且能够充分调动劳动者的积极性，使生产完成得更好，生产的产品更多，各种消耗更少。

五、记录管理

记录管理是指将鸭场生产经营活动中的人、财、物等消耗情况及有关事情记录在册，并进行规范、计算和分析。鸭场缺乏记录资料，导致管理者和饲养者对生产经营情况都不清楚，不利于成本核算和提高经济效益。

（一）记录管理的作用

1. 鸭场记录反映鸭场生产经营活动的状况　完善的记录可将整个鸭场的动态与静态记录无遗。管理者和饲养者通过记录不仅可以了解现阶段鸭场的生产经营状况，而且可以了解过去鸭场的生产经营情况，有利于对比分析和做出正确的预测和决策。

2. 鸭场记录是经济核算的基础　详细的鸭场记录包括了各种消耗、鸭群的周转及死亡淘汰等变动情况、产品的产出和销售情况、财务的支出和收入情况、饲养管理情况等，这些都是进行经济核算的基本材料。

3. 鸭场记录是提高管理水平和效益的保证　通过详细的鸭场记录，并对记录进行整理、分析和必要的计算，可以不断发现生产和管理中的问题，并采取有效的措施来解决这些问题，不断提高管理水平和经济效益。

（二）鸭场记录的原则

1. 及时准确　及时是根据不同记录要求，在第一时间认真填写，不拖延、不积压，避免出现遗忘和虚假；准确是按照鸭场当时的实际情况进行记录，不夸大，也不缩小，实实在在。数据要真实，不能虚构。如果记录不准确，将失去记录的真实可靠性，这样的记录是毫无价值的。

2. 简洁完整　记录工作烦琐，不易持之以恒地去实现，所以设置的各种记录簿册和表格力求简明扼要，通俗易懂，便于记录；完整是指记录要全面系统，最好设计成不同的记录册和表格，并且填写完全、工整，易于辨认。

3. 便于分析　记录的目的是为了分析鸭场生产经营活动的情况，因此在设计表格时，要考虑记录下来的资料便于整理、归类和统计。为了与其他鸭场进行横向比较和与本鸭场过去进行纵向比较，还应注意记录内容的可比性和稳定性。

（三）鸭场记录的内容

鸭场记录的内容因鸭场的经营方式与所需的资料而有所不同，一般应包括以下内容。

1. 生产记录

（1）鸭群生产情况记录。包括鸭的品种、饲养数量、饲养日期、死亡淘汰、产品产量等。

（2）饲料记录。将每日不同鸭群（或以每栋或栏或群为单位）所消耗的饲料按其种类、数量及单价等记录下来。

（3）劳动记录。记载每天出勤情况，工作时数、工作类别及完成的工作量、劳动报酬等。

2. 财务记录

（1）收支记录。包括出售产品的时间、数量、价格、去向及各项支出情况。

（2）资产记录。固定资产类，包括土地、建筑物、机器设备等的占用和消耗；库存物资类，包括饲料、兽药、在产品、产成品、易耗品、办公用品等的消耗数、库存数量及价值；现金及信用类，包括现金、存款、债券、股票、应付款、应收款等。

3. 饲养管理记录

（1）饲养管理程序及操作记录。包括饲喂程序、光照程序、鸭群的周转、环境控制等记录。

（2）疾病防治记录。包括隔离消毒情况、免疫情况、发病情况、诊断及治疗情况、用药情况、驱虫情况等。

（四）鸭场生产记录表格

1. 育雏育成鸭记录表格　育雏育成鸭记录见表 7-7。

表 7-7 育雏育成鸭周报表

日期	日龄	鸭数	死淘数	喂料量	温度	湿度	通风	光照	其他
	1								
	2								
	3								
	4								
	5								
	6								
	7								

标准体重________平均体重________平均体重均匀度________

2. 产蛋和饲料消耗记录表格 产蛋和消耗记录见表 7-8。

表 7-8 产蛋和饲料消耗记录表

品种____鸭舍栋号____填表人____

日期	日龄	鸭数/只	死亡淘汰/只	饲料消耗/千克		种蛋				饲养管理情况	其他情况
				总耗量	只耗量	产蛋数量/枚	破蛋率/%	合格数/枚	不合格数/枚		

3. 收支记录表格 收支记录见表 7-9。

表 7-9 收支记录表格

收入		支出		备注
项目	金额/元	项目	金额/元	
合计		合计		

（五）鸭场记录的分析

通过对鸭场的记录进行整理、归类，可以进行分析。分析是通过一系列分析指标的计算来实现的。利用成活率、母鸭存活率、产蛋数、种蛋数、饲料转化率等技术效果指标，分析生产资源的投入和产出、产品数量的关系及各种技术的有效性和先进性。利用经济效果指标，分析生产单位的经营效果和赢利情况，为鸭场的生产提供依据。

六、产品销售管理

（一）销售预测

规模鸭场的销售预测是在市场调查的基础上，对产品的趋势做出正确的估计。产品市场是销售预测的基础，市场调查的对象是已经存在的市场情况，而销售预测的对象是尚未形成的市场情况。产品销售预测分为长期预测、中期预测和短期预测。长期预测指 5~10 年的预测；中期预测一般指 2~3 年的预测；短期预测一般为每年内各季度月份的预测，主要用于指导短期生产活动。进行预测时可采用定性预测和定量预测两种方法，定性预测是指对对象未来发展的性质方向进行判断性、经验性的预测，定量预测是通过定量分析对预测对象及其影响因素之间的密切程度进行的预测。两种方法各有所长，应从当前实际情况出发，综合使用。鸭场的产品虽然只有肉鸭和淘汰鸭，但其产品可以有多种定位，要根据市场需要和销售价格，结合鸭场情况有目的进行生产，以获得更好效益。

（二）销售决策

影响企业销售规模的因素有两个：一是市场需求，二是鸭场的销售能力。市场需求是外因，是鸭场外部环境对企业产品销售提供的机会；销售能力是内因，是鸭场内部自身可控制的因素。对具有较高市场开发潜力但目前在市场上占有率低的产品，应加强产品的销售推广宣传工作，尽力扩大市场占有率；对具有较高的市场开发潜力且在市场有较高占有率的产品，应有足够的投资以维持市场占有率，但由于其成长期潜力有限，过多投资则无益；对那些市场开发潜力小且市场占有率低的产品，要考虑调整企业产品组合。

（三）销售计划

鸭产品的销售计划是鸭场经营计划的重要组成部分，科学地制订产品销售计划，是做好销售工作的必要条件，也是科学制订鸭场生产经营计划的前提。销售计划的主要内容包括销售量、销售额、销售费用、销售利润等。制订销售计划的核心问题是完成企业的销售管理任务，能够在最短的时间内销售产品，争取到理想的价格，及时收回贷款，取得较好的经济效益。

（四）销售形式

销售形式是指产品从生产领域进入消费领域，由生产单位传送到消费者手中所经过的途径和采取的销售形式。依据不同服务领域和不同收购部门经销范围而各不相同，主要包括国家预购、国家订购、外贸流通、鸭场自行销售、联合销售、合同销售等六种形式。合理的销售形式可以加速产品的传送过程，节约流通费用，减少流通过程的消耗，更好地提高产品的价值。目前，鸭场自行销售已经成为主要的渠道，自行销售可直销，销售价格高，但销量有限；也可以选择一些大型的商场或大的消费单位进行销售。

（五）销售管理

鸭场销售管理包括销售市场调查、营销策略及计划的制订、促销措施的落实、市场的开拓、产品售后服务等。市场营销需要研究消费者的需求状况及其变化趋势；在保证产品质量并不断提高的前提下，利用各种机会、各种渠道刺激消费、推销产品，需做好以下三个方面的工作。

1. 加强宣传、树立品牌　有了优质产品，还需要加强宣传，将产品推销出去。广告是被市场经济所证实的一种良好的促销手段，应很好地利用。一个好企业，首先必须对企业形象及其产品包装（含有形和无形）进行策划设计，并借助广播、电视、报刊等各种媒体进行广告宣传，以提高企业及产品的知名度，在社会上树立起良好的形象，创造产品品牌，从而促进产品的销售。

2. 加强营销队伍建设　一是要根据销售服务和劳动定额，合理增加促销人员，加强促销力量，不断扩大促销辐射面，使促销人员无所不及。二是要努力提高促销人员业务素质。促销人员的素质高低，直接影响着产品的销售。因此，要经常对促销人员进行业务知识的培训和职业道德、敬业精神的教育，使他们以良好的素质和精神面貌出现在用户面前，为用户提供满意的服务。

3. 积极做好售后服务　售后服务是企业争取用户信任、巩固老市场、开拓新市场的关键。因此，种鸭场要高度重视，扎实认真地做好此项工作。在服务上，一是要建立售后服务组织，经常深入用户做好技术咨询服务；二是对出售的种鸭等提供防疫、驱虫程序及饲养管理等相关技术资料和服务跟踪卡，规范售后服务，并及时通过用户反馈的信息，改进鸭场的工作，加快鸭场的发展。

第四节　经济核算

一、资产核算

（一）流动资产核算

流动资产是指可以在一年内或者超过一年的一个营业周期内变现或者运用的资产。流动资产是企业生产经营活动的主要资产，主要包括鸭场的现金、存款、应收款及预付款、存货（原材料、在产品、产成品、低值易耗品）等。流动资产周转状况影响产品的成本。流动资产核算就是促进流动资金的周转，减少流动资金占用量。加快流动资产周转的措施有以下几点。

1. 加强流动资产管理　加强采购物资的计划性，防止盲目采购，合理地储备物质，避免积压资金；加强物资的保管，定期对库存物资进行清查，防止鼠害和霉烂变质。

2. 减少占用量　科学地组织生产过程，采用先进技术，尽可能缩短生产周期，节约使用各种材料和物资，减少在产品资金占用量；及时销售产品，缩短产成品的滞留时间；及时清理债权债务，加速应收款的回收，减少成品资金和结算资金的占用量。

（二）固定资产核算

固定资产是指使用年限在一年以上，单位价值在规定的标准以上，并且在使用中长期保持其实物形态的各项资产。鸭场的固定资产主要包括建筑物、道路、种鸭以及其他与生产经营有关的设备、器具、工具等。

1. 固定资产特征　固定资产一经投产，其价值随着磨损程度逐渐转移与补偿，经过多个生产周期，才完成全部价值的一次循环。其循环周期的长短，不仅取决于决定固定资产使用时间长短和自身物理性能的耐用程度，而且取决于固定资产的经济寿命，因科学技术的发展趋势，需从经济效果上考虑固定资产的经济使用年限。固定资产投资是一次全部支付，回收是分次的逐步的。这就要求在决定固定资产投资时，必须进行科学的、周密的规划和设计，除了研究投资项目的必要性外，还必须考虑技术上的可能性和经济上的合理性。固定资产的价值补偿是逐渐完成的，而实物更新利用是经多次价值补偿积累的货币准备基金来实现的。固定资产的价值补偿是其实物更新的必要条件，不积累足够的货币准备基金就没有可能实现固定资产的实物更新。因此，鸭场应有计划地提取、分配和使用固定资产的折旧基金。

2. 固定资产的折旧

（1）固定资产折旧。固定资产在长期使用中，要发生损耗。

损耗可分为有形损耗（指固定资产由于使用或者由于自然力的作用，使固定资产物质上发生磨损）和无形损耗（由于劳动生产率提高和科学技术进步而引起的固定资产价值的损失）。固定资产在使用过程中，由于损耗而发生的价值转移称为折旧，由于固定资产损耗而转移到产品中去的那部分价值叫折旧费或折旧额，用于固定资产的更新改造。

（2）折旧的计算方法。鸭场提取固定资产折旧，一般采用平均年限法和工作量法。

1）平均年限法：是指根据固定资产的使用年限，平均计算各个时期的折旧额，因此也称直线法。其计算公式为

$$\text{固定资产年折旧额}=\frac{[\text{原值}-(\text{预计残值}-\text{清理费用})]}{\text{固定资产预计使用年限}}$$

2）工作量法：是指按照使用某项固定资产所提供的工作量，计算出单位工作量平均应计提折旧额后，再按各期使用固定资产所实际完成的工作量，计算应计提的折旧额。这种折旧计算方法，适用于一些机械等专用设备。其计算公式为

$$\text{单位工作量折旧额}=\frac{(\text{固定资产原值}-\text{预计净残值})}{\text{总工作量}}$$

3. 提高固定资产利用效果的途径

（1）加强固定资产管理。建立严格的使用、保养和管理制度，对不需用的固定资产应及时采取措施，以免浪费，注意提高机器设备的时间利用强度和生产能力的利用程度。

（2）合理建设和购置。根据轻重缓急，合理购置和建设固定资产，把资金使用在经济效果最大而且在生产上迫切需要的项目上；购置和建造固定资产要量力而行，做到与单位的生产规模和财力相适应。

（3）配套完备。各类固定资产务求配套完备，注意加强设备的通用性和适用性，使固定资产能充分发挥效用。

二、成本核算

产品的生产过程实际是生产的耗费过程。生产过程的耗费包括劳动对象（如饲料）的耗费、劳动手段（如生产工具）的耗费及劳动力的耗费等。企业为生产一定数量和种类的产品而发生的直接材料费（包括直接用于产品生产的原材料、燃料动力费等）、直接人工费（直接参加产品生产的工人工资及福利费）和间接制造费的总和构成产品成本。

产品成本是一项综合性很强的经济指标，它反映了企业的技术实力和整个经营状况。鸭的品种是否优良，饲料质量好坏，饲养技术水平高低，固定资产利用的好坏，人工耗费的多少等，都可以通过产品成本反映出来。所以，鸭场通过成本和费用核算，可找出成本升降的原因，降低成本费用，提高产品的竞争能力和盈利能力。

（一）做好成本核算的基础工作

1. 建立健全各项原始记录　原始记录计算产品成本的依据，直接影响着产品成本计算的准确性。如原始记录不实，就不能正确反映生产耗费和生产成果，就会使成本计算变为“假账真算”，成本核算就失去了意义。所以，饲料、燃料动力的消耗，原材料、低值易耗品的领退，生产工时的耗用，以及畜禽变动，畜群周转、畜禽死亡淘汰、产出产品等原始记录，都必须认真如实地登记。

2. 建立健全各项定额管理制度　鸭场要制定各项生产要素的耗费标准（定额），不管是饲料、燃料动力，还是费用工时、资金占用等，都应制定比较先进、切实可行的定额。定额的制定应建立在先进的基础上，对经过十分努力仍然达不到的定额或不需要努力就很容易达到的定额，要及时进行修订。

3. 加强财产物质的计量、验收、保管、收发和盘点制度

财产物资的实物核算是其价值核算的基础。做好各种物资的计量、收集和保管工作，是加强成本管理、正确计算产品成本的前提条件。

（二）鸭场成本的构成项目

1. 饲料费 饲料费是指在饲养过程中耗用的自产和外购的混合饲料和各种饲料原料。凡是购入的按买价加运费计算，自产饲料一般按生产成本（含种植成本和加工成本）进行计算。

2. 劳务费 劳务费是指从事养鸭的生产管理劳动，包括饲养、清粪、捡蛋、防疫、捉鸭、消毒、购物运输等所支付的工资、资金、补贴和福利等。

3. 新母鸭培育费 新母鸭培育费是指从雏鸭出壳养到产蛋的所有生产费用。如购买育成新母鸭，按买价计算；自已培育的母鸭，按培育成本计算。

4. 医疗费 医疗费是指用于鸭群的生物制剂、消毒剂，以及检疫费、化验费、专家咨询服务费等。但已包含在育成新母鸭成本中的费用和配合饲料中的药物及添加剂费用不必重复计算。

5. 固定资产折旧维修费 固定资产折旧维修费是指鸭舍、笼具和专用机械设备等固定资产的基本折旧费及修理费。根据鸭舍结构、设备质量、使用年限来计损。如是租用土地，应加上租金；土地、鸭舍等都是租用的，只计租金，不计折旧。

6. 燃料动力费 燃料动力费是指饲料加工、鸭舍保暖、排风、供水、供气等耗用的燃料和电力费用，这些费用按实际支出的数额计算。

7. 利息 利息是指对固定投资及流动资金一年中支付利息的总额。

8. 杂费 杂费包括低值易耗品费用、保险费、通信费、交通费、搬运费等。

9. 税金 税金是指用于养鸭生产的土地、建筑设备及生产销售等一年内应交的税金。

以上九项构成了鸭场的生产成本，从构成成本比重来看，饲料费、新母鸭培育费、人工费、折旧费、利息五项金额较大，是成本项目构成的主要部分，应当重点控制。

（三）成本的计算方法

成本的计算方法分为分群核算和混群核算。

1. 分群核算　分群核算的对象是每种畜的不同类别，如种鸭群、育雏群、育成群、肉鸭群等，按鸭群的不同类别分别设置生产成本明细账户，分别归集生产费用和计算成本。鸭场的主产品是鲜蛋、种蛋、淘汰鸭和肉鸭，副产品是粪便的收入。鸭场的饲养费用包括育成鸭的价值、饲料费用、折旧费、人工费等。

（1）鲜蛋成本。

$$\text{每千克鲜蛋成本（元/千克）}=\frac{\text{[蛋鸭生产费用-蛋鸭残值-非鸭蛋收入（包括粪便、死淘鹅等收入）]}}{\text{入舍母鸭总产蛋量（千克）}}$$

（2）种蛋成本。

$$\text{每枚种蛋成本（元/枚）}=\frac{\text{[种鸭生产费用-种鸭残值-非种蛋收入（包括鸭粪、商品蛋、淘汰鸭等收入）]}}{\text{入舍种母鸭出售种蛋数}}$$

（3）雏鸭成本。

$$\text{每只雏鸭成本}=\frac{\text{(全部的孵化费用-副产品价值)}}{\text{成活一昼夜的雏禽只数}}$$

（4）鸭肉成本。

$$\text{每千克肉鸭成本}=\frac{\text{(基本鸭群的饲养费用-副产品价值)}}{\text{禽肉总重量}}$$

（5）育雏鸭成本。

$$\text{每只育雏鸭成本}=\frac{\text{(育雏期的饲养费用-副产品价值)}}{\text{育雏期末存活的雏鸭数}}$$

（6）育成鸭成本。

$$\text{每只育成鸭成本}=\frac{\text{(育雏育成期的饲养费用-粪便、死淘鸭收入)}}{\text{育成期末存活的鸭数}}$$

2. 混群核算 混群核算的对象是每类畜禽，如牛、羊、猪、鸭等，按畜禽种类设置生产成本明细账户归集生产费用和计算成本。资料不全的小规模鸭场常用该方法。

（1）种蛋成本。

$$\text{每个种蛋成本（枚/个）}=\frac{\text{[期初存栏种鸭价值+购入种鸭价值+本期种鸭饲养费-期末种鸭存栏价值-出售淘汰种鸭价值-非种蛋收入（商品蛋、鸭粪等的收入）]}}{\text{本期收集种蛋数}}$$

（2）鸭蛋成本。

$$\text{每千克鸭蛋成本（元/千克）}=\frac{\text{(期初存栏蛋鸭价值+购入蛋鸭价值+饲养期鸭饲养费用-期末鸭存栏价值-淘汰出售鸭价值-鸭粪收入)（元）}}{\text{本期产蛋总重量（千克）}}$$

（3）肉鸭成本。

$$\text{每千克肉鸭成本（元/千克）}=\frac{\text{(期初存栏鸭价值+购入鸭价值+饲养期鸭饲养费用-期末鸭存栏价值-淘汰出售鸭价值-鸭粪收入)（元）}}{\text{本期产蛋总重量（千克）}}$$

三、赢利核算

赢利核算是对鸭场的赢利进行观察、记录、计量、计算、分析和比较等工作的总称。赢利也称税前利润，是企业在一定时期内货币表现的最终经营成果，是考核企业生产经营好坏的一个重要经济指标。

（一）赢利的核算公式

赢利=销售产品价值-销售成本=利润+税金

（二）衡量赢利效果的经济指标

1. 销售收入利润率　表明产品销售利润在产品销售收入中所占的比重。销售收入利润率越高，说明经营效果越好。

$$\text{销售收入利润率}=\frac{\text{产品销售利润}}{\text{产品销售收入}}\times 100\%$$

2. 销售成本利润率　反映生产消耗的经济指标，在畜产品价格、税金不变的情况下，产品成本愈低，销售利润愈多，销售成本利润率愈高。

$$\text{销售成本利润率}=\frac{\text{产品销售利润}}{\text{产品销售成本}}\times 100\%$$

3. 产值利润率　说明实现百元产值可获得多少利润，用以分析生产增长和利润增长比例关系。

$$\text{产值利润率}=\frac{\text{利润总额}}{\text{总产值}}\times 100\%$$

（三）资金利润率

资金利润率把利润和占用资金联系起来，反映资金占用效果，具有较大的综合性。

$$\text{资金利润率}=\frac{\text{利润总额}}{\text{流动资金和固定资金的平均占用额}}\times 100\%$$

附　录

附录一　常用的化学消毒剂

类型	概述	机制	产品	效果
含氯消毒剂	指在水中能产生具有杀菌作用的活性次氯酸的一类消毒剂	氧化作用（氧化微生物细胞使其丧失生物活性）；氯化作用（与微生物蛋白质形成氮-氯复合物而干扰细胞代谢）；新生态氧的杀菌作用（次氯酸分解出具强氧化性的新生态氧杀灭微生物）	优氯净、强力消毒净、速效净、消洗液、消佳净、84消毒液、二氯异氰尿酸和三氯异氰尿酸复方制剂	杀灭肠杆菌和球菌、牛结核分枝杆菌、金色葡萄球菌和口蹄疫、猪轮状病毒、传染性水疱病毒和胃肠炎病毒及新城疫、法氏囊、小鸭瘟病毒
碘附消毒剂	包括碘及以碘为主要成分制成的各种制剂	碘的正离子与酶系统中蛋白质所含的氨基起亲电取代反应，使蛋白质失活；碘的正离子具氧化性，能对膜联酶中的硫氢基进行氧化，成为二硫键，破坏酶的活性	碘仿、威力碘、PVPI、喷雾灵	杀死细菌、真菌、芽孢、病毒、结核杆菌、阴道毛滴虫、梅毒螺旋体、沙眼衣原体等

续表

类型	概述	机制	产品	效果
醛类消毒剂	包括甲醛和戊二醛的使用最早的一类化学消毒剂	可与菌体蛋白质中的氨基结合使其变性或使蛋白质分子烷基化。可与细胞壁脂蛋白发生交联，和细胞磷壁酸中的酯联残基形成侧链，封闭细胞壁，阻碍微生物对营养物质的吸收和废物的排出	戊二醛、甲醛、丁二醛、乙二醛和复合制剂	杀灭细菌、芽孢、真菌和病毒
氧化剂类	是一些含不稳定结合态氧的化合物	这类化合物遇到有机物和某些酶可释放出初生态氧，破坏菌体蛋白或细菌的酶系统呈现抑菌或杀菌作用。分解后产生的各种自由基破坏微生物的通透性屏障和蛋白质、氨基酸、酶等而导致微生物死亡	过氧化氢（双氧水）、臭氧（三原子氧）、高锰酸钾	杀灭多种微生物，对细菌繁殖体、病毒、真菌和枯草杆菌黑色变种芽孢有较好杀灭作用；对原虫和虫卵也有很好的杀火作用
复合酚类	是我国生产的一种新型、广谱、高效消毒剂（含酚41%～49%，醋酸22%～26%）	使微生物原浆蛋白质变性，沉淀或使氧化酶、去氢酶、催化酶失活而产生杀菌或抑菌作用。本品对人畜有毒，且气味滞留，用于空舍消毒	菌毒敌、消毒灵、农乐、畜禽安、杀特灵等	对细菌、真菌、和带膜病毒具有灭活作用。对多种寄生虫卵也有一定杀灭作用

续表

类型	概述	机制	产品	效果
表面活性剂	生产中常用阳离子表面活性剂	吸附到菌体表面。改变细胞渗透性，溶解损伤细胞使菌破裂，胞内容物外流；表面活性物在菌体表面浓集，阻碍细菌代谢，使细胞结构紊乱；渗透到菌体内使蛋白质发生变性和沉淀；破坏细菌酶系统	新洁尔灭、度米芬、百毒杀、凯威1210、K安、消毒净	对各种细菌有效，对马立克病、新城疫、猪瘟、法氏囊、口蹄疫等病毒均有良好效果。对无囊膜病毒消毒效果不好
其他消毒剂	醇类消毒剂	使蛋白质变性沉淀；快速渗透过细菌胞壁进入菌体内，溶解破坏细菌细胞；抑制细菌酶系统，阻碍细菌正常代谢	乙醇、异丙醇	可快速杀灭多种微生物，如细菌繁殖体、真菌和多种病毒，但不能杀灭细菌芽孢
	双胍类消毒剂	破坏细胞膜；抑制细菌酶系统；直接凝集细胞质	氯已定	广谱抑菌作用，对细菌繁殖体有较强杀灭作用，但不能杀灭细菌芽孢、真菌和病毒
	强碱	由于氢氧根离子可以水解蛋白质和核酸，使微生物的结构和酶系统受到损害，同时可分解菌体中的糖类	氢氧化钠、氢氧化钾、生石灰	可杀灭细菌、病毒和真菌，腐蚀性强

续表

类型	概述	机制	产品	效果
其他消毒剂	重金属类	重金属主要指汞、银、锌等，因其盐类化合物能与细菌蛋白结合，使蛋白质沉淀而发挥杀菌作用	硫柳汞	高浓度可杀菌，低浓度时仅有抑菌作用
	高效复合消毒剂	首先化解或穿透覆盖于病原微生物表面的异物，然后非特异性地诱导微生物运动，吸引和包裹病原，借助其通透能力溶解病原细胞的胞膜、胞壁或病毒的囊膜，或与病原细胞的某种分子结合	高迪－HB（由多种季铵盐、络合盐、戊二醛、非离子表面活性剂、增效剂和稳定剂）	消毒杀菌作用广谱高效，对各种病原微生物有强大的杀灭作用；作用机制完善；超常稳定；使用安全，应用广泛

附录二　鸭场常用的疫苗

名称	用途、用法用量	保存和有效期
雏鸭肝炎弱毒疫苗	按瓶签注明剂量，加生理盐水或灭菌蒸馏水按100倍液稀释，1日龄雏鸭皮下注射0.1毫升。也可用于种鸭免疫，在产蛋前10天，肌内注射0.5毫升，3~4个月后重复注射1次，可使雏鸭通过被动免疫，预防雏鸭肝炎。1日龄雏鸭免疫接种，免疫期约1个月	-15℃以下保存，有效期1年
鸭瘟鸡胚化弱毒疫苗	按瓶签注明的剂量，加生理盐水或灭菌蒸馏水按1：200倍稀释，20日龄以上鸭肌内注射1毫升；5日龄雏鸭肌注0.2毫升（60日龄应加强免疫1次）。注射疫苗5~7天，即可产生免疫力，免疫期为6~9个月	在-15℃以下保存，有效期为18个月
鸭瘟鸭病毒性肝炎二联疫苗	①使用时按瓶签注明的剂量100羽、250羽份装，则分别用稀释液100毫升、250毫升稀释均匀，1月龄鸭胸部或腿部皮下注射1毫升，鸭产蛋前进行第二次免疫。疾病流行严重地区可于55~60周龄时再加强免疫1次。②初免鸭瘟免疫期为9个月，鸭病毒性肝炎5个月；二免则均可达到9个月。③疫苗可用专门稀释液，如没有该稀释液则可以用无菌生理盐水或无菌蒸馏水、冷开水等代替。④疫苗稀释后4小时内用完，隔夜无效	存放在-15℃以下，有效期1.5年；0℃冻结状态下保存，有效期1年；4~10℃保存，有效期6个月；10~15℃保存，有效期10天
番鸭细小病毒活疫苗	适用于未经免疫种番鸭的后代雏番鸭的预防免疫接种。使用时按瓶签注明剂量稀释，给出壳后48小时内的雏番鸭，每羽皮下注射0.2毫升。接种7天后产生免疫力	放置在-15℃以下保存，有效期18个月

续表

名称	用途、用法用量	保存和有效期
鸭腺病毒蜂胶复合佐剂灭活苗	用时注意振荡均匀。免疫程序为种每羽鸭在产蛋前2~4周龄皮下注射0.5毫升。免疫注射后5~8天可产生免疫力	存放在10~25℃或常温下阴暗处，有效期1.5年
鸭传染性浆膜炎灭活苗	雏鸭每羽胸部肌内注射0.2~0.3毫升，用前充分摇匀。免疫期为3~6个月	放置在8~25℃保存，勿冻结，有效期为1年
鸭大肠杆菌疫苗	用于后备鸭及种鸭的免疫。鸭免疫后10~14天产生免疫力，免疫期4~6个月。免疫注射后种鸭无不良反应，免疫期间，种蛋的受精率高，种母鸭的产蛋率及孵化率均将提高10%~40%及以上，雏鸭成活率明显提高。使用本苗时，应注意振荡均匀。该苗的一个免疫剂量为每只鸭皮下注射1毫升。免疫程序为5周龄左右免疫注射1次，产蛋前2~4周免疫1次，必要时可于产蛋后4~5个月再免疫1次。注意抓鸭时，切忌动作粗暴而造成鸭体损伤、死亡或影响生产性能；如果鸭群正在发生其他疾病，则不能使用本苗	存放在10~25℃或常温下阴暗处，有效期12个月
鸭传染性浆膜炎（鸭疫里杆菌病）-雏鸭大肠杆菌病多价蜂胶复合佐剂二联灭活苗	使用本苗时，注意振荡均匀。1~10日龄雏鸭每羽皮下注射0.5毫升，本病流行严重地区可于17~18日龄再注射1次（0.5~1.0毫升）；20日龄以上鸭皮下注射1毫升。本苗产生免疫力时间快，免疫注射后5~8天可产生免疫力，雏鸭注射本苗可显著提高存活率	存放在10~25℃或常温下阴暗处，有效期1.5年

续表

名称	用途、用法用量	保存和有效期
鸭巴氏杆菌A型苗	用时注意振荡均匀。一个免疫剂量为每羽皮下注射2毫升，如能分成2次注射（隔周1次）每次皮下注射1毫升则效果更好。免疫程序可采用5~7周龄免疫1次，产蛋前2~4周免疫1次，必要时可于产蛋后4~5个月再免疫1次	存放在10~25℃或常温下阴暗处，有效期2年
禽霍乱弱毒菌苗	按瓶签上注明的羽份，加入20%氢氧化铝胶生理盐水稀释并摇匀。3月龄以上的鸭，每羽肌内注射0.5毫升。免疫期为3~5个月	保存在10~15℃或常温下阴暗处，有效期2年
禽霍乱组织灭活苗	2月龄以上鸭，每羽肌内注射2毫升。免疫期3个月	放置在4~20℃常温保存，勿冻结，保存期1年

附录三　允许使用的饲料添加剂品种

类别	饲料添加剂名称
饲料级氨基酸（7种）	*L*-赖氨酸盐酸盐；*DL*-蛋氨酸；*DL*-羟基蛋氨酸；*DL*-羟基蛋氨酸钙；*N*-羟甲基蛋氨酸；*L*-色氨酸；*L*-苏氨酸
饲料级维生素（26种）	β-胡萝卜素；维生素A；维生素A乙酸酯；维生素A棕榈酸酯；维生素D_3；维生素E；维生素E乙酸酯；维生素K_3（亚硫酸氢钠甲萘醌）；二甲基嘧啶醇亚硫酸甲萘醌；维生素B_1（盐酸硫胺）；维生素B_1（硝酸硫胺）；维生素B_2（核黄素）；维生素B_6；烟酸；烟酰胺；D-泛酸钙；DL-泛酸钙；叶酸；维生素B_{12}（氰钴胺）；维生素C（L-抗坏血酸）；L-抗坏血酸钙；L-抗坏血酸-2-磷酸酯；D-生物素；氯化胆碱；L-肉碱盐酸盐；肌醇
饲料级矿物质、微量元素（43种）	硫酸钠；氯化钠；磷酸二氢钠；磷酸氢二钠；磷酸二氢钾；磷酸氢二钾；碳酸钙；氯化钙；磷酸氢钙；磷酸二氢钙；磷酸三钙；乳酸钙；七水硫酸镁；一水硫酸镁；氧化镁；氯化镁；七水硫酸亚铁；一水硫酸亚铁；三水乳酸亚铁；六水柠檬酸亚铁；富马酸亚铁；甘氨酸铁；蛋氨酸铁；五水硫酸铜；一水硫酸铜；蛋氨酸铜；七水硫酸锌；一水硫酸锌；无水硫酸锌；氨化锌；蛋氨酸锌；一水硫酸锰；氯化锰；碘化钾；碘酸钾；碘酸钙；六水氯化钴；一水氯化钴；亚硒酸钠；酵母铜；酵母铁；酵母锰；酵母硒
饲料级酶制剂（12类）	蛋白酶（黑曲霉，枯草芽孢杆菌）；淀粉酶（地衣芽孢杆菌，黑曲霉）；支链淀粉酶（嗜酸乳杆菌）；果胶酶（黑曲霉）；脂肪酶；纤维素酶（reesei木霉）；麦芽糖酶（枯草芽孢杆菌）；木聚糖酶（insolens腐质霉）；β-聚葡糖酶（枯草芽孢杆菌，黑曲霉）；甘露聚糖酶（缓慢芽孢杆菌）；植酸酶（黑曲霉，米曲霉）；葡萄糖氧化酶（青霉）

附录五　禁止使用并在动物性食品中不得检出残留的兽药

药物及其他化合物名称	禁用动物	靶组织
氯霉素及其盐、酯及制剂	所有食品动物	所有可食组织
兴奋剂类：克伦特罗、沙丁胺醇、西马特罗及其盐、酯	所有食品动物	所有可食组织
性激素类：己烯雌酚及其盐、酯及制剂	所有食品动物	所有可食组织
氨苯砜	所有食品动物	所有可食组织
硝基呋喃类：呋喃唑酮、呋喃它酮、呋喃苯烯酸钠及制剂	所有食品动物	所有可食组织
催眠镇静类：安眠酮及制剂	所有食品动物	所有可食组织
具有雌激素样作用的物质：玉米赤霉醇、去甲雄三烯醇酮、醋酸甲孕酮制剂	所有食品动物	所有可食组织
硝基化合物：硝基酚钠、硝呋烯腙	所有食品动物	所有可食组织
林丹	水生食品动物	所有可食组织
毒杀芬（氯化烯）	所有食品动物	所有可食组织
呋喃丹（克百威）	所有食品动物	所有可食组织
杀虫脒（克死螨）	所有食品动物	所有可食组织
双甲脒	所有食品动物	所有可食组织
酒石酸锑钾	所有食品动物	所有可食组织
孔雀石绿	所有食品动物	所有可食组织
锥虫砷胺	所有食品动物	所有可食组织
五氯酚酸钠	所有食品动物	所有可食组织
各种汞制剂：氯化亚汞（甘汞）、硝酸亚汞、醋酸汞、吡啶基醋酸汞	所有食品动物	所有可食组织

续表

药物及其他化合物名称	禁用动物	靶组织
雌激素类：甲基睾丸酮，苯甲酸雌二醇及其盐、酯及制剂	所有食品动物	所有可食组织
洛硝达唑	所有食品动物	所有可食组织
群勃龙	所有食品动物	所有可食组织

注：食品动物是指各种供人食用或其产品供人食用的动物。

主要参考文献

[1] 丁雷．肉鸭生产技术指南［M］．北京：中国农业大学出版社，2003.

[2] 刘建钗，张鹤平．生态高效养鸭实用技术［M］．北京：化学工业出版社，2014.

[3] 王克华，董海兵．工厂化养鸭新技术［M］．北京：中国农业出版社，2005.

[4] 周建强．畜禽常用药物手册（修订版）［M］．合肥：安徽科学技术出版社，2005.

[5] 魏刚才．蛋鸭安全高效生产技术［M］．北京：化学工业出版社，2012.

[6] 张彩云．果园生态养鸭的饲养管理技术［J］．河北农业，2014（8）：52-54.